"十三五"职业教育国家规划教材

高职高专土建专业"互联网+"创新规划教材

全新修订

第三版

工程项目招投标与合同管理

主　编◎周艳冬
副主编◎许　可　代庆斌
参　编◎刘　刚　周春言
主　审◎沈　杰

内 容 简 介

本书主要内容包括两大部分：第一部分为建设工程招投标知识与实务，重点介绍招标与投标的相关规定及实际应用；第二部分为合同管理基础知识与实务，重点讲述施工合同及相关合同的应用。本书采用最新的规范和相关规定编写，列举了大量的案例，特别注重招投标与合同管理在建设工程中的实际运用。

本书突出职业教育特点，采用最新工程招投标与合同管理方面的相关国家规范，将相应案例编入本书，体例新颖，案例丰富，各章均附有教学目标、教学要求、知识链接、特别提示、习题和综合实训，以达到教、学、练同步的目的。同时，本书用案例讲解知识点的应用，内容精练，重点突出，通俗易懂。

本书可作为高职高专建筑工程技术、工程造价、工程监理、工程管理、公路工程、市政工程等专业的教材，也可作为招标代理员岗位培训教材和招标师等相关技术人员的自学参考书。

图书在版编目(CIP)数据

工程项目招投标与合同管理/周艳冬主编. —3 版. —北京：北京大学出版社，2017.7
(高职高专土建专业"互联网+"创新规划教材)
ISBN 978-7-301-28439-1

Ⅰ. ①工… Ⅱ. ①周… Ⅲ. ①建筑工程—招标—高等职业教育—教材 ②建筑工程—投标—高等职业教育—教材 ③建筑工程—合同—管理—高等职业教育—教材 Ⅳ. ①TU723

中国版本图书馆 CIP 数据核字(2017)第 121624 号

书　　　名	工程项目招投标与合同管理（第三版） GONGCHENG XIANGMU ZHAOTOUBIAO YU HETONG GUANLI
著作责任者	周艳冬　主编
策 划 编 辑	杨星璐
责 任 编 辑	刘　嵩
数 字 编 辑	孟　雅
标 准 书 号	ISBN 978-7-301-28439-1
出 版 发 行	北京大学出版社
地　　　址	北京市海淀区成府路 205 号　100871
网　　　址	http://www.pup.cn　新浪微博：@北京大学出版社
电 子 信 箱	pup_6@163.com
电　　　话	邮购部 010-62752015　发行部 010-62750672　编辑部 010-62750667
印 刷 者	天津中印联印务有限公司
经 销 者	新华书店
	787 毫米×1092 毫米　16 开本　19 印张　456 千字 2010 年 3 月第 1 版 2013 年 7 月第 2 版　2017 年 7 月第 3 版 2021 年 12 月修订　2021 年 12 月第 8 次印刷（总第 20 次印刷）
定　　　价	49.00 元

未经许可，不得以任何方式复制或抄袭本书之部分或全部内容。
版权所有，侵权必究
举报电话：010-62752024　电子信箱：fd@pup.pku.edu.cn
图书如有印装质量问题，请与出版部联系，电话：010-62756370

前言

为保持教学使用的连续性，本书在课程体系、章节内容等方面基本与前两版保持一致，仅对结合信息化教学和行业文件进行了更新，对下列内容作出了补充和调整。

（1）随着校园网络的全面覆盖和智能手机在学生中的广泛普及，本书采用新颖的二维码数据交互技术，搭建现实与虚拟的有效桥接，既丰富了教学内容，又调动了学生的学习兴趣，寓教于乐，保证教学效果的提升。

（2）针对目前工程行业新从业人员法律意识普遍淡薄，理论基础不系统、不扎实的现状，把当前与本课程相关的主要法律法规、示范文本，如《建筑业企业资质标准》《房屋建筑与市政工程标准施工招标文件》《工程建设项目招标范围和规模标准规定》《电子招标投标办法》《建设工程施工合同示范文本》（GF—2012—0202）等大量资料，通过二维码纳入网络平台，学生只需"扫一扫"就可以快捷查阅相关资料。

（3）结合最新执行的《建设工程勘察合同（示范文本）》（GF—2016—0203）和《建设工程设计合同示范文本（房屋建筑工程）》（GF—2015—0209）、《建设工程设计合同示范文本（专业建设工程）》（GF—2015—0210），对第7章的"工程勘察设计合同"进行了内容更新。

本书由河南建筑职业技术学院周艳冬任主编，河南建筑职业技术学院许可和重庆建筑工程职业学院余春宜任副主编，东南大学建设监理研究所所长、工程法研究所副所长沈杰教授担任主审，河南中发工程造价咨询有限公司韩俊岭和河南建达工程咨询有限公司代庆斌参与编写。全书共分8章，其中第1、4章由许可编写，第2、3章由周艳冬编写，第5、6章由余春宜编写，第7章由代庆斌编写，第8章由韩俊岭编写。全书由周艳冬负责统稿及定稿。

在本版修订过程中，许多用书单位和读者都给予了积极建议，在此表示衷心的感谢！由于编者水平有限，书中可能存在不足之处，诚望读者朋友们批评指正，谢谢！

【题库】

【资源索引】

编 者
2017年5月

第二版前言

自本书第一版出版以来，已有 3 年过去了。在本书使用过程中，我们收到许多读者和同行的反馈建议和意见。同时，在过去 3 年时间里，国家颁布实施了《中华人民共和国招标投标法实施条例》（以下简称《招标投标法实施条例》）；各部委出台了配套标准施工招标文件适用于各行业的标准文本；住房和城乡建设部、国家工商行政管理总局联合制定颁布了新的《建设工程监理合同（示范文本）》（GF－2012－0202）。"工程项目招投标与合同管理"是一门实践性很强的专业课程，需要与时俱进。因此，我们根据《招标投标法实施条例》的相关规定对原书中第 2、3、4 章中有关招投标部分内容进行了重新编写；按照《中华人民共和国房屋建筑和市政工程标准施工招标文件》（2010 年版）对第 5、6 章中施工合同管理部分进行了补充与完善；按照新的《建设工程监理合同（示范文本）》对第 7 章中监理合同内容进行了更新。同时，为适应职业教育新形势的要求，编者深入企业一线，结合企业需求，收集、整理了大量的工程实例，经过分析、归纳、提炼后，充实到本书中来，使本书内容更加丰富和适用。

为进一步增强学生的职业能力，培养高端技能型专业人才，本书继续贯彻理论与实务相结合，坚持以任务为导向的编写方式，进一步增强可操作性和趣味性。为保持本课程教学的连续性，本书的建议教学课时数仍为 64 学时，各章建议学时分配同第一版一致。

本书由河南建筑职业技术学院周艳冬任主编，河南建筑职业技术学院许可和东南大学徐伟任副主编，东南大学建设监理研究所所长、工程法研究所副所长沈杰教授担任主审，河南农业大学冯艳和河南建筑职业技术学院查丽娟参与编写。全书共分 8 章，其中第 1、4 章由许可编写，第 2、3 章由周艳冬编写，第 5、6 章由徐伟编写，第 7 章由冯艳编写，第 8 章由查丽娟编写。全书由周艳冬负责统稿及定稿。

在本书编写过程中，参考了许多工程项目招投标和合同管理方面的著作、论文和资料，并得到了许多单位和读者的支持与帮助，在此表示衷心的感谢！由于工程项目招投标与合同管理的内容随着工程实践发展而不断丰富，加之编者水平有限，书中难免存在疏漏，诚望读者、同行提出批评和改进建议。

本书第一版主编原河南建筑职业技术学院工程管理系主任杨庆丰老师因病于2011年年底不幸去世。杨老师生前为本书第一版的出版投入了许多时间和心血，本书再版也是对杨老师的一份纪念。

编　者

2013年5月

"工程项目招投标与合同管理"是一门实践性很强的专业基础课，为增强学生的职业能力，培养高素质的技能型专业人才，本书的编写着力提高学生职业技能以适应企业的需求，在教学内容、课程体系和编写风格上着重贯彻了以下几点。

1. 理论与实务有机结合，融合穿插编排，建立了新的课程体系。同时也便于学生抓住重点、提高学习效率，各章首列有教学目标和教学要求，使学生愿意学、有兴趣学，章末配有各种形式的练习题，学生可以自测学习效果，激发学习潜能。

2. 以任务为导向的编写方式。每章以引例提出任务，引起学生兴趣，在文中阐述知识点后，通过案例点评完成任务，让学生感觉学有所用，另外通过知识链接模块扩大学生的知识面。

3. 新颖性。全新的体系和全新的编制理念，打破了传统的模式，吸收了招投标与合同管理领域内的实践成果，采用最新的法规政策，吸收企业人员审稿，努力与当前工程实践相结合。

4. 可操作性强，注重能力的培养。本书侧重于应用能力的培养，列举了大量的工程案例，具有较强的实用性，并且结合能力目标，以必须、够用为原则，深入浅出，使学生掌握有关的知识和技能。

本书由河南建筑职业技术学院杨庆丰任主编，河南建筑职业技术学院周艳冬和许可、商丘职业技术学院洪海燕任副主编，河南建筑职业技术学院李烈阳任主审，东南大学徐伟参编。具体编写分工如下：洪海燕编写第1章和第8章，许可编写第2章，杨庆丰编写第3章和第4章，徐伟编写第5章，周艳冬编写第6章和第7章。东南大学建设监理研究所所长沈杰教授对本书框架和内容提出许多宝贵的建议，在此一并表示感谢！

根据本课程的教学大纲，本书的教学课时数建议安排为64学时，各章的建议学时分配见下表。

章次	课程内容	合计	课时分配		
			理论教学	实践练习	现场教学
第1章	工程招投标与合同管理基础	6	4		2
第2章	工程项目招标	10	6	4	
第3章	工程项目投标	10	6	4	
第4章	建设工程开标、评标、定标与签订合同	10	6	2	2
第5章	工程施工合同	12	8	2	2
第6章	工程施工合同的履行与索赔	8	6	2	
第7章	工程其他合同	4	4		
第8章	工程合同体系与合同策划	4	4		
	合计	64	44	14	6

由于编者水平所限，书中如有疏漏和差错之处，诚望读者提出批评和改进意见。

编 者

2010年1月

本书课程思政方案

本书课程思政元素从"格物、致知、诚意、正心、修身、齐家、治国、平天下"中国传统文化角度着眼,再结合社会主义核心价值观"富强、民主、文明、和谐、自由、平等、公正、法治、爱国、敬业、诚信、友善"设计出课程思政的主题。然后紧紧围绕"价值塑造、能力培养、知识传授"三位一体的课程建设目标,在课程内容中寻找相关的落脚点,通过案例、知识点等教学素材的设计运用,以润物细无声的方式将正确的价值追求有效地传递给读者。

本书的课程思政元素设计以"习近平新时代中国特色社会主义思想"为指导,运用可以培养大学生理想信念、价值取向、政治信仰、社会责任的题材与内容,全面提高大学生缘事析理、明辨是非的能力,把学生培养成为德才兼备、全面发展的人才。

每个思政元素的教学活动过程都包括内容导引、展开研讨、总结分析等环节。在课程思政教学过程,老师和学生共同参与其中,在课堂教学中教师可结合下表中的内容导引,针对相关的知识点或案例,引导学生进行思考或展开讨论。

页码	内容导引 (案例或知识点)	展开研讨 (思政内涵)	课程思政元素
3	引例	1. 从这个案例材料分析,承包商的行为是否违法? 2. 从这个案例中你能获得什么启示?	法治意识 职业规范与道德
5	建筑市场的资质管理	1. 为什么我国会对建筑市场实施资质管理制度? 2. 请同学们查阅中华人民共和国成立以来,我国建筑市场资质管理的相关规定,通过对比,可以发现什么变化规律? 3. 作为未来的建筑业从业人员,你有什么职业规划?	国家发展 现代化 职业规划
14	合同法律基础	1. 当今社会明确双方权利及义务关系的主要方式是什么? 2. 合同法律关系的三要素是指什么?	法律意识 诚信意识
24	合同效力	1. 合同的生效要件有什么? 2. 无效合同和可变更合同的法律后果有什么?	法治意识
38	工程招标程序	1. 工程招标一般要遵循什么程序? 2. 思考一下,招标投标仅仅是一种市场行为么?	法治意识 职业精神
53	知识链接	编写招标文件应注意哪些问题?	法治意识 诚信意识 专业能力 职业精神

续表

页码	内容导引 (案例或知识点)	展开研讨 (思政内涵)	课程思政元素
94	联合体投标	1. 联合体的资质等级是由较高还是较低单位的资质等级决定的？ 2. 你知道木桶效应么？	努力学习 个人管理 团队合作 集体主体
114	投标行为的限制性规定	1. 投标人相互串通投标的情形有哪些？ 2. 投标人与招标人相互串通投标的情形有哪些？	法律意识 诚信意识 规范与道德
122	开标程序	1. 开标会议流程中的注意事项有什么？ 2. 现实工作中开会议有哪些常见错误？	法治意识 专业能力 职业道德 职业规范
123	评标委员会	1. 评标委员会的组建是如何体现公平公正原则的？ 2. 评标委员会如不依法评标应承担什么法律责任？	规范与道德 法律意识
160	质量控制条款分析	1. 施工过程中如何对材料质量进行控制？ 2. 什么是隐蔽工程？简述隐蔽工程的检查程序。	职业精神 科技发展 产业报国 可持续发展
176	施工合同履行的一般原则	1. 合同履行应遵循什么原则？ 2. 全面履行原则有没有履行顺序？	法治意识
178	不安抗辩权	1. 如何理解不安抗辩权？ 2. 如何使用不安抗辩权？	法治意识 安全意识
189	争议解决	1. 出现合同争议时，一般怎么解决？ 2. 争议解决的途径体现了我国哪些优良传统美德？	传统文化 大国风范
210	知识链接	查阅书中提及的合同示范文本，思考我国颁布实施示范文本有何意义？	依法治国 行业发展
263	风险分担	1. 你认为建设工程中存在哪些风险问题？ 2. 我国的建设法律法规体系对合同各主体在工程建设过程中应履行的义务和责任作了哪些要求？	风险意识 职业规划
264	合同策划的重要性	当前大型工程众多，合同关系复杂，业主该如何协调合同关系？	法律意识 职业精神

注：教师版课程思政设计内容可联系出版社索取。

目 录

第一部分 建设工程招投标知识与实务

第1章 工程招投标与合同管理基础 ·········· 003
1.1 建筑市场 ·········· 004
1.2 招标承包制 ·········· 011
1.3 合同法律基础 ·········· 014
本章小结 ·········· 031
习题 ·········· 031

第2章 工程项目招标 ·········· 035
2.1 工程项目招标概述 ·········· 036
2.2 招标人工作 ·········· 039
2.3 工程施工招标文件的编制 ·········· 045
本章小结 ·········· 090
习题 ·········· 090
综合实训 模拟工程项目编制招标文件 ·········· 092

第3章 工程项目投标 ·········· 093
3.1 工程项目投标概述 ·········· 094
3.2 投标人工作 ·········· 098
3.3 工程施工投标文件的组成和编制 ·········· 109
本章小结 ·········· 117
习题 ·········· 117
综合实训 模拟工程项目编制投标文件 ·········· 120

第4章 建设工程开标、评标、定标与签订合同 ·········· 121
4.1 建设工程开标 ·········· 122
4.2 建设工程评标 ·········· 123
4.3 定标与签订合同 ·········· 135

本章小结	140
习题	140
综合实训 模拟工程项目开标、评标和定标	144

第二部分 合同管理基础知识与实务

第5章 工程施工合同 ... 147
5.1 施工合同概述 ... 148
5.2 施工合同管理的一般要求 ... 153
5.3 工程施工合同控制性条款分析 ... 158
本章小结 ... 171
习题 ... 171
综合实训 模拟施工合同的签订 ... 174

第6章 工程施工合同的履行与索赔 ... 175
6.1 工程施工合同履行的一般知识 ... 176
6.2 工程施工合同履行相关工作 ... 179
6.3 建设工程索赔管理 ... 190
本章小结 ... 204
习题 ... 204
综合实训 模拟处理索赔事件和合同价款调整 ... 208

第7章 工程其他合同 ... 209
7.1 工程勘察设计合同 ... 210
7.2 工程监理合同 ... 229
7.3 工程物资采购合同 ... 236
本章小结 ... 251
习题 ... 251

第8章 工程合同体系与合同策划 ... 255
8.1 工程合同体系 ... 256
8.2 工程合同策划 ... 259
8.3 工程合同体系协调 ... 264
本章小结 ... 267
习题 ... 267
综合实训 合同界面管理 ... 267

附录1 中华人民共和国招标投标法 ... 268
附录2 中华人民共和国招标投标法实施条例 ... 275

参考文献 ... 287

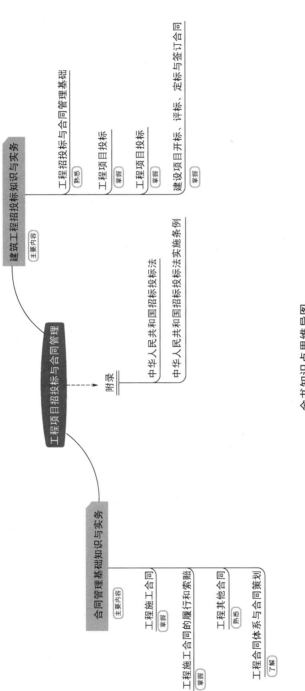

全书知识点思维导图

第一部分

建设工程招投标知识与实务

第1章 工程招投标与合同管理基础

思维导图

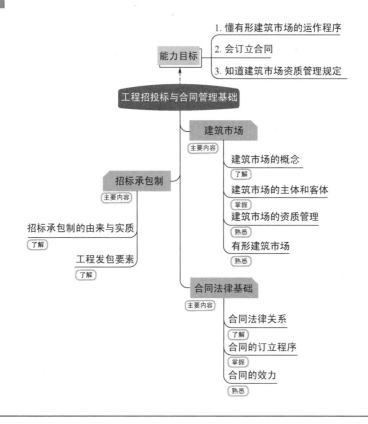

引例

《××中学新建教学楼建设工程承包合同》签订后,作为承包商的某市建设工程总公司在工程建设过程中,为了加快施工进度,争取提前奖励,将自己负责的工程部分分包给了临时组建的农民施工队。

请问上述背景材料中承包商的行为是否合法?

1.1 建筑市场

1.1.1 建筑市场的概念

市场的原始定义是指商品交换的场所，但随着商品交换的发展，市场突破了村镇、城市、国家的界限，最终实现了世界贸易乃至网上交易，因而市场的广义定义是商品交换关系的总和。

按照这个定义，建筑市场也分广义的市场和狭义的市场。狭义的建筑市场一般指有形市场，有固定的交易场所。广义的建筑市场包括有形市场和无形市场，包括与工程建设有关的技术、租赁、劳务等各种要素市场；为工程建设提供专业服务的中介组织；通过广告、通信、中介机构及经纪人等媒介沟通买卖双方或招投标等多种方式成交的各种交易活动；建筑商品生产过程及流通过程中的经济联系和经济关系。可以说，广义的建筑市场是指建筑产品和有关服务的交易关系的总和。

建筑市场经过近几年来的快速发展，已形成由发包人、承包人和为双方服务的中介咨询人组成的市场主体，以建筑产品和建筑生产过程为对象的市场客体，以招投标为主要交易方式的市场竞争机制，以资质管理为主要内容的市场监督体系，以及我国特有的有形建筑市场等，这些共同构成了我国完整的建筑市场体系。

1.1.2 建筑市场的主体和客体

市场主体是指在市场中从事交易活动的各方当事人，按照参与交易活动的目的不同，可以分为买方、卖方和中介三类。市场客体是指一定量的可供交换的商品或服务，即主体权利义务所指向的对象，它可以是行为或财物。

1. 建筑市场的主体

建筑市场的主体是指参与建筑市场交易活动的主要各方，即发包人、承包人、工程咨询服务机构及物资供应机构等。

1) 发包人

发包人是指拥有相应的建设资金，办妥项目建设的各种准建手续，以建成该项目达到其经营使用目的的政府部门、事业单位、企业单位和个人。不过，上述各类型的发包人，只有在其从事工程项目的建设全过程中才成为建筑市场的主体。在我国，发包人通常又称为业主或建设单位。在我国推行的项目法人责任制又称业主负责制，就是由发包人对其项目建设的全过程负责。

2)承包人

承包人是指具有一定生产能力、技术装备、流动资金和承包工程建设任务的营业资格与资质,在建筑市场中能够按照发包人的要求,提供不同形态的建筑产品,并最终获得相应工程价款的建筑业企业。按其所从事的专业,承包人可分为土建、水电、道路、港湾、市政工程等专业公司。承包人是建筑市场主体中的主要成分,在其整个经营期间都是建筑市场的主体。国内外一般只对承包人进行从业资格管理。

特 别 提 示

具备下述条件的承包人才能在政府许可的工程范围内承包工程。
(1) 拥有政府规定的注册资本。
(2) 拥有与其资质等级相适应且具有注册执业资格的专业技术和管理人员。
(3) 拥有从事建筑施工活动的建筑机械装备。
(4) 经有关政府部门的资质审查,已取得资质证书和营业执照。

3)中介机构

中介机构是指具有一定注册资金和相应的专业服务能力,在建筑市场中受发包人或承包人的委托,对工程建设进行勘察设计、造价或管理咨询、建设监理及招标代理等高智能服务,并取得服务费用的咨询服务机构和其他建设专业的中介服务组织。国际上,工程中介机构一般称为咨询公司,在国内则包括勘察公司、设计院、工程监理公司、工程造价公司、招标代理机构和工程管理公司等。他们主要向建设项目发包人提供工程咨询和管理等智力型服务,以弥补发包人对工程建设业务不了解或不熟悉的不足。中介机构并不是工程承包的当事人,但受发包人聘用,与发包人订有协议书或合同,从事工程咨询或监理等工作,因而在项目的实施中承担重要的责任。咨询任务可以贯穿于从项目立项到竣工验收乃至使用阶段的整个项目建设过程,也可只限于其中某个阶段,例如可行性研究咨询、施工图设计和施工监理等。

2. 建筑市场的客体

建筑市场的客体是建筑市场的交易对象,即各种建筑产品,包括有形的建筑产品(如建筑物、构筑物)和无形的建筑产品(如咨询、监理等智力型服务)。在不同的生产交易阶段,建筑市场的客体,即建筑产品可以表现为不同的形态:可以是中介机构提供的咨询服务,可以是勘察单位的地质勘察报告、设计单位提供的设计图纸,可以是生产厂家提供的混凝土构、配件,也可以是施工企业提供的建筑物和构筑物。

1.1.3 建筑市场的资质管理

建筑活动的专业性及技术性都很强,而且建筑工程投资大、周期长,一旦发生问题,将给社会和人民的生命、财产安全造成极大损失,因此,为保证建筑工程的质量和安全等,对从事建筑活动的单位和专业技术人员必须实行从业资质管理。建筑市场的从业资质管理包括两个方面,对从业企业的资质管理和对专业从业人员的执业资格管理。

【光山在建楼房坍塌】

从事建筑活动的从业企业的资质管理，是指建设行政主管部门对从事建筑活动的建筑业企业、勘察设计企业及工程咨询企业等，按照其拥有的注册资本、专业技术人员、技术装备和工程业绩等不同条件，划分为不同的资质等级，经资质审查合格，取得相应等级的资质证书后，方可在其资质等级许可的范围内从事建筑活动的一种管理制度。

从事建筑活动的专业从业人员的执业资格管理，是指建设行政主管部门对从事建筑活动的专业技术人员进行考试、注册，并颁发执业资格证书作为市场准入控制的一种管理制度。建筑工程执业人员主要有注册建筑师、注册结构工程师、注册监理工程师、注册造价工程师、注册建造师，以及法律、法规规定的其他从业人员。

1. 建筑业企业

【建筑业企业资质标准】

为规范建筑市场秩序，加强建筑活动监管，保证建设工程质量安全，促进建筑业科学发展，根据《中华人民共和国建筑法》《中华人民共和国行政许可法》《建设工程质量管理条例》和《建设工程安全生产管理条例》等法律、法规，住房和城乡建设部于2014年11月6日发布《建筑业企业资质标准》，自2015年1月1日起施行。本规定所称建筑业企业，是指从事土木工程、建筑工程、线路管道设备安装工程、装修工程的新建、改建、扩建等活动的企业。

建筑业企业资质分为施工总承包、专业承包和施工劳务三个序列。其中施工总承包序列设有12个类别，一般分为4个等级（特级、一级、二级、三级）；专业承包序列设有36个类别，一般分为3个等级（一级、二级、三级）；施工劳务序列不分类别和等级。本标准包括建筑业企业资质各个序列、类别和等级的资质标准。

具有法人资格的企业申请建筑业企业资质应具备下列基本条件：具有满足本标准要求的资产；具有满足本标准要求的注册建造师及其他注册人员、工程技术人员、施工现场管理人员和技术工人；具有满足本标准要求的工程业绩；具有必要的技术装备。

施工总承包工程应由取得相应施工总承包资质的企业承担。取得施工总承包资质的企业可以对所承接的施工总承包工程内各专业工程全部自行施工，也可以将专业工程依法进行分包。对设有资质的专业工程进行分包时，应分包给具有相应专业承包资质的企业。施工总承包企业将劳务作业分包时，应分包给具有施工劳务资质的企业。

设有专业承包资质的专业工程单独发包时，应由取得相应专业承包资质的企业承担。取得专业承包资质的企业可以承接具有施工总承包资质的企业依法分包的专业工程或建设单位依法发包的专业工程。取得专业承包资质的企业应对所承接的专业工程全部自行组织施工，劳务作业可以分包，但应分包给具有施工劳务资质的企业。

取得施工劳务资质的企业可以承接具有施工总承包资质或专业承包资质的企业分包的劳务作业。

取得施工总承包资质的企业，可以从事资质证书许可范围内的相应工程总承包、工程项目管理等业务。

2. 勘察企业和设计企业

《建设工程勘察设计资质管理规定》对工程勘察和设计企业的资质等级与标准、申请与审批、业务范围等做了明确规定。

从事建设工程勘察、工程设计活动的企业，应当按照其拥有的注册资本、专业技术人员、技术装备和勘察设计业绩等条件申请资质，经审查合格，取得建设工程勘察、工程设计资质证书后，方可在资质许可的范围内从事建设工程勘察、工程设计活动。

工程勘察资质分为工程勘察综合资质、工程勘察专业资质和工程勘察劳务资质。其中工程勘察综合资质只设甲级；工程勘察专业资质设甲级、乙级，根据工程性质和技术特点，部分专业可以设丙级；工程勘察劳务资质不分等级。

取得工程勘察综合资质的企业，可以承接各专业（海洋工程勘察除外）、各等级工程勘察业务；取得工程勘察专业资质的企业，可以承接相应等级相应专业的工程勘察业务；取得工程勘察劳务资质的企业，可以承接岩土工程治理、工程钻探、凿井等工程勘察劳务业务。

工程设计资质分为工程设计综合资质、工程设计行业资质、工程设计专业资质和工程设计专项资质。其中工程设计综合资质只设甲级；工程设计行业资质、工程设计专业资质、工程设计专项资质设甲级、乙级。根据工程性质和技术特点，个别行业、专业、专项资质可以设丙级，建筑工程专业资质可以设丁级。

取得工程设计综合资质的企业，可以承接各行业、各等级的建设工程设计业务；取得工程设计行业资质的企业，可以承接相应行业相应等级的工程设计业务及本行业范围内同级别的相应专业、专项（设计施工一体化资质除外）工程设计业务；取得工程设计专业资质的企业，可以承接本专业相应等级的专业工程设计业务及同级别的相应专项工程设计业务（设计施工一体化资质除外）；取得工程设计专项资质的企业，可以承接本专项相应等级的专项工程设计业务。

3. 工程监理企业

《工程监理企业资质管理规定》中明确规定：工程监理企业应当按照其拥有的注册资本、专业技术人员和工程监理业绩等资质条件申请资质，经审查合格，取得相应等级的资质证书后，方可在其资质等级许可的范围内从事工程监理活动。

工程监理企业资质分为综合资质、专业资质和事务所资质。其中，专业资质按照工程性质和技术特点划分为若干工程类别。综合资质、事务所资质不分级别。专业资质分为甲级、乙级；其中，房屋建筑、水利水电、公路和市政公用专业资质可设立丙级。

工程监理企业资质相应许可的业务范围如下。

（1）综合资质：可以承担所有专业工程类别建设工程项目的工程监理业务。

（2）专业资质。

① 专业甲级资质：可承担相应专业工程类别建设工程项目的工程监理业务。

② 专业乙级资质：可承担相应专业工程类别二级以下（含二级）建设工程项目的工程监理业务）。

③ 专业丙级资质：可承担相应专业工程类别三级建设工程项目的工程监理业务。

（3）事务所资质：可承担三级建设工程项目的工程监理业务，但是，国家规定必须实行强制监理的工程除外。

工程监理企业可以开展相应类别建设工程的项目管理、技术咨询等业务。

引例点评

本章引例提出的问题，答案是不合法的。因为建筑业企业只有取得建筑业企业资质，方可在资质许可的范围内从事建筑施工活动，引例中临时组建的农民施工队显然是不具备相应分包资质条件的。

【违法分包的行为】

4. 工程造价咨询企业

《工程造价咨询企业管理办法》所称工程造价咨询企业是指接受委托，对建设项目投资、工程造价的确定与控制提供专业咨询服务的企业。

从事工程造价咨询活动，应当遵循公开、公正、平等竞争的原则，不得损害社会公共利益和他人的合法权益。任何单位和个人不得分割、封锁、垄断工程造价咨询市场。

工程造价咨询企业资质等级分为甲级和乙级两类。工程造价咨询企业应当依法取得工程造价咨询企业资质，并在其资质等级许可的范围内从事工程造价咨询活动。工程造价咨询企业依法从事工程造价咨询活动，不受行政区域限制。其中，甲级工程造价咨询企业可以从事各类建设项目的工程造价咨询业务，乙级工程造价咨询企业可以从事工程造价5 000万元人民币以下的各类建设项目的工程造价咨询业务。

5. 工程建设项目招标代理

【取消招标代理的通知】

工程建设项目招标代理，是指工程招标代理机构接受招标人的委托，从事工程的勘察、设计、施工、监理以及与工程建设有关的重要设备（进口机电设备除外）、材料采购招标的代理业务。

为贯彻落实《全国人民代表大会常务委员会关于修改〈中华人民共和国招标投标法〉、〈中华人民共和国计量法〉的决定》，深入推进工程建设领域"放管服"改革，自2017年12月28日起，我国各级住房城乡建设部门不再受理招标代理机构资格认定申请，停止招标代理机构资格审批，即工程招标代理机构不再有资格等级的划分。

招标代理机构可按照自愿原则向工商注册所在地省级建筑市场监管一体化工作平台报送基本信息。信息内容包括：营业执照相关信息、注册执业人员、具有工程建设类职称的专职人员、近3年代表性业绩、联系方式等。上述信息统一在住房城乡建设部全国建筑市场监管公共服务平台对外公开，供招标人根据工程项目实际情况选择参考。

6. 建筑从业专业人员

建筑从业人员执业资格制度是指对具有一定专业学历、资历的从事建筑活动的专业技术人员，通过国家相关考试和注册确定其执业的技术资格，获得相应的建筑工程文件签字权的一种制度。从事建筑活动的专业技术人员，应当依法取得相应的执业资格证书，并在执业资格证书许可的范围内从事建筑活动。目前，我国建筑领域的专业技术人员执业资格制度主要有以下几种类型，即注册建筑师、注册监理工程师、注册结构工程师、注册城市规划师、注册造价工程师、注册咨询师、注册安全师、注册建造师和房地产估价师等。

1.1.4 有形建筑市场

【建设工程交易中心】

20世纪90年代以来，按照原建设部和监察部的统一部署和要求，全国各地相继建立起各级有形建筑市场。经过多年的运行，有形建筑市场作为建筑市场管理和服务的一种新形式，在规范建筑市场交易行为、提高建设工程质量和方便市场主体等方面已取得了一定的积极成效。

有形建筑市场是我国所特有的一种管理形式，在世界上是独一无二的，是与我国的国情相适应的。由于我国市场经济总体尚不够发达和健全，在相当长的一段时间内，建筑市场中多方参与，大、中、小企业并存，市场透明度不高和信息交流不畅等现象依然存在，除了个别实力较强的企业有可能建立自己稳定的市场网络外，大部分中小企业迫切需要寻找一种有效的载体作为其进行市场交易、获取信息的渠道和平台，迫切需要依靠一个合适的市场来寻找合作伙伴进行交易。同时一些计划经济时代的建筑企业集团在市场经济的转轨过程中正在逐步进行转制，大量民营企业正在迅速发展，市场的分散程度很大。这样的企业结构强烈要求建立一种组织对这些企业的产品进行集散，对信息进行收集和发布。而旧的行业业态形式已无法适应现有市场经济发展的需要，单打独斗形式的企业经营模式不能完全适应今后市场经济的发展，在这样的情况下，必须建立一种有集约分散物流、人流、资金流、信息流的功能，且与中国目前经济发展水平、经济结构特点以及人们的交易习惯相适应的市场形式，这种形式的最佳体现就是有形建筑市场。

1. 有形建筑市场的性质

有形建筑市场是服务性机构，不是政府管理部门，也不是政府授权的监督机构，本身并不具备监督管理职能。但有形建筑市场又不是一般意义上的服务机构，其设立需要得到政府或政府授权主管部门的批准，并非任何单位和个人可随意成立。它不以营利为目的，旨在为建立公开、公正、平等竞争的招投标制度服务，只可经批准收取一定的服务费，工程交易行为不能在场外发生。

2. 有形建筑市场的基本功能

1）信息服务功能

信息服务包括收集、存储和发布各类工程信息、法律法规、造价信息、建材价格、承包人信息、咨询单位和专业人士信息等。在设施上配备有大型电子墙、计算机网络工作站，为发承包交易提供广泛的信息服务。有形建筑市场一般要定期公布工程造价指数和建筑材料价格、人工费、机械租赁费、工程咨询费以及各类工程指导价等，指导业主、承包人和咨询单位进行投资控制和投标报价。在市场经济条件下，有形建筑市场公布的价格指数仅是一种参考，投标最终报价需要依靠承包人根据本企业的经验或企业定额、企业机械装备和生产效率、管理能力和市场竞争需要来决定。

2) 场所服务功能

对于政府部门、国有企业、事业单位的投资项目，我国明确规定，一般情况下都必须进行公开招标，只有特殊情况下才允许采用邀请招标。所有建设项目进行招投标必须在有形建筑市场内进行，必须由有关管理部门进行监督。按照这个要求，有形建筑市场必须为工程发承包交易双方提供包括建设工程的招标、评标、定标、合同谈判等的设施和场所服务。原建设部（现住房和城乡建设部）《建设工程交易中心管理办法》规定，有形建筑市场应具备信息发布大厅、洽谈室、开标室、会议室及相关设施，以满足业主和承包人、分包人、设备材料供应商之间的交易需要。同时，要有政府有关管理部门进驻集中办公，办理有关手续和依法监督招投标活动。

3) 集中办公功能

由于众多建设项目要进入有形建筑市场进行报建、招投标交易和办理有关批准手续，这样就要求政府主管部门进驻有形建筑市场集中办理有关审批手续并进行管理，建设行政主管部门的各职能机构进驻有形建筑市场。受理申报的内容一般包括工程报建、招标登记、承包人资质审查、合同登记、质量报监、施工许可证发放等。进驻有形建筑市场的相关管理部门集中办公，公布各自的办事制度和程序，既能按照各自的职责依法对建设工程交易活动实施有力监督，也方便当事人办事，有利于提高办公效率。一般要求实行"窗口化"服务，对办事人而言，达到"进一个门，办全部手续"的目的。这种集中办公方式决定了有形建筑市场只能集中设立，而不可能像其他商品市场随意设立。按照我国的有关法规，每个城市原则上只能设立一个有形建筑市场，特大城市可增设若干个分中心，但分中心的三项基本功能必须健全，如图1.1所示。

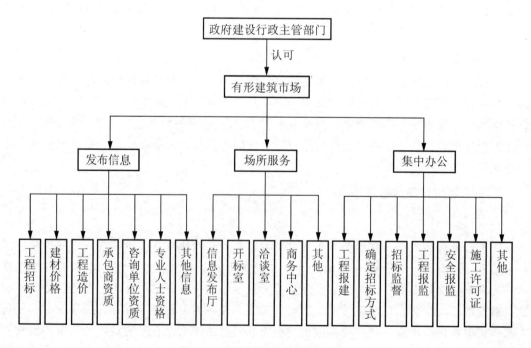

图 1.1　建设工程交易功能示意图

3. 有形建筑市场运作的一般程序

按照有关规定，建设项目进入有形建筑市场后，其一般运行程序如图 1.2 所示。

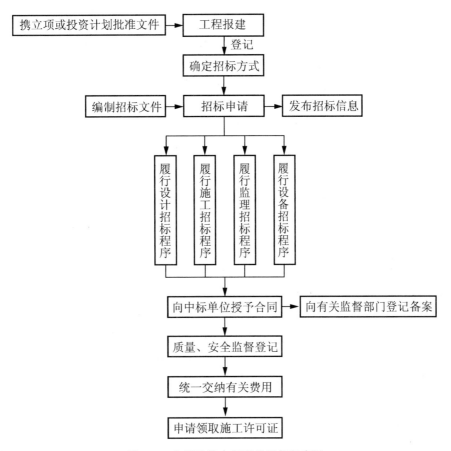

图 1.2 有形建筑市场项目运行程序图

1.2 招标承包制

发承包是发包方和承包方之间的一种商业行为。发包是订货，即订购商品；承包是接受订货生产，按规定供货。工程施工发承包是指根据协议，作为交易一方的建筑施工企业，负责为交易另一方的建设单位完成某一项工程的全部或部分工作，并按一定的价格取得相应的报酬。委托任务并负责支付报酬的一方称为发包人，接受任务负责按时、保质、保量完成而取得报酬的一方称为承包人。发承包双方之间存在经济上的权利与义务关系，但这是双方通过签订合同或协议予以明确的，且具有法律效力。

招标和投标是实现工程发承包关系的主要途径。

1.2.1 招标承包制的由来与实质

招标承包制是在发承包制的基础上发展起来的。发承包制度是商品经营的一种方式，它的基本特征是销售活动先于生产活动。商品销售先于生产，其实并不是建筑施工特有的。凡是价格十分昂贵或是具有单件性的商品，常常采取先预售后生产的方式。价格昂贵，对于生产者要求筹集一笔巨大的垫支资金，如果收不回资金就会造成重大的亏损。当然，经营风险大，如果收益率很大，也值得去冒这个风险。有些商品虽然价格不一定十分昂贵，但它具有单件性的特点，不能成批量生产。由于现代金融信贷业的发展，假定有销售的可靠市场，投资者还是乐于去筹集资金的。这就是为什么投资者采取开发性经营、生产标准化厂房和公寓，然后出售、出租的原因。但工业标准化厂房也好，住宅也好，在全部土木工程中毕竟只占较小比重，其他建筑施工工程，如水利枢纽工程、石油钻井、铁路、港口等，几乎没有建后出售的可能。所以，大量建筑工程产品逻辑地形成预先销售后生产的经营方式。

先有买主然后才进行加工或生产，并不一定和发承包相联系。建筑工程采取雇工营建方式，历史持续很久。欧美国家在18世纪以前大体还是采用雇工营建，建筑产品价格是以实际造价结算为主要方式。发承包方式只是在19世纪初才逐步兴起的，原因在于雇工方式加大了工程雇主的管理难度。建筑工程产品的需要者不可能全都自己组织兴建。买方的外行，生产者的内行，必然导致买方控制工期、质量、造价的问题。发承包制度在建筑管理上具有突破性的作用，有助于解决买方控制的问题。

发承包制度只能解决按一定目标双方商定，保证目标的实现的问题，却不能解决目标的优化。当承包者处于绝对垄断的地位时，投资者事先拟定的目标虽确保了，但价格是不是合理，工期是不是可以再短些，工程质量是否还能提高等，都没有把握。招投标制也是历史上应用很多、很古老的经营方式，因此，发承包制度很自然地和招投标制相结合，产生了工程招标承包方式。

为了解决工程投资者购买目标的优化，工程招标承包制应运而生。这种优化是通过市场招标选择来实现的。招标制的目的和实质，是通过工程承包者之间的竞争来选择确定的经营形式。投标则是建筑业者竞争的特有形式。

其他行业的企业间的竞争体现在商品生产上，消费者在市场上通过"货比三家"来实现自己的购买意图。建筑业则不同，任何投资者很难在市场上找到现成的商品。所以，建筑业的竞争是企业与企业、投标者与投标者之间公开和直接的竞争。投资者作为买方，是竞争的裁判者。投资者直接选择的不是产品，而是企业。

竞争迫使施工单位把信誉摆在第一位。建筑业的竞争不仅是生产管理、技术、效率和质量的竞争，还是经营艺术的竞争。建筑业的竞争是具有很大风险的竞争，如果加工业的产品推销不掉，还可以更新换代，生产新的产品；而施工单位一旦信誉扫地，失掉信任，要想东山再起，就困难得多。

1.2.2 工程发包要素

在施工发包前，建设单位应根据工程特点全面考虑以下4个方面的问题。

1. 如何组织

建设单位要根据管理能力以及有关规定，确定是自行招标还是招标代理。按照国家规定，当建设单位不具备招标发包能力时，应当委托有资质的招标代理机构。例如，工程量清单、招标控制价编制工作一般都是委托招标代理机构或工程造价咨询单位完成的。

除了发包阶段的工作，履行施工合同过程中，建设单位还需要按照国家规定委托监理。比较理想的情况是，这个监理单位同时具备招标代理资质，可以协助建设单位进行招标发包，这对工程的实施是极为有利的。

2. 如何分标

《中华人民共和国招标投标法》第19条规定：招标项目需要划分标段、确定工期的，招标人应当合理划分标段，确定工期，并在招标文件中载明。同时，实行工程量清单计价的，要求在清单总说明中说明工程分标情况，供施工单位考虑对总承包服务费进行报价。

一般来说，当建设工程的技术复杂、规模较大、造价较高，一个施工单位难以完成时，为了加快工程进度，发挥各施工单位的优势，降低工程造价，对一个工程项目进行合理分标是非常必要的。

3. 如何发包

建设单位应依据建设总进度计划，确定建设施工的招标次数和每次招标的内容，按照规定直接招标或委托代理招标，在招标情况下选择公开招标或邀请招标。之后与中标单位签订施工合同，向招投标管理机构备案。

4. 如何计价

建设单位在发包之前，要根据发包项目准备工作的实际情况、设计工作的深度、工程项目的复杂程度，确定合同价的形式，明确合同价款如何确定。

合同价款的确定涉及两个基本内容：①计价方法，即采用定额计价法还是工程量清单计价法；②签订合同价的方式，即合同类型，要明确规定是固定价合同或可调价合同，是总价合同或单价合同。

合同的计价方式不同，施工单位所承担的风险也不同，一般来说，固定总价合同对施工单位的风险最大。

合同的计价方式与招标工程设计所达到的深度有关。建设单位应在招标文件中明确规定计价方式，投标施工单位并无选择的余地。工程投标时所能做的工作，一是根据规定的合同计价方式考虑合理的风险费；二是作为备选方案，提出改变合同计价方式后的不同报价（例如将固定总价合同改为调值总价合同，报价降低5%），这涉及报价策略与技巧的使用。

> **特别提示**
>
> 投标报价必须确认合同类型，遵循招标文件规定的计价方法，这是投标所必须满足的一个"实质性要求"。

1.3 合同法律基础

1.3.1 合同法律关系

【中华人民共和国合同法】

【民法总则】

1. 合同法律关系的构成要素

所谓合同法律关系是指当事人依照《中华人民共和国合同法》（以下简称《合同法》）的规定或合同的约定，所享有的合同权利和所承担的合同义务关系。合同法律关系同其他法律关系一样，是由主体、内容和客体3种要素构成的。三者互相联系，缺一不可，变更其中任何一个要素就不再是原来意义上的法律关系了。合同法律关系的客体是主体通过法律关系所追求和所要达到的物质利益载体和经济目的，权利和义务只有通过客体才能具体得到落实和实现，没有客体的法律关系是无意义和无目的的。权利和义务是合同法律关系的内容，是联系主体与主体之间、主体与客体之间的纽带。

1）合同法律关系主体

合同法律关系主体是指合同法律关系的参加者或当事人，是权利的享有者和义务的承担者。

（1）主体资格的范围。

依照我国法律，在经济活动中，合同法律关系主体资格的范围一般包括自然人、法人及非法人组织，如图1.3所示。

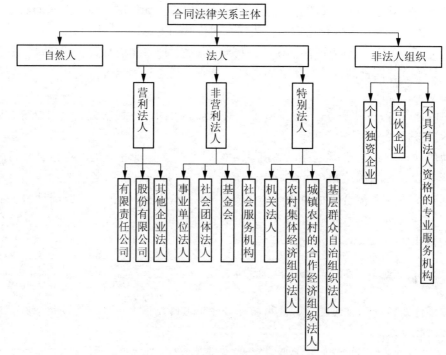

图1.3 合同法律关系主体示意图

(2)民事权利能力和民事行为能力。

作为合同法律关系主体的组织和个人,必须具有相应的主体资格,即必须具备一定的民事权利能力和民事行为能力。

【民法通则】

民事权利能力是指法律确认的自然人享有民事权利、承担民事义务的资格。自然人只有具备了民事权利能力,才能参加民事活动。《中华人民共和国民法总则》(以下简称《民法总则》)第13条规定:"自然人从出生时起到死亡时止,具有民事权利能力,依法享有民事权利,承担民事义务。"

民事行为能力是指民事主体通过自己的行为取得民事权利、承担民事义务的资格。民事行为能力分为完全民事行为能力、限制民事行为能力和无民事行为能力3种。

具有民事权利能力,是自然人获得参与民事活动的资格,但能不能运用这一资格,还受自然人的理智、认识能力等主观条件制约。有民事权利能力者,不一定具有民事行为能力。

◉ 知 识 链 接

自然人民事主体的范围和行为能力见表1-1。

表1-1 自然人民事主体的范围和行为能力

类 型	范 围	行 为 能 力
完全民事行为能力人	年满18周岁的成年人;16周岁以上的未成年人,以自己的劳动收入为主要生活来源的人	可以自主地进行民事活动
限制民事行为能力人	8周岁以上的未成年人;不能完全辨认自己行为的成年人	可以独立实施纯获利益的民事活动或者与其年龄、智力、精神健康状况相适应的民事活动;其他民事活动,由其法定代理人代理或经其法定代理人的同意、追认
无民事行为能力人	不满8周岁的未成年人;不能辨认自己行为的成年人	民事活动均由其法定代理人代理

◉ 特 别 提 示

限制民事行为能力人可以订立"纯获利益"的合同,如接受奖励、报酬和赠与等,且此类合同的有效性无须经法定代理人追认。

合同法律关系主体资格以成立的合法性为基础和前提,必须依照法律和一定程序成立,依法成立的法律关系主体只能在法律规定或认可的范围内参加合同法律关系,主体资格具有有限性。超越法律规定或认可的范围,则不再具有参加合同法律关系的主体资格。

2)合同法律关系客体

合同法律关系客体是指参加合同法律关系的主体享有的权利和承担的义务所共同指向的对象。合同法律关系客体也称标的。法律关系客体是确立权利义务关系性质和具体内容的客观依据,客体的确定是法律关系形成的客观标志,也是检验权利是否正确行使和义务是否完全履行的客观标准。如果没有客体，权利和义务就失去了目标，难以落实，法律关系主体的活动也就失去了意义。法律关系客体是法律关系不可缺少的要素之一。法律关系的客体一般分为物、货币和有价证券、行为、智力成果，合同法律关系的客体也同样表现为这4个种类。

（1）物。物是指可以被人们控制和支配的、具有一定经济价值的、以物质形态表现出来的自然存在和人工创造的物质财富。作为法律关系客体的物，可以根据实践的需要做不同的划分，如生产资料和生活资料、流通物和限制流通物、特定物和种类物、主物和从物等。建设工程合同法律关系中表现为物的客体主要是建筑材料、建筑物和建筑机械设备等。

（2）货币和有价证券。货币是充当一般等价物的特殊商品，在生产流通过程中，货币是以价值形态表现的资金。有价证券是具有一定票面金额，代表某种财产权的凭证，如股票、债券、汇票、本票、支票等。

（3）行为。行为是法律关系主体为达到一定目的所进行的活动，包括管理活动、完成一定工作的行为和提供一定劳务的行为。管理行为是法律关系中的管理主体行使监督管理权所指向的行为，如计划行为、审查批准行为、监督检查行为等。完成一定工作是指法律关系主体的一方利用自己的资金和技术设备为对方完成一定的工作任务，对方根据完成工作的数量和质量支付一定的报酬，如建筑安装、勘察设计、工程施工等。提供一定劳务是指法律关系主体的一方利用自己的设施和技术条件，为对方提供一定劳务或服务满足对方的需求，对方支付一定的酬金，如建筑工程监理、工程造价咨询等。

特别提示

完成一定工作和提供一定的劳务都是行为，但不完全相同。完成一定的工作是通过劳动最终表现为一定的客观物质成果；提供一定的劳务是通过一定的行为最终体现为一定的经济效果。

（4）智力成果。智力成果是指通过人的脑力劳动创造出来的某种精神成果。一般表现为某种技术、科研试验成果、知识产权等，建筑法律关系中的专利、专有技术、设计图纸、商业信誉、商业秘密等都是智力成果。

3）合同法律关系内容

合同法律关系内容是指合同法律关系的当事人所享有的权利和承担的义务。权利是法律关系主体依法具有的自己为或不为一定行为以及要求他人为或不为一定行为的资格，当自己的权益受到他人侵害时，有权请求国家有关机关依法保护自己的合法权益。义务是相对权利而存在的，建筑法律关系主体为了实现特定的权利主体的权利，在法律规定的范围内实施或不实施某种行为。义务人必须作出或者不作出一定的行为，其目的是实现对方的权利或者不影响对方权利的实现。合同法律关系的义务主体应当自觉履行义务，否则应承担法律责任。合同法律关系主体之间的权利和义务是对等的，受国家法律保护。

2. 合同法律关系的产生、变更和终止

1）合同法律关系的产生、变更和终止的概念

法律关系的产生，即法律关系的主体之间形成了一定的权利和义务关系。如建设单位

与施工单位签订建筑工程承包合同，建设单位和施工单位之间就形成了权利义务关系；建设单位在建筑工程开工前，按照法律规定向建设行政主管部门申领施工许可证，建设单位和建设行政主管部门之间就产生了建筑行政法律关系。

法律关系的变更，是指法律关系的主体、内容、客体发生变化。主体变更，是指法律关系主体数目增加或减少，也可以是主体改变。如建设工程合同的发包方和承包方均可将其权利依法转让，受让人取代转让人的地位成为合同当事人，合同主体发生变更。内容变更，是指法律关系的权利义务改变。如建设工程合同的发包方和承包方经协商一致变更工期、质量标准等，合同中的权利义务内容发生变更时，双方当事人应按照变更后的权利义务内容履行。客体变更，是指法律关系中权利义务所指向的事物发生变化，可以是客体的性质变更，也可以是客体的范围变更。

法律关系的终止，即法律关系主体之间的权利义务关系归于消灭。法律关系的终止可以基于权利义务得到履行，也可以是法律关系主体依法协商一致或依照其他法律规定导致法律关系终止的情况。如建设工程合同中，合同规定的义务都已得到正确履行，合同权利义务关系消灭；合同当事人也可以协商一致解除合同，或者在法定解除条件具备时，有解除权的当事人行使解除权，使双方权利义务终止。

2）法律事实

法律关系的产生、变更和终止，除了需要有法律规范存在，还需要有法律事实的存在。法律规范是法律关系存在的前提，法律事实是引起法律关系产生、变更和终止的原因。法律事实是指能够引起法律关系产生、变更和终止的客观情况。"客观情况"是一个内涵十分广泛的概念，事实上的任何存在，无论是自然现象还是社会现象都可以说是一种客观存在。但不是所有的事实存在都能引起法律后果，只有那些能够引起法律后果的事实，才能称为法律事实。法律事实的具体表现形式是不同的，这就决定了不同性质的法律事实可以产生不同性质的法律关系。

法律事实根据是否以法律关系主体的意志为转移，分为行为和事件两类。

（1）行为。行为是以法律关系主体的意志为转移的客观情况，即法律关系主体的有意识、有目的的活动。行为按照其性质可以分为合法行为和违法行为。

（2）事件。事件是不以法律关系主体的意志为转移的客观情况。这些客观情况的出现，是法律关系主体不能预见和控制的。事件可以分为自然事件和社会事件两种。自然事件是由于自然现象所引起的客观事实，如地震、洪水、台风、泥石流等。社会事件是由于社会上发生了不以个人意志为转移的、难以预料的各种大事变所形成的客观事实，如政府颁布禁令、战争等。无论自然事件还是社会事件，它们的发生都能引起一定的法律后果，导致法律关系产生、变更或终止。如建设工程施工过程中遇洪水暴发，承包人延误的工期按照法律规定顺延；由于国家建设计划调整，某项工程项目停建、缓建等。

3. 代理

公民、法人可以通过代理人实施民事法律行为。代理是指代理人在代理权限内，以被代理人名义实施民事法律行为，被代理人对代理人的代理行为承担民事责任。

1）代理的特征

（1）代理人以实施民事法律行为为职能。代理人的代理活动能产生民事法律后果，即在被代理人与第三人之间发生、变更或终止某种民事法律关系。凡不与第三人产生权利义务关系的行为，如代人抄写、代人整理书稿等，均不属于民事上的代理。

（2）代理人以被代理人名义从事民事法律行为。在代理关系中，代理人只有以被代理人的名义，代替代理人进行民事活动，才能为被代理人取得民事权利和履行民事义务。代理人以自己的名义进行民事活动，不属于代理活动，而是其自己的行为，其法律后果由行为人自己承担。

（3）代理人在代理权限范围内独立地表示自己的意志。代理人在代理权限范围内，有权斟酌情况，独立地进行意思表示，这一特征将代理人与证人、居间人区别开来，后者无权独立地表示自己的意志，只能起媒介作用，而非代理。

（4）代理行为的法律后果由被代理人承担。代理人在代理权限范围内所实施的行为，其法律后果由被代理人承担，这是以上 3 个特征的必然结果，也是当事人设立代理关系的目的所在。

2）代理的种类

根据《民法总则》第 163 条规定，代理包括委托代理和法定代理。

（1）委托代理。委托代理是指代理人根据被代理人授权而进行的代理。民事法律行为的委托代理，可以采用书面形式，也可以采用口头形式，法律规定用书面形式的，应当用书面形式。委托书授权不明的，被代理人应当向第三人承担民事责任的，代理人负连带责任。

书面委托代理的授权委托书应当载明下列事项。

① 代理人的姓名或者名称。

② 代理事项、权限和期间。

③ 委托人签名或者盖章。

（2）法定代理。法定代理是指根据法律的直接规定而产生的代理。法定代理主要是为了维护限制民事行为能力人或者无民事行为能力人的合法权益而设计的。法定代理不同于委托代理，属于全权代理，法定代理人原则上应代理被代理人的有关财产方面的一切民事法律行为和其他允许代理的行为。

指定代理

指定代理是根据人民法院或者有关机关的指定而产生的代理。例如，最高人民法院《关于适用〈中华人民共和国民事诉讼法〉若干问题的意见》第 67 条规定："在诉讼中，如果无民事行为能力人、限制民事行为能力人事先没有确定监护人，有监护资格的人又协商不成的，由人民法院在他们之间指定的人担任诉讼之中的代理人。"

指定代理在本质上也属于法定代理，其与法定代理的区别在于前者的代理无需指定，而后者则需要有指定的过程。

3）无权代理

无权代理是指行为人没有代理权或超越代理权而进行的"代理"活动。

(1) 无权代理的表现形式。

① 无合法授权的"代理"。代理权是代理人进行代理活动的法律依据，不享有代理权的行为人却以他人名义进行"代理"活动，属于最主要的无权代理形式。此外，依照法律规定或按当事人约定，应当由本人实施的民事法律行为，不得代理，如结婚登记。

② 越权"代理"。代理人的代理权限范围是有所界定的，代理人超越代理权限"代理"所进行的民事行为是没有法律依据的，其行为属于无权代理。

③ 代理权终止后的"代理"。代理人的代理权总是在特定时间范围内有效的，代理权终止后，代理人的身份也就相应取消，原代理人无权再进行"代理"活动。

(2) 无权代理的法律后果。

① "被代理人"的追认权。是指"被代理人"对无权代理行为所产生的法律后果表示同意和认可。只有经过被代理人的追认，被代理人才承担民事责任。未经追认的行为，由行为人承担民事责任。本人知道他人以本人名义实施民事行为而不作否认表示的，视为同意。

② "被代理人"的拒绝权。是指"被代理人"对无权代理行为及其所产生的法律后果，享有拒绝权。被拒绝的无权代理行为，由无权代理的行为人承担民事责任。

4）代理的终止

(1) 有下列情形之一的，委托代理终止。

① 代理期间届满或者代理事务完成。

② 被代理人取消委托或者代理人辞去委托。

③ 代理人或者被代理人死亡。

④ 代理人丧失民事行为能力。

⑤ 作为被代理人或者代理人的法人、非法人组织终止。

(2) 有下列情形之一的，法定代理或者指定代理终止。

① 被代理人取得或者恢复民事行为能力。

② 被代理人或代理人死亡。

③ 代理人丧失民事行为能力。

④ 法律规定的其他情形。

【《民法总则》第174条】

4. 诉讼时效

诉讼时效是指权利人在法定期间内未向人民法院提起诉讼请求保护其权利时，法律规定消灭其胜诉权的制度。

1）超过诉讼时效期间的法律后果

(1) 胜诉权消灭。胜诉权是指向人民法院请求保护民事权利的权利，胜诉权的存在，可以使得当事人的民事权利得到保护。而超过了诉讼时效期间，法律消灭了当事人的胜诉权，就意味着当事人的民事权利已经得不到法律的保护了。

(2) 实体权利不消灭。《民法总则》第192条规定："诉讼时效期间届满后，义务人同意履行的，不得以诉讼时效期间届满为由抗辩；义务人已自愿履行的，不得请求返还。"

实体权利并不因超过了诉讼时效而消灭，如果债务人在超过了诉讼时效的前提下自愿履行，债权人依然可以受领。债务人履行义务后，不得要求返还。

2) 诉讼时效期间的种类

根据《民法总则》及有关法律的规定，诉讼时效期间通常可划分为 4 类。

（1）普通诉讼时效。向人民法院请求保护民事权利的普通诉讼时效期间通常为 3 年。

（2）特殊诉讼时效。特殊诉讼时效不是由民法规定的，而是由特别法规定的诉讼时效。例如，《合同法》第 129 条规定涉外合同期间为 4 年。《中华人民共和国海商法》第 257 条规定，就海上货物运输向承运人要求赔偿的请求权，时效期间为 1 年。

（3）权利的最长保护期限。诉讼时效期间从知道或应当知道权利被侵害之日起计算。但是，从权利被侵害之日起超过 20 年的，人民法院不予保护。

（4）不适用诉讼时效的规定。请求停止侵害、排除妨碍、消除危险；不动产物权和登记的动产物权的权利人请求返还财产；请求支付抚养费、赡养费或者扶养费；依法不适用诉讼时效的其他请求权。

3) 诉讼时效的中止和中断

（1）诉讼时效中止。《民法总则》第 194 条规定，在诉讼时效期间的最后 6 个月内，因不可抗力或者其他障碍不能行使请求权的，诉讼时效中止。从中止时效的原因消除之日起满 6 个月，诉讼时效期间届满。

中止诉讼时效的法定事由必须是发生在诉讼时效期间的最后 6 个月才能导致诉讼时效中止，法定事由如果发生在诉讼时效期间的最后 6 个月之前，只有该事件持续到最后 6 个月内才产生中止时效的效果。

（2）诉讼时效中断。《民法总则》第 195 条规定，诉讼时效因提起诉讼或者申请仲裁、当事人一方提出履行要求或者同意履行义务而中断。从中断时起，诉讼时效期间重新计算。

1.3.2　合同的订立

当事人订立合同，应当具有相应的民事权利能力和民事行为能力。当事人依法可以委托代理人订立合同。

1. 合同的形式

当事人订立合同，有书面形式、口头形式和其他形式三种。法律规定采用书面形式的，或当事人约定采用书面形式的，应当采用书面形式。

1) 书面形式

书面形式是指合同书、信件和数据电文（包括电报、电传、传真、电子数据交换和电子邮件）等可以有形地表现所载内容的形式。书面合同的优点在于有据可查、权利义务记载清楚、便于履行，发生纠纷时容易举证和分清责任。书面合同是实践中广泛采用的一种合同形式。建设工程合同应当采用书面形式。

2) 口头形式

口头形式是指当事人用谈话的方式订立的合同，如当面交谈、电话联系等。口头合同形式一般运用于标的数额较小和即时结清的合同。如到商店、集贸市场购买商品，一般都是采用口头合同形式。以口头形式订立的合同，其优点在于建立合同关系简便、迅速，缔约成本低。但在发生争议时，难以取证、举证，不易分清当事人的责任。

3）其他形式

其他形式是指用除书面形式、口头形式以外的方式来表现合同内容的形式。主要包括默示形式和推定形式。默示形式是指当事人既不用口头形式、书面形式，也不实施任何行为，而是以消极的不作为的方式进行的意思表示。默示形式只有在法律有特别规定的情况下才能运用。推定形式是指当事人不用语言、文字，而是通过某种有目的的行为表达自己意思的一种形式，从当事人的积极行为中，可以推定当事人已进行的意思表示。

2. 合同的内容

合同的内容由当事人约定，一般包括：当事人的名称或姓名和住所；标的；数量；质量；价款或者报酬；履行的期限、地点和方式；违约责任；解决争议的方法。

《合同法》在分则中对建设工程合同（包括勘察、设计、施工合同）内容做了专门规定。

1）勘察、设计合同的内容

勘察、设计合同包括提交基础资料和文件（包括概预算）的期限、质量要求、费用以及其他协作条件等条款。

2）施工合同的内容

施工合同包括工程范围、建设工期、中间交工工程的开工和竣工时间、工程质量、工程造价、技术资料交付时间、材料和设备供应责任、拨款和结算、竣工验收、质量保修范围和质量保证期、双方相互协作等条款。

3. 合同订立的程序

从合同成立的程序来讲，必须经过要约和承诺两个阶段。《合同法》第 13 条规定："当事人订立合同，采取要约、承诺方式。"

1）要约

《合同法》第 14 条规定："要约是希望和他人订立合同的意思表示，该意思表示应当符合下列规定：（一）内容具体确定；（二）表明经受要约人承诺，要约人即受该意思表示约束。"也就是说，要约必须是特定人的意思表示，必须是以缔结合同为目的，必须具备合同的主要条款。

有些合同在要约之前还会有要约邀请。所谓要约邀请，又称要约引诱，是希望他人向自己发出要约的意思表示。要约邀请并不是合同成立过程中的必经过程，它是当事人订立合同的预备行为，这种意思表示的行为往往不确定，不含有合同得以成立的主要内容和相对人同意后受其约束的表示，在法律上无须承担责任。《合同法》规定，寄送价目表、拍卖公告、招标公告、招股说明书、商业广告等为要约邀请；商业广告的内容符合要约规定的，视为要约。

（1）要约的生效。《合同法》第 16 条规定："要约到达受要约人时生效。""采用数据电文形式订立合同，收件人指定特定系统接收数据电文的，该数据电文进入该特定系统的时间，视为到达时间；未指定特定系统的，该数据电文进入收件人的任何系统的首次时间，视为到达时间。"

（2）要约的撤回和撤销。《合同法》第17条规定："要约可以撤回。撤回要约的通知应当在要约到达受要约人之前或者与要约同时到达受要约人。"

《合同法》第18条规定："要约可以撤销。撤销要约的通知应当在受要约人发出承诺通知之前到达受要约人。"

● 特 别 提 示

有下列情形之一的，要约不得撤销：第一，要约中确定了承诺期限或者以其他形式表明要约不可撤销；第二，受要约人有理由认为要约是不可撤销的，并且已经为履行合同做了准备工作。

2）承诺

《合同法》第21条规定："承诺是受要约人同意要约的意思表示。"承诺是以接受要约的全部条件为内容的，有效的承诺应当符合相应的条件。

（1）承诺应符合的条件。

① 承诺必须由受要约人向要约人作出。

② 承诺必须是对要约明确表示同意的意思表示。

③ 承诺必须在要约有效期限内作出。

④ 承诺的内容必须与要约的内容一致。

承诺应当以通知的方式作出，但根据交易习惯或者要约表明受要约人可以通过行为作出承诺的除外。

（2）承诺的期限。《合同法》第23条规定："承诺应当在要约确定的期限内到达要约人。""要约没有确定承诺期限的，承诺应当依照下列规定到达：（一）要约以对话方式作出的，应当即时作出承诺，但当事人另有约定的除外；（二）要约以非对话方式作出的，承诺应当在合理期限内到达。"

（3）承诺的生效。承诺通知到达要约人时生效。承诺不需要通知的，根据交易习惯或者要约的要求作出承诺的行为时生效。

（4）逾期承诺。是指受要约人在要约人限定的承诺期满后，向要约人作出的承诺。受要约人超过承诺期限发出承诺的，除要约人及时通知受要约人该承诺有效的以外，为新要约。

（5）要约内容的变更。承诺的内容应当与要约的内容一致。有关合同标的、数量、质量、价款或者报酬、履行期限、履行地点和方式、违约责任和解决争议方法等的变更，是对要约内容的实质性变更。受要约人对要约的内容作出实质性变更的，为新要约。承诺对要约的内容作出非实质性变更的，除要约人及时表示反对或者要约表明承诺不得对要约的内容作出任何变更的以外，该承诺有效，合同的内容以承诺的内容为准。

● 知 识 链 接

招投标过程中，发布招标公告或投标邀请书是要约邀请，递送投标文件是要约，发中标通知书是承诺。

4. 合同的成立

合同成立是指当事人完成了签订合同过程，并就合同内容协商一致。合同成立不同于合同生效。合同生效是法律认可合同效力，强调合同内容合法性。因此，合同成立体现了当事人的意志，而合同生效体现了国家意志。合同成立是合同生效的前提条件，如果合同不成立，是不可能生效的。合同成立的一般要件如下。

（1）存在订约当事人。

合同成立首先应具备双方或者多方订约当事人，只有一方当事人不可能成立合同。例如，某人以某公司的名义与某团体订立合同，若该公司根本不存在，则可认为只有一方当事人，合同不能成立。

（2）订约当事人对主要条款达成一致。

合同成立的根本标志是订约双方或者多方经协商，就合同主要条款达成一致意见。

（3）经历要约与承诺两个阶段。

《合同法》第13条规定："当事人订立合同，采取要约、承诺方式。"缔约当事人就订立合同达成合意，一般应经过要约承诺阶段。若只停留在要约阶段，合同根本未成立。

1) 合同成立时间

合同成立时间关系到当事人何时受合同关系约束，因此合同成立时间具有重要意义。确定合同成立时间，需遵守如下规则。

（1）当事人采用合同书形式订立合同的，自双方当事人签字或者盖章时合同成立。各方当事人签字或者盖章的时间不在同一时间的，最后一方签字或者盖章时合同成立。

（2）当事人采用信件、数据电文等形式订立合同的，可以在合同成立之前要求签订确认书。签订确认书时合同成立。此时，确认书具有最终正式承诺的意义。

2) 合同成立地点

合同成立地点可能成为确定法院管辖的依据，因此具有重要意义。合同成立地点一般为承诺生效的地点，具体需遵守如下规则。

（1）当事人采用数据电文形式订立合同的，收件人的主营业地为合同成立的地点；没有主营业地的，其经常居住地为合同成立的地点；当事人另有约定的，按照其约定。

（2）当事人采用合同书形式订立合同的，双方当事人签字或者盖章的地点为合同成立的地点。

5. 格式条款

格式条款是当事人为了重复使用而预先拟定，并在订立合同时未与对方协商的条款。

1) 格式条款提供者的义务

由于格式条款的提供者往往在经济地位方面具有明显的优势，在行业中居于垄断地位，因而导致其在拟定格式条款时，会更多地考虑自己的利益，而较少考虑另一方当事人的权利或者附加种种限制条件。为此，提供格式条款的一方应当遵循公平的原则确定当事人之间的权利义务关系，并采取合理的方式提请对方注意免除或限制其责任的条款，按照对方的要求，对该条款予以说明。

2）格式条款无效

提供格式条款一方免除自己责任、加重对方责任、排除对方主要权利的，该条款无效。此外，《合同法》规定的合同无效的情形，同样适用于格式合同条款。

3）格式条款的解释

对格式条款的理解发生争议的，应当按照通常理解予以解释。对格式条款有两种以上解释的，应当作出不利于提供格式条款一方的解释。格式条款和非格式条款不一致的，应当采用非格式条款。

6. 缔约过失责任

缔约过失是指合同订立过程中，当事人一方因未履行依据诚实信用原则应承担的义务，而导致当事人另一方受到损失的过失。过失方应承担相应民事责任，即缔约过失责任。其构成条件为：一是当事人有过错，若无过错，则不承担责任；二是有损害后果的发生，若无损失，也不承担责任；三是当事人的过错行为与造成的损失有因果关系。

《合同法》第 42 条规定，当事人在订立合同过程中有下列情形之一，给予对方造成损失的，应当承担损害赔偿责任。

（1）假借订立合同，恶意进行磋商。

（2）故意隐瞒与订立合同有关的重要事实或者提供虚假情况。

（3）有其他违背诚实信用原则的行为。

特别提示

当事人在订立合同过程中知悉的商业秘密，无论合同是否成立，不得泄露或者不正当使用。泄露或者不正当使用该商业秘密给对方造成损失的，应当承担损害赔偿责任。

1.3.3 合同效力

【合同的生效】

1. 合同生效

合同生效，是指合同产生法律上的约束力。合同产生的法律上的约束力，主要是对合同双方当事人来讲的。合同一旦生效，合同当事人即享有合同中所约定的权利和承担合同中所约定的义务。

《合同法》第 44 条规定："依法成立的合同，自成立时生效。""法律、行政法规规定应当办理批准、登记等手续生效的，依照其规定。"

已经成立的合同，必须具备一定的生效要件，才能产生法律约束力。合同生效要件是判断合同是否具有法律效力的评价标准。合同的生效要件有下列几项。

（1）订立合同的当事人必须具有相应的民事权利能力和民事行为能力。《合同法》第 9 条第 1 款规定："当事人订立合同，应当具有相应的民事权利能力和民事行为能力。"主体不合格，所订立的合同不能发生法律效力。

具有民事权利能力，是自然人获得参与民事活动的资格，但能不能运用这一资格，还受自然人的理智、认识能力等主观条件制约。有民事权利能力者，不一定具有民事行为能力。

最高人民法院《关于适用〈中华人民共和国合同法〉若干问题的解释（一）》第10条规定："当事人超越经营范围订立合同，人民法院不因此认定合同无效。但违反国家限制经营、特许经营以及法律、行政法规禁止经营规定的除外。"这是有关法人权利能力和行为能力的直接规定，即法人在不违反法律、行政法规强制性规范时，即使超越经营范围签订合同也认定有效。

关于法人之外其他组织权利能力和行为能力，在特定情况下，不具有法人资格的其他组织可以自己名义签订合同，如领取营业执照的法人分支机构具有订约资格。

（2）意思表示真实。所谓意思表示真实，是指表意人的表示行为真实反映其内心的效果意思，即表示行为应当与效果意思相一致。

意思表示真实是合同生效的重要构成要件。在意思表示不真实的情况下，合同可能无效，如在被欺诈胁迫致使行为人表示于外的意思与其内心真意不符，且涉及国家利益受损的情况；合同也可能被撤销或者变更，如在被欺诈胁迫致使行为人表示于外的意思与其内心真意不符，但未违反法律和行政法规强制性规定及社会公共利益的情况。

（3）不违反法律、行政法规的强制性规定，不损害社会公共利益。这里的"法律"是狭义的法律，即全国人民代表大会及其常务委员会依法通过的规范性文件。这里的"行政法规"是国务院依法制定的规范性文件。所谓"强制性规定"是当事人必须遵守的，不得通过协议加以改变的规定。

（4）具备法律所要求的形式。这里的形式包括两层意思：订立合同的程序与合同的表现形式。这两方面都必须要符合法律的规定，否则不能发生法律效力。例如，建设工程合同应当采用书面形式，且应不违反建设工程的基本建设程序，如工程报建、招投标是建设工程承包合同签订的必经程序。

2. 无效合同

无效合同是相对有效合同的效力而言的，是指当事人之间订立的合同具备合同成立的形式，但由于违反法律规定的事由而导致法律不予认可其效力。无效合同的确认权归人民法院或者仲裁机构，合同当事人或其他任何机构均无权认定合同无效。

1）无效合同的情形

《合同法》第52条规定，有下列情形之一的，合同无效。

（1）一方以欺诈、胁迫的手段订立合同，损害国家利益。

（2）恶意串通，损害国家、集体或者第三人利益。

（3）以合法形式掩盖非法目的。

（4）损害社会公共利益。

（5）违反法律、行政法规的强制性规定。

应用案例

垫资条款能否导致合同无效

1996年12月，原告与被告某房地产公司签订了一份工程协议书。双方约定由建筑公司承建某住宅工程，总建筑面积约6万平方米，造价为739元/m²，合同总价款为4 300

余万元。其中协议第4条第2款约定,"本工程甲方（房地产公司）要求乙方（建筑公司）全过程垫资施工,施工过程中发生的所有贷款利息由甲方承担"。一天以后,双方又签订了建设工程施工合同,除了将工程造价改为500元/m²,以及未约定垫资外,其余主要条款均与协议基本一致。工程开工不久,双方对电气、自来水等配套工程是否包括在先期双方约定739元/m²的造价中发生争议。为此双方多次往来函件进行协商,并于1997年4月形成一份会议纪要:"双方约定由甲方（房地产公司）负责上述配套工程"。之后,房地产公司于1997年11月出具一份付款承诺书,承诺工程款在当年12月底以前结清并支付完毕。但后来双方对是否要在工程总造价中扣除配套工程款后再支付给建筑公司又产生分歧。1997年12月底,房地产公司除支付了部分工程款外,其余款项一直未付。建筑公司在数次要房地产公司付清款项未果的情况下,于1998年向法院提起诉讼,请求判令由房地产公司偿还拖欠工程款及违约金。

一审法院经审理认为,建筑公司与房地产公司虽然分别签订了工程协议书和建设工程施工合同,但双方实际履行的是工程协议书。由于双方在工程协议书中有约定建筑公司垫资施工的条款,违反了1996年原建设部、原计划委员会、财政部下发的《关于严格禁止在工程建设中带资承包的通知》（以下简称《通知》）第4条的规定"任何建设单位都不得以要求施工单位带资承包作为招标投标的条件,更不得强行要求施工单位将此类内容写入工程承包合同",以及第5条的规定"施工单位不得以带资承包作为竞争手段承揽工程"。据此法院判定双方执行的工程协议书为无效协议;双方签订的建设工程施工合同虽没有垫资条款,但双方并未实际按该合同履行,因此该合同也不认为是有效合同。而基于无效的工程协议书基础上签订的会议纪要及还款承诺都不具有法律约束力,因此法院不能按双方约定的方法以及工程量来作为定案的依据,而只能依据鉴定部门出具的鉴定意见。据此,法院裁决:房地产公司支付建筑公司拖欠工程款744 326元及利息。

一审判决下达后,建筑公司不服并上诉至二审法院。但二审法院审理后也认为,原审法院依据《通知》确认工程协议书无效并无不当。同时考虑到房地产公司对协议无效也有过错,应对建筑公司垫资产生的利息承担赔偿责任。因此二审法院判决:维持一审判决;房地产公司赔偿建筑公司部分损失。

终审判决下达后,建筑公司仍不服,又向最高人民法院提出申诉。最高人民法院研究后发函要求二审法院对此案进行复查。二审法院复查的焦点集中在"国务院各部委的规范性文件能否作为审判民事经济案件依据"的问题上。该院就这个问题形成两种意见:一种意见认为,国务院部委的规范性文件,不属于法律规定的行政法规范畴,不能作为人民法院审判案件的依据,原判决以"两部一委"通知确认承包合同无效是不当的;另一种意见认为,国务院"两部一委"的规范性文件,是针对各行业在实际经济生活中出现的问题而制发的,目的在于规范管理,维护市场有序发展,原判决确认合同无效有利于避免建设单位在资金不实的情况下盲目上新的建设项目,有利于规范建设市场,预防和减少纠纷。二审法院就这两种意见向最高人民法院请示。

2000年10月,最高人民法院经研究对该请示作出如下答复:"人民法院在审理民事经济纠纷案件时,应当以法律和行政法规为依据。原建设部、原计划委员会、财政部《关于严格禁止在工程建设中带资承包的通知》不属于行政法规,也不是部门规章。从该通知内容看,主要以行政管理手段对建设工程合同当事人带资承包进行限制,并给予行政处罚,而对于当事人之间的债权债务关系，仍应按照合同承担责任。因此，不应以当事人约定了带资承包条款，违反《通知》而认定合同无效。"

【案例评析】

　　该案争论的焦点在于垫资条款能否导致合同无效。或者说，《关于严格禁止在工程建设中带资承包的通知》这样一个部门文件是否具有法律约束力。从最高人民法院的答复中可以看出，最高人民法院认为该通知并不具有法律约束力。根据我国《合同法》及其司法解释的规定，判定合同无效，只能依据法律和行政法规。"两部一委"的通知仅属于行政规范性文件，不具法律效力，不能作为判定合同无效的依据。也就是说，在我国目前的法律条件下，垫资并不在法律禁止的范围内。2003年7月由原建设部组织召开的《中华人民共和国建筑法》（以下简称《建筑法》）实施情况研讨会上，对是否应在修改后的《建筑法》中禁止垫资成为争论的焦点之一。从我国目前的建筑市场情况来看，全面禁止垫资既不符合实际，也不符合国际惯例。规范建筑市场重在规范建设单位的行为，加强建筑市场主体的信用制度建设才是关键所在。

　　在本案中，原、被告分别签订了两个合同，这属于典型的"阴阳合同"行为。我国地方普遍实行建设工程合同备案制度，原建设部89号令《房屋建筑与市政基础设施工程施工招标投标管理办法》以及一些地方人大常委会颁布的《建筑市场管理条例》也明确了该项制度。合同备案制度的本意是加强建设工程合同管理，但却间接导致了"阴阳合同"的产生。"阴阳合同"严重扰乱了建筑市场交易秩序，应当予以坚决制止。但对于"阴阳合同"的效力问题，仍有很大争议。从本案的判决结果看，一审法院以"阴阳合同"未实际履行为由判定其无效，而二审法院及最高法院并没有推翻这个结论，这种司法倾向值得关注。

　　2）合同免责条款无效的情形

　　《合同法》就免责条款的无效做了专门的规定。免责条款是指双方当事人在合同中约定的、为免除或者限制一方或双方当事人违约责任的条款。通常情况下，当事人有权依照合同中约定的免责条款，全部或部分免除其有关责任。但是，如果免责条款所产生的后果具有社会危害性和侵权性，侵害了对方当事人的人身权利和财产权利，则该免责条款将不具有法律效力。依照《合同法》第53条的规定，合同中的下列免责条款无效。

　　（1）造成对方人身伤害的。

　　（2）因故意或者重大过失造成对方财产损失的。

　　《合同法》的这一规定仅指免责条款的无效，并不影响合同其他条款的效力。

3. 可变更、可撤销合同

　　可变更或者可撤销的合同，是指合同成立以后，由于存在法定事由，人民法院或者仲裁机构根据一方当事人的申请，以及具体情况允许变更有关合同内容或者撤销合同。变更合同的，按照变更后的合同履行，原合同失效；撤销合同的，合同自始无效。如果虽然存在法定事由，但当事人不愿意变更或者撤销合同的，合同继续有效。

　　1）可变更、可撤销合同的法定情形

　　（1）因重大误解而订立的合同。

　　（2）订立合同时显失公平的合同。

(3) 以欺诈、胁迫的手段或者乘人之危使对方在违背真实意思的情况下订立的合同。

有以上3种情形之一的，当事人有权请求人民法院或者仲裁机构变更或者撤销合同。《合同法》的规定重在强调交易行为，维护正常的交易关系。因此，人民法院或者仲裁机构在接到申请时应当依法进行，当事人请求变更的，人民法院或者仲裁机构不得撤销。

2) 撤销权的消灭

撤销权是指受到损害的一方当事人对可撤销的合同依法享有的、可请求人民法院或仲裁机构撤销该合同的权利。《合同法》第55条规定，有下列情形之一的，撤销权消灭。

(1) 具有撤销权的当事人自知道或者应当知道撤销事由之日起1年内没有行使撤销权。

(2) 具有撤销权的当事人知道撤销事由后明确表示或者以自己的行为放弃撤销权。

可撤销合同具有如下特征。

(1) 可撤销合同在未被撤销前，是有效合同，撤销权不行使，合同继续有效；合同一旦被撤销，自合同成立时无效。因此又称为相对无效的合同。

(2) 可撤销合同一般是意思表示不真实的合同。所谓意思表示不真实，是指当事人的行为表示没有真实地反映其内在的目的和愿望，违背了合同自由的基本原则。

(3) 可撤销合同的撤销，要由当事人行使撤销权来实现。撤销权自撤销权人知道撤销或应当知道撤销事由之日起一年内不行使，就归于消灭；撤销权人可以明确表示或以行为表示放弃撤销权。撤销权消灭或放弃后，不能再恢复。

(4) 对于可撤销合同，当事人可选择行使撤销权，还可选择请求变更合同内容。请求变更，不会导致整个合同无效，可以减少无效合同的数量，促成更多的合同交易。并且，当事人只请求变更的，人民法院或仲裁机构不得撤销。

4. 无效合同或被撤销合同的效力及其法律后果

【建设工程招投标案例分析】

《合同法》第56条规定："无效的合同或者被撤销的合同自始没有法律约束力。合同部分无效，不影响其他部分效力的，其他部分仍然有效。"

为了保持对无效、被撤销或者终止的合同的争议有可行的解决办法，无论合同无效、被撤销或者终止，都不影响合同中有关解决合同争议方法的条款的效力。

《合同法》第58条规定："合同无效或者被撤销后，因该合同取得的财产，应当予以返还；不能返还或者没有必要返还的，应当折价补偿。有过错的一方应当赔偿对方因此所受到的损失，双方都有过错的，应当各自承担相应的责任。"第59条规定："当事人恶意串通，损害国家、集体或者第三人利益的，因此取得的财产应当收归国家所有或者返还集体、第三人。"

5. 效力待定合同

有些合同的效力较为复杂，不能直接判断其是否生效。合同是否发生法律效力与合同的一些后续行为有关，这类合同即为效力待定的合同。《合同法》中涉及的效力待定的合同主要有以下几种情况。

1）限制民事行为能力人订立的合同

限制民事行为能力人订立的合同，经法定代理人追认后该合同有效。但纯获利益的合同或者与其年龄、智力、精神状况相适应而订立的合同，不必经法定代理人追认。

2）无权代理人订立的合同

无权代理、超越代理权或者代理权终止后以被代理人的名义签订的合同，未经被代理人追认，对被代理人不发生效力，由行为人承担责任。相对人可以催告被代理人在1个月内予以追认。被代理人未作表示的，视为拒绝追认。合同被追认之前，善意相对人有以通知的方式撤销的权利。

3）表见代理人订立的合同

"表见代理"是善意相对人通过被代理人的行为足以相信无权代理人有代理权的代理。行为人没有代理权、超越代理权或者代理权终止后以被代理人的名义签订的合同，相对人有理由相信代理人有代理权的，该代理行为有效，其后果由被代理人承担。规定表见代理的目的是保护善意第三人。在现实生活中，较为常见的表见代理是采购员或者推销员拿着盖有单位公章的空白合同，超越授权范围与其他单位订立合同，此时其他单位如果不知采购员或者推销员的授权范围，即为善意第三人，此时订立的合同有效。

综合应用案例

A公司系某大厦业主，在其自有物业内办公，每月定期向物业公司交管理费。1998年4月—1999年6月，A公司以经营状况不好为由，一直拖欠物业公司管理费。2000年12月4日，A公司给物业公司拟订一份《还款计划书》，承诺在2001年2月还清拖欠的全部物业管理费。2001年4月16日，物业公司给A公司发了催缴拖欠款函，A公司予以签收。在多次催讨无果的情况下，物业公司于2001年6月向法院提起诉讼，要求A公司支付欠款。

【案例评析】

本案是一起常见的拖欠管理费纠纷，其关键问题在于物业公司的请求是否已经超过诉讼时效。

(1) 本案存在合同请求权，应当适用我国民法中有关诉讼时效的规定。

根据民法原理，我国自然人、法人及其他组织享有各项民事权利，如果这些民事权利受到侵犯，权利人就有依法取得要求法院保护其民事权利的请求权，并在法定期间内加以行使，逾期将丧失该权利。这一法定期间就是民法规定的诉讼时效。可见，诉讼时效指的是权利人于一定期间不行使请求人民法院保护其民事权利的权利就丧失该权利（胜诉权）。换句话说，诉讼时效届满后，权利人仍然可以向法院起诉，请求法院保护其民事权利，但法院将不予支持。

《民法通则》第135、136条规定了统一的诉讼时效制度，不论是基于违约还是基于侵权而产生的请求权均适用诉讼时效，具体到本案，A公司与物业公司之间存在事实的合同关系，A公司接受物业公司提供的各项服务，向物业公司定期交管理费是其合同义务。如果A公司不履行交费的合同义务，则物业公司就取得了主张A公司支付欠款的请求权，这是基于违约产生的请求权，因此应适用上述诉讼时效的有关规定。其中普通诉讼时效期间为2年（从权利人知道或应当知道权利受到侵害之日起算）。

（2）本案物业公司请求权的行使未超过诉讼时效，法院应依法保护其债权。

本案是一般的债权债务纠纷，物业公司向A公司主张请求权的诉讼时效期间为2年，物业公司必须在这2年内行使请求法院保护其对A公司债权的请求权，逾期将丧失除该权利，除非期间有法定时效中断事由发生导致诉讼时效中断。《民法通则》规定的时效中断事由包括权利人主张权利、义务人同意履行义务以及权利人向包括法院在内的有关单位提出保护民事权利的请求，其法律后果就是"从中断时起，诉讼时效期间重新计算"。

本案中，从1998年4月A公司在规定日期没有交管理费之日起，物业公司就应当知道其债权受到侵害，2年诉讼时效开始起算，2000年4月时效届满。以此类推，1998年4月—1999年6月的诉讼时效分别于2000年4月、2001年6月依次届满，而物业公司2001年6月提起诉讼，1998年4月—1999年5月部分似乎已超过诉讼时效。其实不然，2000年12月4日，A公司向物业公司拟订的《还款计划书》中，承诺将于2001年2月还清全部欠款。这意味着1998年4月—1998年11月部分到2000年12月已全部超过诉讼时效，但由于A公司上述《还款计划书》同意偿还该部分欠款，根据《民法通则》第138条"超过诉讼时效期间，当事人自愿履行的，不受诉讼时效限制"的规定，1998年4月—1998年11月拖欠的管理费因A公司的自愿履行而恢复到时效完成前的状态，该部分的诉讼时效从2000年12月4日开始计算。而1998年12月—1999年6月部分在2年的诉讼时效期间内因A公司同意履行还款而发生时效中断诉讼时效从2000年12月4日重新计算。可见，1998年4月—1999年6月的诉讼时效统一从2000年12月4日开始计算，为期2年。

2001年4月16日，物业公司向A公司发了催缴拖欠款函，A公司予以签收，属于权利人主张权利的法定时效中断事由，诉讼时效再次中断，1998年4月—1999年6月的2年诉讼时效从2001年4月16日开始计算。

综上，2001年6月物业公司向法院提起诉讼，主张A公司支付1998年4月—1999年6月管理费的请求权并没有超过诉讼时效，法院应依法支持其诉讼请求。而法院最终的判决结果也是如此。

● 特 别 提 示

类似本案的纠纷是所有物业公司都会碰到的，业主或非业主使用人常以各种理由拖欠物业公司管理费，如果物业公司怠于行使债权，就会导致其合法权利的最终丧失。所以在实际工作中，对于拖欠管理费的业主或非业主使用人，不管其拖欠管理费的数额大小、时间长短，物业公司都应当及时主张权利。在具体工作中，可以从拖欠管理费之日起，每半年向欠费的业主或非业主使用人发催缴函，并要求其签收或确认，以此确保其权利不超过诉讼时效，保留随时起诉追讨管理费的权利。

第1章 工程招投标与合同管理基础

本章小结

建筑市场分为广义的市场和狭义的市场。狭义的建筑市场一般指有形建筑市场，有固定的交易场所；广义的建筑市场是指"建筑产品和有关服务的交易关系的总和"。建筑市场的主体是指参与建筑市场交易活动的主要各方，即发包人、承包人和工程咨询服务机构及物资供应机构等；建筑市场的客体则为建筑市场的交易对象，即各种建筑产品，包括有形的建筑产品和无形的建筑产品。

建筑市场的从业资质管理包括两个方面：一是对从业企业的资质管理，二是对专业从业人员的执业资格管理。建设工程交易中心是服务性机构，不是政府管理部门，也不是政府授权的监督机构，本身并不具备监督管理职能，但其具有信息服务功能、场所服务功能、集中办公功能等基本功能。

发承包制度是商品经营的一种方式。招标承包制是在发承包制度的基础上发展起来的，是实现工程发承包关系的主要途径。在施工发包前，建设单位应根据工程特点全面考虑如何组织、如何分标、如何发包、如何计价等要素问题。

合同法律基础部分主要介绍了合同法律关系，包括合同法律关系的构成、合同法律的产生、变更和消灭、代理、诉讼时效等；合同的订立，包括合同的形式和内容、合同的订立程序、合同成立、格式条款、缔约过失等；合同效力，包括合同生效、无效合同、可变更合同、可撤销合同、效力待定合同等。

习 题

一、单选题

1. （　　）是合同当事人双方权利义务共同指向的对象，即合同法律关系的客体。
   A. 货物　　　　　　B. 标的　　　　　　C. 质量　　　　　　D. 数量
2. 工程造价咨询企业的资质等级分为（　　）。
   A. 甲级、乙级　　　　　　　　　　　B. 甲级、乙级、丙级
   C. 一级、二级、三级　　　　　　　　D. 特级、一级、二级、三级
3. 下列关于建设工程交易中心的说法中不正确的是（　　）。
   A. 建设工程交易中心是政府管理部门，具备监督管理职能
   B. 建设工程交易中心是服务性机构，经批准可收取一定的服务费
   C. 建设工程交易中心并非任何单位和个人可随意成立，不以营利为目的
   D. 工程交易行为不可以在建设工程交易中心场外发生
4. 发布招标公告是一种（　　）。
   A. 要约　　　　　　B. 承诺　　　　　　C. 要约邀请　　　　D. 合同
5. 合同订立过程中，承诺自（　　）时生效。

A. 发出 B. 要约人了解其内容
C. 合同生效 D. 到达要约人

6. 在诉讼时效期间的最后 6 个月，因不可抗力或者其他障碍不能行使请求权的，诉讼时效（　　）。

　　A. 终止　　　　　B. 中止　　　　　C. 中断　　　　　D. 继续计算

7. 诉讼时效中断是指（　　）。

　　A. 权利人在期间内不行使权利，法律规定消灭其胜诉权的制度
　　B. 在诉讼时效期间内，由于法定事由的出现，导致已经进行的诉讼时效期间归于无效，待时效中断法定事由消除后，诉讼时效期间重新计算
　　C. 在诉讼时效期间进行过程中，由于出现了一定的法定事由，导致权利人不能行使请求权，法律规定暂停诉讼时效期间的计算，已经经过的时效期间仍然有效，待阻碍权利人行使权利的法定事由消失后，继续进行诉讼时效期间的计算
　　D. 在诉讼时效期间届满后，权利人因有正当理由，向人民法院提出请求，人民法院可以把法定时效期间予以延长

8. 可撤销的建设工程施工合同，当事人应当请求（　　）撤销。

　　A. 建设行政主管部门　　　　　B. 人民法院
　　C. 监理单位　　　　　　　　　D. 设计单位

9. 下列属于无效合同的是（　　）。

　　A. 一方以欺诈的手段订立的合同　　B. 一方以胁迫的手段订立的合同
　　C. 因重大误解而订立的合同　　　　D. 以合法形式掩盖非法目的的合同

10. 下列对于合同免责条款的表述不正确的是（　　）。

　　A. 因故意造成对方财产损失的免责条款无效
　　B. 因过失造成对方财产损失的免责条款无效
　　C. 因重大过失造成对方财产损失的免责条款无效
　　D. 造成对方人身伤害的免责条款无效

二、多选题

1. 诉讼时效中止的事由包括（　　）。

　　A. 权利人提起请求
　　B. 提起诉讼
　　C. 因不可抗力不能行使请求权
　　D. 权利人死亡尚未找到继承人不能行使请求权
　　E. 义务人同意履行义务

2. 代理的种类有（　　）。

　　A. 委托代理　　　　　　　　B. 法定代理
　　C. 无权代理　　　　　　　　D. 指定代理
　　E. 超越权限代理

3. 无权代理的表现形式有（　　）。

　　A. 无合法授权的"代理"行为
　　B. 以被代理人的名义同自己实施法律行为

C. 代理人超越代理权限所为的"代理"行为

D. 代理权终止后的"代理"行为

E. 代理人在代理权限内行使代理行为

4. 关于合同生效要件说法正确的是（　　）。

A. 订立合同的当事人必须具有完全的民事权利能力和民事行为能力

B. 意思表示真实

C. 不违反法律、行政法规的强制性规定

D. 具备法律所要求的形式

E. 经历要约和承诺两个阶段

5. 依照我国法律规定，下列各项中，不适用诉讼时效规定的有（　　）。

A. 甲请求乙停止伤害

B. 不动产物权的权利人请求返还财产

C. 李四对王五的给付款请求权

D. 张三对李四的给付租金请求权

E. 老张对小张支付赡养费的请求权

6. 合同的内容一般包括条款（　　）。

A. 当事人的名称或者姓名和住所　　B. 标的

C. 数量　　　　　　　　　　　　　D. 质量

E. 合同签订地点及公证人员姓名

7. 下列各项中，未超过诉讼时效期间的包括（　　）。

A. 杨某将其电视机交李某保管，1992年3月的一天李某将电视机摔坏，1993年2月杨某提出赔偿请求

B. 1967年5月乙欠丙的3 000元债务到期未付，1970年9月丙请求乙偿还欠款

C. 债务人应于1988年6月还清欠款，却分文未还。1990年2月债权人提起诉讼

D. 1988年4月李某的权利被张某侵害，直至2007年8月李某才知道其权利被侵害，且在这之前李某也不存在应当知道的基础。2009年2月李某提起诉讼

E. 1970年3月甲拒付应付乙的租金500元，1982年2月乙为此提起诉讼

8. 无效合同的法律责任包括（　　）。

A. 返还财产　　　　　　　　　　　B. 赔偿损失

C. 继续履行　　　　　　　　　　　D. 追缴财产

E. 暂不履行

9. 属于可变更或可撤销合同的有（　　）。

A. 甲化工厂使用假的产品合格证同乙企业签订合同，将不符合标准的涂料销售给乙企业

B. 甲企业在签订采购合同过程中，误将产品单价写错，与乙单位达成买卖合同

C. 一方当事人乘人之危，使对方在违背真实意思的情况下订立的合同

D. 合法形式掩盖非法目的的合同

E. 一方以欺诈、胁迫手段订立，侵害国家利益的合同

10. 下列有关格式条款的表述中，错误的有（　　）。

A. 格式条款是经双方协商采用的标准合同条款
B. 提供格式条款方设置排除对方主要权利的条款无效
C. 当格式条款与非格式条款不一致时，应采用非格式条款
D. 如果对争议条款有两种解释时，应作出有利于提供格式条款方的解释
E. 如果对争议条款有两种解释时，应作出不利于提供格式条款方的解释

三、简答题

1. 合同法律关系成立的要件是什么？
2. 简述有形建筑市场的一般运作程序。
3. 在施工发包前，建设单位针对拟招标工程应如何分标？
4. 无效合同和可变更、可撤销合同的法定情形各有哪些？

【参考答案】

第2章 工程项目招标

思维导图

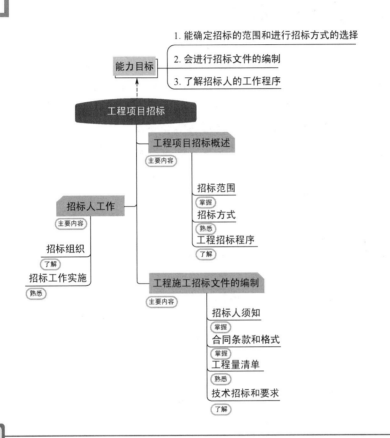

引例

某办公楼的设计已经完成,施工图纸齐全,施工现场已完成"三通一平",已经具备招标条件,招标人委托招标代理人进行了公开招标。在招标过程中,招标人对投标人就招标文件所提出的问题统一做了书面答复,并以备忘录的形式分发给各投标人,答疑表格见表2-1。

表2-1 质疑答复备忘录

序 号	问 题	提问者单位和姓名	提问时间	答 复
1				
⋮				
n				

在书面答复提问后,招标人又组织了现场踏勘,在投标截止前5天,招标人书面通知各投标人要增加门卫房。

该项目在招标过程中存在什么问题?正确的应怎么做呢?

2.1 工程项目招标概述

【必须招标的工程项目规定】

【招标范围】

2.1.1 招标范围

对工程建设项目招标的范围,《中华人民共和国招标投标法》(以下简称"《招标投标法》")第3、4条规定:在中华人民共和国境内进行下列工程建设项目包括项目的勘察、设计、施工、监理及与工程建设有关的重要设备、材料等的采购,必须进行招标。

(1) 大型基础设施、公用事业等关系社会公共利益、公众安全的项目。
(2) 全部或者部分使用国有资金投资或者国家融资的项目。
(3) 使用国际组织或者外国政府贷款、援助资金的项目。

依据《招标投标法》的基本原则,国家发展和改革委员会颁布了《必须招标的工程项目规定》,对必须招标的范围作出了进一步细化的规定。要求在招标范围内的各类工程建设项目,达到下列标准之一的,必须进行招标。

(1) 施工单项合同估算价在400万元人民币以上的。
(2) 重要设备、材料等货物的采购,单项合同估算价在200万元人民币以上的。
(3) 勘察、设计、监理等服务的招标,单项合同估算价在100万元人民币以上的。
(4) 同一项目中可以合并进行的勘察、设计、施工、监理以及与工程建设有关的重要设备、材料等的采购。合同估算合计达到(1)、(2)、(3)项规定标准的,必须招标。

特别提示

依据《招标投标法》和《招标投标法实施条例》的规定,有下列情形之一,不适宜进行招标的项目,可以不进行招标。

(1) 涉及国家安全、国家秘密的工程。
(2) 抢险救灾工程。
(3) 属于利用扶贫资金实行以工代赈、需要使用农民工等特殊情况。
(4) 需要采用不可替代的专利或者专有技术。
(5) 采购人依法能够自行建设、生产或者提供。
(6) 已通过招标方式选定的特许经营项目投资人依法能够自行建设、生产或者提供。
(7) 需要向原中标人采购工程、货物或者服务,否则将影响施工或者功能配套要求。
(8) 国家规定的其他特殊情形。

【招标投标法】

2.1.2 招标方式

工程项目招标、投标是常用的科学的发承包模式,招投标活动应当遵循公开、公平、公正和诚实信用的原则。工程项目招标就是在发包建筑工程项目之前，以公告或邀请书的方式提出工程项目的条件和要求，愿意参加竞争的有相应资质的建筑业企业可以按照招标文件的要求进行投标，招标人从中择优选择出承包人的过程就是招标。

《招标投标法》规定我国的招标方式为公开招标和邀请招标两种方式。

1. 公开招标

公开招标，也称无限竞争性招标，是指招标人以招标公告的方式邀请不特定的法人或其他组织投标。招标人通过国家指定的报纸、期刊、信息网络或其他媒介等新闻媒体发布招标公告，吸引具备相应资质、符合招标条件的法人或其他组织不受地域和行业限制参加竞争，招标人从中选择中标人的招标方式。公开招标的优点：招标人可以在较广的范围内选择中标人，投标竞争激烈，有利于将工程项目的建设交予可靠的中标人实施并取得有竞争性的报价。公开招标的缺点：申请投标人较多，一般要设置资格预审程序；评标的工作量较大，招标所需时间长、费用高。

2. 邀请招标

邀请招标，也称有限竞争性招标，是指招标人以投标邀请书的方式邀请特定的法人或其他组织投标。招标人向预先选择的若干家具备承担招标项目能力、资信良好的特定法人或其他组织发出投标邀请函，将招标工程的概况、工作范围和实施条件等作出简要说明，邀请其参加投标竞争。邀请对象的数目以5~7家为宜，但不应少于3家。被邀请人同意参加投标后，从招标人处获取招标文件，按规定要求进行投标报价。邀请招标的优点：不需要发布招标公告和设置资格预审程序，节约招标费用和节省时间；由于对投标人以往的业绩和履约能力比较了解，减小了合同履行过程中承包方违约的风险。为了体现公平竞争和便于招标人选择综合能力最强的投标人中标，仍要求在投标书内报送表明投标人资质能力的有关证明材料，作为评标时的评审内容之一（通常称为资格后审）。邀请招标的缺点：邀请范围较小选择面窄，可能失去某些在技术或报价上有竞争实力的潜在投标人，因此投标竞争的激烈程度相对较差。

虽然公开招标和邀请招标各有利弊，但由于公开招标的透明度和竞争程度更高，国内外立法通常将公开招标作为一种主要的采购方式。

《招标投标法》和《招标投标法实施条例》规定：国务院发展计划部门确定的国家重点建设项目和各省、自治区、直辖市人民政府确定的地方重点建设项目，以及国有资金占控股或者主导地位的依法必须进行招标的项目，应当公开招标。但有下列情形之一的，经批准可以进行邀请招标。

【邀请招标的情形】　【招标投标法实施条例】

（1）技术复杂、有特殊要求或者受自然环境限制，只有少量潜在投标人可供选择。

（2）采用公开招标方式的费用占项目合同金额的比例过大。

查阅http://www.cec.gov.cn/中国招标投标网了解招标的范围和招标方式。

2.1.3 工程招标程序

为了达到招标的目标，保证招标、投标程序安排是科学的、合理的、合法的，能够帮助招标人找出合适的合作伙伴，在现代工程中，已形成十分完备的招投标程序和标准化的文件。我国颁布了《招标投标法》，住房和城乡建设部以及许多地方的建设管理部门也都颁发了工程招标投标管理和合同管理法规，还颁布了招标文件以及各种合同文件示范文本。为合理地安排各项工作的时间，保证各方面有充裕的时间完成相关工作，招标工作在时间和空间上要遵循一定的顺序，通常工程招标、投标的工作程序如图 2.1 所示。

【六部委联合出手，大力推进电子招投标】

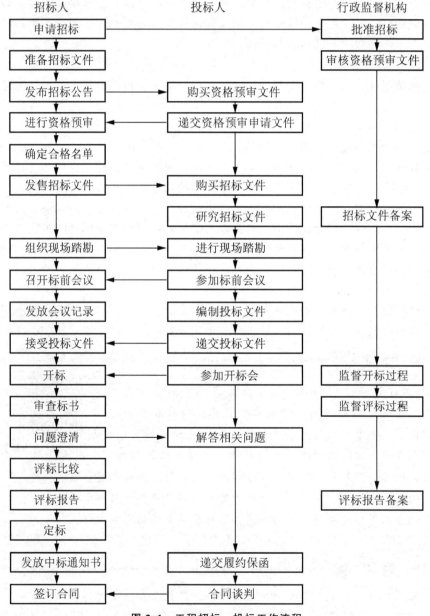

图 2.1 工程招标、投标工作流程

2.2 招标人工作

2.2.1 招标组织

《招标投标法》规定，招标人具有编制招标文件和组织评标能力的，可以自行办理招标事宜，向有关行政监督部门进行备案即可，任何单位和个人不得强制其委托招标代理机构办理招标事宜。不具备自行招标能力的有权自行选择招标代理机构，委托其办理招标事宜。

1. 招标人自行组织招标

招标人自行办理招标事宜，应当具有编制招标文件和组织评标的能力，具体包括以下几点。

（1）具有项目法人资格（或者法人资格）。

（2）具有与招标项目规模和复杂程度相适应的工程技术、概预算、财务和工程管理等方面的专业技术力量。

（3）有从事同类工程建设项目招标的经验。

（4）设有专门的招标机构或者拥有 3 名以上专职招标业务人员。

（5）熟悉和掌握《招标投标法》及有关法规规章。

不具备上述（2）～（5）项条件的，须委托依法成立的招标代理机构代理招标。如建设单位具备自行招标的条件，也可以委托招标代理机构代理招标。

2. 委托招标代理机构组织招标

（1）招标代理机构是社会中介组织。招投标是一项具有高度组织性、规范性、制度性及专业性的活动。招标人需要有比较系统的信息专业化运作水平，也需要科学的决策和周到的服务。招标代理机构不是政府机构，不具备政府的行政职能，它是社会服务性组织，它以自己的专业能力和专业水平为社会提供服务。

（2）招标代理机构应具有独立进行意思表示的职能，这样才能使招标正常进行，因此它是以其专业知识和经验为被代理人提供高智能的服务。不具有独立意思表示的行为或不以他人名义进行的行为，如代人保管物品、举证、抵押权人依法处理抵押物等，都不是代理行为。

（3）招标人应当与被委托的招标代理机构签订书面委托合同。招标代理机构的行为必须符合代理委托授权范围。这是因为招标代理在法律上属于委托代理，招标代理行为的法律后果应由被代理人承担。但超出委托授权范围的代理行为属于无权代理，被代理人有拒绝权和追认权。如果被代理人知道代理机构以其名义做了无权代理行为而不做否认表示时，则视为被代理人同意。

【工程建设项目自行招标试行办法】

2.2.2 招标工作实施

1. 招标的准备工作

（1）建立招标的组织机构。可以自行招标，也可委托招标代理机构进行招标。

（2）完成工程的各种审批手续（如规划、用地许可、项目的审批等），并完成招标所需设计图纸及相关的技术资料，使招标的工程项目具备进行施工招标的条件。

【工程建设项目施工招标投标办法】

知识链接

《工程建设项目施工招标投标办法》第 8 条规定：依法必须招标的工程建设项目，应当具备下列条件才能进行施工招标。

（1）招标人已经依法成立。
（2）初步设计及概算应当履行审批手续的，已经批准。
（3）招标范围、招标方式和招标组织形式等应当履行核准手续的，已经核准。
（4）有相应资金或资金来源已经落实。
（5）有招标所需的设计图纸及技术资料。

应用案例

某房地产公司计划在某地开发 60 000 m² 的住宅项目，可行性研究报告已经通过国家发展和改革委员会批准，资金为自筹方式，资金尚未完全到位，仅有初步设计图纸，因急于开工，组织销售，在此情况下决定采用邀请招标的方式，随后向 7 家施工单位发出了投标邀请书。你认为本项目在上述条件下是否可以进行工程施工招标？

【案例评析】

依据工程施工招标应该具备的条件，本工程由于只有初步设计图纸，而没有满足施工招标需要的设计文件及其他技术资料，显然是不完全具备招标条件，不应该进行施工招标的。

（3）选择招标方式。

（4）向政府的招标投标管理机构提出招标申请，取得相应的招标许可。

（5）编制资格预审文件、招标文件和招标控制价。

采用资格预审的，招标人应提前编制资格预审文件。资格预审文件包括资格预审公告、申请人须知、资格审查办法、资格预审申请文件格式、建设项目概况及招标人对资格预审文件的澄清和修改。

建设工程招标文件，是建设工程招标单位单方面阐述自己招标条件和具体要求的意思表示，是招标单位确定、修改和解释有关招标事项的书面表达形式的统称。从合同的订立过程来分析，工程招标文件属于一种要约邀请，其目的在于引起投标人的注意，希望投标人能按照招标人的要求向招标人发出要约。

招标控制价是招标人根据国家或省级、行业建设主管部门颁发的有关计价依据和办法，以及拟定的招标文件和招标工程量清单，编制的招标工程的最高限价。投标人的投标报价高于招标控制价的，其投标应予以拒绝。国有资金投资的工程建设项目应实行工程量清单招标，并应由具有编制能力的招标人或受其委托具有相应资质的工程造价咨询人编制招标控制价。招标控制价超过批准的概算时，应报原概算审批部门审核。招标控制价应在招标时公布，不应上调或下浮，招标人应将招标控制价及有关资料报送工程所在地工程造价管理机构备查。

标底是招标人发包工程的期望价格。设有标底的做法是针对中国目前建设市场发育状况和国情而采取的一种措施，是具有中国特色的招投标制度的一个具体体现。招标项目设有标底的，招标人应当编制标底并在开标时公布，开标前标底必须保密，一个工程只能编制1个标底。标底只能作为评标的参考，不得以投标报价是否接近标底作为中标条件，也不得以投标报价超过标底上下浮动范围作为否决投标的条件。

编制依法必须进行招标的项目的资格预审文件和招标文件，应当使用国务院发展改革部门会同有关行政监督部门制定的标准文本。

2. 发布招标公告或发出投标邀请

（1）招标公告，是介绍招标项目的基本情况、资金来源、工程范围、招标投标工作的总体安排。根据国家发展和改革委员会2018年10号令《招标公告和公示信息发布管理办法》，依法必须招标项目的招标公告和公示信息应当在"中国招标投标公共服务平台"或者项目所在地省级电子招标投标公共服务平台发布。

【招标公告和公示信息发布管理办法】

（2）如果采用邀请招标方式，则要在广泛调查的基础上确定拟邀请的单位。招标人必须对相关工程领域的潜在承包商的基本情况有比较多的了解，在确定邀请对象时应该有较多的选择。防止有一些投标人中途退出，导致最终投标人数量达不到法律规定的要求。

无论是公开招标还是邀请招标，投标人都不得少于3家。

3. 资格审查

【标准施工招标资格预审文件（2007年版）】

资格审查分资格预审和资格后审。资格预审是在投标前对申请人的资格进行审查，审查通过后才能获取招标文件。资格后审是开标后、评标前对投标人资格进行审查，审查通过后才能进行投标文件的评审。

招标人采用资格预审办法对潜在投标人进行资格审查的，应当发布资格预审公告、编制资格预审文件。招标人应该按照资格预审公告、招标公告或投标邀请书规定的时间、地点发售资格预审文件，且发售期不得少于 5 日。

招标人应当合理确定提交资格预审申请文件的时间。依法必须进行招标的项目提交资格预审申请文件的时间，自资格预审文件停止发售之日起不得少于 5 日。

为了保证公开、公平竞争，招标人在资格预审中不得以不合理条件限制或者排斥潜在投标人，不得对潜在投标人实行差别歧视待遇。

1）资格预审的办法

资格预审应当按照资格预审文件载明的标准和方法进行。国有资金占控股或者主导地位的依法必须进行招标的项目，招标人应当组建资格审查委员会审查资格预审申请文件。常见的资格预审方法有下面两种。

（1）合格制。就是凡符合初步评审标准和详细评审标准的申请人均通过资格预审。

（2）有限数量制。就是审查委员会依据规定的审查标准和程序，对通过初步审查和详细审查的资格预审申请文件进行量化打分，按得分由高到低的顺序确定通过资格预审的申请人。通过资格预审的申请人不超过《标准文件》资格审查办法前附表规定的数量。

《标准文件》资格审查办法（有限数量制）前附表见表 2－2。

表 2－2 《标准文件》资格审查办法前附表

条款号		条款名称	编列内容
1		通过资格预审的人数	
2		审查因素	审查标准
2.1	初步审查标准	申请人名称	与营业执照、资质证书、安全生产许可证一致
		申请函签字盖章	有法定代表人或其委托代理人签字或加盖单位章
		申请文件格式	符合第四章"资格预审申请文件格式"的要求
		联合体申请人	提交联合体协议书，并明确联合体牵头人（如有）
		……	……
2.2	详细审查标准	营业执照	具备有效的营业执照
		安全生产许可证	具备有效的安全生产许可证
		资质等级	符合"申请人须知"的规定
		财务状况	符合"申请人须知"的规定
		类似项目业绩	符合"申请人须知"的规定
		信誉	符合"申请人须知"的规定

第2章 工程项目招标

(续)

条款号	条款名称		编列内容
		项目经理资格	符合"申请人须知"的规定
		其他要求	符合"申请人须知"的规定
		联合体申请人	符合"申请人须知"的规定
		……	……
2.3	评分标准	评分因素	评分标准
		财务状况	……
		类似项目业绩	……
		信誉	……
		认证体系	……
		……	……

通过详细审查的申请人不少于3个且没有超过规定数量的,均通过资格预审,不再进行评分,通过详细审查的申请人数量超过规定数量的,审查委员会依据第2.3款评分标准进行评分,按得分由高到低的顺序进行排序。

2)资格预审文件的澄清

招标人可以对已发出的资格预审文件或者招标文件进行必要的澄清或者修改。澄清或者修改的内容可能影响资格预审申请文件编制的,招标人应当在提交资格预审申请文件截止时间至少3日前,以书面形式通知所有获取资格预审文件的潜在投标人;不足3日的,招标人应当顺延提交资格预审申请文件的截止时间。

【房屋建筑和市政工程标准施工招标资格预审文件(2010年版)】

3)审查结果

(1)审查委员会按照规定的评审程序对资格预审申请文件完成审查后,确定通过资格预审的申请人名单,并向招标人提交书面审查报告。全体评委应在评审报告上签字,如有不同意见可单独写出书面情况说明并签字。

(2)资格预审结束后,招标人应当及时向资格预审申请人发出资格预审结果通知书。未通过资格预审的申请人不具有投标资格。通过资格预审的申请人少于3个的,应当重新招标。

4. 发售招标文件

招标人应该按照资格预审公告、招标公告或投标邀请书规定的时间、地点发售招标文件,发售期不得少于5日。另外,招标人还应当确定投标人编制投标文件所需要的合理时间,《招标投标法》第24条规定:"依法必须进行招标的项目,自招标文件开始发出之日起至投标人提交投标文件截止之日止,最短不得少于20日。"招标人发售招标文件收取的费用应当限于补偿印刷、邮寄的成本支出,不得以营利为目的。

● 知 识 链 接

招标人可以对已发出的招标文件进行必要的澄清或者修改。澄清或者修改的内容可能影响投标文件编制的，招标人应当在投标截止时间至少15日前，以书面形式通知所有获取招标文件的潜在投标人；不足15日的，招标人应当顺延提交投标文件的截止时间。该澄清或修改的内容为招标文件的组成部分。

● 特 别 提 示

《招标投标法实施条例》第22条规定，潜在投标人或者其他利害关系人对资格预审文件有异议的，应当在提交资格预审申请文件截止时间2日前提出；对招标文件有异议的，应当在投标截止时间10日前提出。招标人应当自收到异议之日起3日内作出答复；作出答复前，应当暂停招标投标活动。

5. 组织踏勘现场

招标人可以根据根据项目具体需要组织踏勘现场，但不得组织单个或者部分潜在投标人踏勘项目现场。

招标文件规定组织踏勘现场的，招标人应按规定的时间、地点组织投标人踏勘项目现场。投标人自愿参加现场踏勘并且踏勘现场发生的费用自理。除招标人的原因外，投标人自行负责在踏勘现场中所发生的人员伤亡和财产损失。招标人在踏勘现场中介绍的工程场地和相关的周边环境情况，供投标人在编制投标文件时参考，招标人不对投标人据此作出的判断和决策负责。

6. 召开投标预备会

招标人可以根据需要召开投标预备会，也可以不组织。招标文件规定召开投标预备会的，招标人应按规定的时间和地点召开投标预备会，澄清投标人提出的问题。投标人应在规定的时间前，以书面形式将提出的问题送达招标人，以便招标人在会议期间澄清。投标预备会后，招标人在规定的时间内，将对投标人所提问题进行澄清，并以书面方式通知所有购买招标文件的投标人。该澄清内容为招标文件的组成部分。

● 引例点评

招标人对投标人的提问只能针对具体问题作出明确答复，不能提及具体的提问单位和提问时间，因为《招标投标法》第22条规定，招标人不得向他人透露已获取招标文件的潜在投标人的名称、数量以及可能影响公平竞争的有关招投标的其他情况。现场踏勘应安排在书面答复提问之前，因为现场踏勘后也可以提问题；在投标截止日前5日，招标人书面通知各投标人要增加门卫房。如果招标人改变招标范围应在投标截止日前至少15日前以书面形式通知所有招标文件的收受人。本案例应将投标截止日相应顺延。

2.3 工程施工招标文件的编制

在整个工程的招投标和施工过程中,招标文件是由招标人编制的能集中反映招标人意图的一份极其重要的文件,招标文件通常应包括:招标公告(或投标邀请书)、投标人须知、评标办法、合同条款及格式、工程量清单、图纸、技术标准和要求、投标文件格式、投标人须知前附表规定的其他材料 9 项内容。

2.3.1 投标人须知

投标人须知是招标人提供的,指导投标人投标的重要文件。投标人须知要依据相关的法律法规,结合项目、业主的要求,对招标阶段的工作程序进行安排,对招标方和投标方的责任、工作规则等进行约定。投标人须知通常包括投标人须知前附表和正文部分。

1. 投标人须知前附表

投标人须知前附表(表 2-3)是由招标人填写的专用表格,是投标人须知中重要的内容提示。投标人须知前附表必须与招标文件中的其他内容相衔接,并且不得与投标人须知正文内容相矛盾,否则抵触内容无效。

【标准施工招标文件(2007年版)】

【房屋建筑与市政工程标准施工招标文件(2010年版)】

表 2-3 投标人须知前附表

条款号	条款名称	编列内容
1.1.2	招标人	名称:　　　　联系人: 地址:　　　　电话:
1.1.3	招标代理机构	名称:　　　　联系人: 地址:　　　　电话:
1.1.4	项目名称	
1.1.5	建设地点	
1.2.1	资金来源	
1.2.2	出资比例	
1.2.3	资金落实情况	
1.3.1	招标范围	
1.3.2	计划工期	计划工期:　　　　日历天 计划开工日期:　　　年　　月　　日 计划竣工日期:　　　年　　月　　日

(续)

条款号	条款名称	编列内容
1.3.3	质量要求	
1.4.1	投标人资质条件、能力和信誉	资质条件：　　　　　　　　财务要求： 业绩要求：　　　　　　　　信誉要求： 项目经理（建造师，下同）资格： 其他要求：
1.4.2	是否接受联合体投标	□不接受　　　　□接受，应满足下列要求
1.9.1	踏勘现场	□不组织　□组织，踏勘时间：　踏勘集中地点：
1.10.1	投标预备会	□不召开　□召开，召开时间：　召开地点：
1.10.2	投标人提出问题的截止时间	
1.10.3	招标人书面澄清的时间	
1.11	分包	□不允许　　　□允许，分包内容要求： 分包金额要求：　　接受分包的第三人资格要求：
1.12	偏离	□不允许　　　　　□允许
2.1	构成招标文件的其他材料	
2.2.1	投标人要求澄清招标文件的截止日期	
2.2.2	投标截止日期	＿＿＿年＿＿月＿＿日＿＿时＿＿分
2.2.3	投标人确认收到招标文件澄清的时间	
2.3.2	投标人确认收到招标文件修改的时间	
3.1.1	构成投标文件的其他材料	
3.3.1	投标有效期	
3.4.1	投标保证金	投标保证金的形式：　　投标保证金的金额：
3.5.2	近年财务状况的年份要求	＿＿＿＿年
3.5.3	近年完成的类似项目的年份要求	＿＿＿＿年
3.5.5	近年发生的诉讼及仲裁情况的年份要求	＿＿＿＿年
3.6	是否允许递交备选投标方案	□不允许　　　　　□允许
3.7.3	签字或盖章要求	
3.7.4	投标文件副本份数	＿＿＿＿份
3.7.5	装订要求	
4.1.2	封套上写明	招标人地址： 招标人名称： ＿＿＿＿（项目名称）＿＿＿＿标段投标文件在＿＿＿ 年＿＿月＿＿日＿＿时＿＿分前不得开启

(续)

条款号	条款名称	编列内容
4.2.2	递交投标文件地点	
4.2.3	是否退还投标文件	□否　　　　　　　　　　　□是
5.1	开标时间和地点	开标时间：同投标截止时间　　开标地点：
5.2	开标程序	密封情况检查：　　　　开标顺序：
6.1.1	评标委员会的组建	评标委员会构成：＿＿＿＿人，其中招标人代表＿＿＿＿人，专家＿＿＿＿人；评标专家确定方式：
7.1	是否授权评标委员会确定中标人	□是　　　　　□否，推荐的中标候选人数：
7.3.1	履约担保	履约担保的形式：　　　　履约担保的金额：
10		需要补充的其他内容
……		……

特别提示

投标人须知前附表中关于招标的时间、流程等的约定，一定要符合《招标投标法》和《招标投标法实施条例》等的规定。关于地点的约定应是详细的地址，如×市××路×××大厦×××房间，不能简单地说××单位的办公楼等。

2. 正文

1) 总则

总则是要准确地描述项目的概况、资金的情况、招标的范围、计划工期和项目的质量要求；对投标资格的要求以及是否接受联合体投标和对联合体投标的要求；是否组织踏勘现场和投标预备会，组织的时间和费用的承担等的说明；是否允许分包以及分包的范围；是否允许投标文件偏离招标文件的某些要求，允许偏离的范围；等等。

(1) 对联合体投标的规定：联合体各方必须按招标文件提供的格式签订联合体协议书，明确联合体牵头人和各方的权利义务；由同一专业单位组成的联合体，按照资质等级较低的单位确定资质等级；联合体各方不得再以自己的名义单独或加入其他联合体在同一标段中投标。

(2) 投标人不得存在下列情形之一，如果存在将不允许进行投标。

① 招标人不具有独立法人资格的附属机构（单位）。

② 为本标段前期准备提供设计或咨询服务的，但设计施工总承包的除外。

③ 为本标段的监理人、代建人或提供招标代理服务的。

④ 与本标段的监理人或代建人或招标代理机构同为一个法定代表人的。

⑤ 与本标段的监理人或代建人或招标代理机构相互控股或参股的。

⑥ 与本标段的监理人或代建人或招标代理机构相互任职或工作的。

⑦ 被责令停业、被暂停或取消投标资格的或财产被接管或冻结的。
⑧ 在最近3年内有骗取中标或严重违约或重大工程质量问题的。

2) 招标文件

该部分主要对招标文件的组成、澄清和修改进行约定。

(1) 投标人应仔细阅读和检查招标文件的全部内容。如发现缺页或附件不全，应及时向招标人提出，以便补齐。如有疑问，应在投标人须知前附表规定的时间前以书面形式（包括信函、电报、传真等可以有形地表现所载内容的形式），要求招标人对招标文件予以澄清。招标文件的澄清将在投标人须知前附表规定的投标截止时间15日前以书面形式发给所有购买招标文件的投标人，但不指明澄清问题的来源。如果澄清发出的时间距投标截止时间不足15日，相应延长投标截止时间。投标人在收到澄清后，应在投标人须知前附表规定的时间内以书面形式通知招标人，确认已收到该澄清。

(2) 在投标截止时间15日前，招标人可以书面形式修改招标文件，并通知所有已购买招标文件的投标人。如果修改招标文件的时间距投标截止时间不足15日，相应延长投标截止时间。投标人收到修改内容后，应在投标人须知前附表规定的时间内以书面形式通知招标人，确认已收到该修改。

特别提示

《标准文件》中招标文件的组成包括以下内容。
(1) 招标公告（或投标邀请书）。
(2) 投标人须知。
(3) 评标办法。
(4) 合同条款及格式。
(5) 工程量清单。
(6) 图纸。
(7) 技术标准和要求。
(8) 投标文件格式。
(9) 投标人须知前附表规定的其他材料。

3) 其他内容

除上述内容之外，投标人须知还应对投标文件（包括投标文件的组成、投标报价、投标有效期、投标保证金、资格审查资料、备选投标方案和投标文件的编制）、投标（包括投标文件的密封和标识、递交、修改与撤回）、开标（包括开标的时间和地点、开标程序、评标）、合同授予（包括定标方式、中标通知、履约担保、签订合同）、重新招标和不再招标，以及纪律和监督等进行约定，详细内容会在后面章节介绍。

2.3.2 合同条款和格式

施工合同文件是"施工招标文件"的重要组成部分，是由通用合同条款、专用合同条款和协议书构成的。招标人和招标代理机构要以招标项目的所在地和具体工程情况，采用各部委规定的标准合同条款作为招标项目的通用合同条款和专用合同条款，并依此作为投标人投标报价的商务条件；在合同实施阶段它是合同双方的行为准则，履行各自的义务和责任，监理人依此对合同进行管理以及支付项目价款，承包人依此承建工程项目，达到发包人在资金得到控制的条件下按期获得合格的工程，使承包人获得合理的报酬。

1. 合同通用条款

通用合同条款根据国家有关法律、法规和部门规章，以及按合同管理的操作要求进行约定和设置；主要阐述了合同双方的权利、义务、责任和风险，以及监理人遇到合同问题时，处理合同问题的原则。合同通用条款一般采用标准合同文本，如《建设工程施工合同》的有关规定。2007年九部委联合制定的《标准施工招标文件》第四章中有完整的合同文本可以采用。

2. 合同专用条款

专用合同条款和通用合同条款是整个施工合同中最重要的合同文件，它根据《合同法》的公平原则，约定了合同双方在履行合同全过程中的工作规则，其中通用合同条款是要求各建设行业共同遵守的共性规则，专用合同条款则是可由各行业根据其行业的特殊情况，自行约定的行业规则。但各行业自行约定的行业规则不能违背本通用合同条款已约定的通用规则。

专用合同条款是指结合工程所在国、所在地、工程本身的特点和实际需要，对通用合同条款进行补充、细化或试点项目进行修改，一般包括合同文件、双方的一般责任、施工组织设计和工期、质量与验收、合同价款与支付、材料和设备供应、设计变更、竣工结算、争议、违约和索赔等内容，但不得违反法律、行政法规的强制性规定及平等、自愿、公平和诚实信用原则。

3. 合同格式

合同格式主要包括合同协议书格式、履约担保格式和预付款担保格式。

合同协议书

_____（发包人名称，以下简称"发包人"）为实施_____（项目名称），已接受_____（承包人名称，以下简称"承包人"）对该项目_____标段施工的投标。发包人和承包人共同达成如下协议。

1. 本协议书与下列文件一起构成合同文件：
(1) 中标通知书；
(2) 投标函及投标函附录；
(3) 专用合同条款；
(4) 通用合同条款；
(5) 技术标准和要求；
(6) 图纸；

(7) 已标价工程量清单；

(8) 其他合同文件。

2. 上述文件互相补充和解释，如有不明或不一致之处，以合同约定次序在先者为准。

3. 签约合同价：人民币（大写）_____元（¥_____）。

4. 承包人项目经理：_____。

5. 工程质量符合_____标准。

6. 承包人承诺按合同约定承担工程的实施、完成及缺陷修复。

7. 发包人承诺按合同约定的条件、时间和方式向承包人支付合同价款。

8. 承包人应该按照监理人指示开工，工期为_____日历天。

9. 本协议书一式_____份，合同双方各执一份。

10. 合同未尽事宜，双方另行签订补充协议。补充协议是合同的组成部分。

发包人：_____（盖章单位） 承包人：_____（盖章单位）

法定代表人或其委托代理人：_____（签字） 法定代表人或其委托代理人_____（签字）

_____年_____月_____日   _____年_____月_____日

履 约 担 保

_____（发包人名称）：

鉴于_____（发包人名称，以下简称"发包人"）接受_____（承包人名称，以下简称"承包人"）于_____年_____月_____日参加（项目名称）_____标段施工的投标。我方愿意无条件地、不可撤销地就承包人履行与你方订立的合同，向你方提供担保。

1. 担保金额人民币（大写）_____元（¥_____）。

2. 担保有效期自发包人与承包人签订的合同生效之日起至发包人签发工程接受证书之日止。

3. 在本担保有效期内，因承包人违反合同约定的义务给你方造成经济损失时，我方在收到你方以书面形式提出的在担保金额内的赔偿要求后，在7日内无条件支付。

4. 发包人和承包人按《通用合同条款》第15条变更合同时，我方承担本担保规定的义务不变。

担保人：_____（盖单位章）

法定代表人或其委托代理人：_____（签字）

地址：_____

邮政编码：_____

电话：_____

传真：_____

_____年_____月_____日

预付款担保

_____（发包人名称）：

根据_____（承包人名称，以下简称"承包人"）与_____（发包人名称，以下简称"发包人"）于_____年_____月_____日签订的_____（项目名称）_____标段施工承包合同，承包人按约定的金额向发包人提交一份预付款担保，即有权得到发包人支付相等金额的预付款。我方愿意就你方提供给承包人的预付款提供担保。

1. 担保金额人民币（大写）_____元（¥_____）。

2. 担保有效期自预付款支付给承包人起生效，至发包人签发的进度付款证书说明已完全扣清止。

3. 在本保函有效期内，因承包人违反合同约定的义务而要求收回预付款时，我方在收到你方的书面通知后，在7日内无条件支付。但本保函的担保金额，在任何时候不应超过预付款金额减去发包人按合同约定在承包人签发的进度付款证书扣除的金额。

4. 发包人和承包人按《通用合同条款》第15条变更合同时，我方承担本保函规定的义务不变。

担保人：_____（盖单位章）
法定代表人或其委托代理人：_____（签字）
地址：_____
邮政编码：_____
电话：_____
传真：_____
_____年_____月_____日

2.3.3 工程量清单

工程量清单应依据我国现行的国家标准《建设工程工程量清单计价规范》（GB 50500—2013）进行编制。

1. 工程量清单编制的一般规定

"工程量清单"是建设工程实行清单计价的专用名词，它表示的是实行工程量清单计价的建设工程的分部分项工程项目、措施项目、其他项目、规费项目和税金项目的名称和相应数量等的明细清单。

（1）工程量清单由具有编制能力的招标人或受其托具有相应资质的工程造价咨询人编制。

（2）采用工程量清单方式招标，工程量清单必须作为招标文件的组成部分，其准确性和完整性由招标人负责。

(3) 工程量清单是工程量清单计价的基础，应作为编制招标控制价、投标报价、计算工程量、支付工程款、调整合同价款、办理竣工结算以及工程索赔等的依据之一。

(4) 工程量清单应由分部分项工程量清单、措施项目清单、其他项目清单、规费项目清单、税金项目清单组成。

2. 编制工程量清单的依据

(1) 现行的《建设工程工程量清单计价规范》。
(2) 国家或省级、行业建设主管部门颁发的计价依据和办法。
(3) 建设工程设计文件。
(4) 与建设工程项目有关的标准、规范、技术资料。
(5) 拟定的招标文件及其补充通知、答疑纪要。
(6) 施工现场情况、工程特点及常规施工方案。
(7) 其他相关资料。

3. 工程量清单说明

(1) 工程量清单应与招标文件中的投标人须知、通用合同条款、专用合同条款、技术标准和要求及图纸等章节内容一起阅读和理解。

(2) 招标文件中的工程量清单仅是投标报价的共同基础，竣工结算的工程量应按合同约定确定。合同价格的确定以及价款支付应遵循合同条款、技术标准和要求以及工程量清单的有关约定。

工程量清单编制使用表格具体形式请查阅《建设工程工程量清单计价规范》。

2.3.4 技术标准和要求

招标文件的标准和要求一般包括一般要求，特殊技术标准和要求，使用的国家、行业以及地方规范、标准和规程等内容。

1. 一般要求

对工程的说明，相关资料的提供，合同界面的管理以及整个交易过程涉及问题的具体要求。

1) 工程说明

简要描述工程概况，工程现场条件和周围环境、地质及水文资料，以及资料和信息的使用。合同文件中载明的涉及本工程现场条件、周围环境、地质及水文等情况的资料和信息数据，是发包人现有的和客观的，发包人保证有关资料和信息数据的真实、准确。但承包人据此作出的推论、判断和决策，由承包人自行负责。

2) 发承包的承包范围、工期要求、质量要求及适用规范和标准

发承包的承包范围关键是对合同界面的具体界定，特别是暂列金额和甲供材要详

细的界定责任和义务。如果承包人在投标函中承诺的工期和计划开、竣工日期之间发生矛盾或者不一致时,以承包人承诺的工期为准。实际开工日期以通用合同条款约定的监理人发出的开工通知中载明的开工日期为准。如果承包人在投标函附录中承诺的工期提前于发包人在工程招标文件中所要求的工期,承包人在施工组织设计中应当制订相应的工期保证措施,由此增加的费用应当被认为已经包括在投标总报价中。除合同另有约定外,合同履约过程中发包人不会因此再向承包人支付任何性质的技术措施费用、赶工费用或其他任何性质的提前完工奖励等费用。工程要求的质量标准为符合现行国家有关工程施工验收规范和标准的要求(合格)。如果针对特定的项目、特定的业主,对项目有特殊的质量要求的,要详细约定。工程适用现行国家、行业和地方规范、标准和规程。

3)安全防护和文明施工、安全防卫及环境保护

在工程施工、竣工、交付及修补任何缺陷的过程中,承包人应当始终遵守国家和地方有关安全生产的法律、法规、规范、标准和规程等,按照通用合同条款的约定履行其安全施工职责。最好现场有安全警示标志并进行检查工作。要配备专业的安全防卫人员并制订详细的巡查管理细则。在工程施工、完工及修补任何缺陷的过程中,承包人应当始终遵守国家和工程所在地有关环境保护、水土保护和污染防治的法律、法规、规章、规范、标准和规程等,按照通用合同条款的约定履行其环境与生态保护职责。

4)有关材料、进度、进度款、竣工结算等的技术要求

用于工程的材料,应有说明书、生产(制造)许可证书、出厂合格证明或者证书、出厂检测报告、性能介绍、使用说明等相关资料,并注明材料和工程设备的供货人及品种、规格、数量和供货时间等,以供检验和审批。对进度报告和进度例会的参加人员、内容等的详细规定和要求。对于预付款、进度款、竣工结算款的详细规定和要求。

2. 特殊技术标准和要求

为了方便承包人直观和准确地把握工程所用部分材料和工程设备的技术标准,承包人自行施工范围内的部分材料和工程设备技术要求要具体描述和细化。如果有新技术、新工艺和新材料的使用,要有新技术、新工艺和新材料及相应使用的操作说明。

3. 适用的国家、行业以及地方规范、标准和规程

需要列出规范、标准、规程等的名称、编号等内容。由招标人根据国家、行业和地方现行标准、规范和规程等,以及项目具体情况进行摘录。

知识链接

招标文件是法律、工程技术、商务几方面的综合性文件。编制时应注意以下问题。

(1)招标文件必须按照合同总体策划的结果起草,符合项目的总体战略,符合合同原则,有利于招投标活动的顺利进行,便于订立一份具有执行力的合同。

(2)应有条理性和系统性,清楚易懂,不应存在矛盾、错误、遗漏和二义性等问题。对承包商的工程范围、风险的分担、双方责任应明确、清晰。业主要使投标人能十分简单和方便地进行招标文件分析及合法性、完整性审查,能清楚地理解招标文件,明了工程范

围、技术要求和合同责任。使投标人十分方便且精确地计划和报价，中标后能够正确地履行合同。

（3）按照诚实信用原则，业主应提出完备的招标文件，尽可能详细地、如实地、具体地说明拟建工程情况和合同条件；出具准确、全面的规范、图纸、工程地质和水文资料。通常业主应对招标文件的正确性承担责任，即如果其中出现错误、矛盾，应由业主负责。总之，招标人应该遵守自己编写的施工招标文件的有关承诺，履行其文件中规定的义务。

应用案例

某市越江隧道工程全部由政府投资。该项目为该市建设规划的重要项目之一，且已列入地方年度固定资产投资计划，概算已经主管部门批准，征地工作尚未全部完成，施工图及有关技术资料齐全。现决定对该项目进行施工招标。因估计除本市施工企业参加投标外，还可能有外省市施工企业参加投标，故招标人委托咨询单位编制了两个标底，准备分别用于对本市和外省市施工企业投标价的评定。招标人对投标单位就招标文件所提出的所有问题统一做了书面答复，并以备忘录的形式分发给各投标单位，为简明起见，所采用表格形式见表2-4。

表2-4 招标文件的书面答复

序 号	问 题	提问单位	提问时间	答 复
1				
...				
n				

在书面答复投标单位的提问后，招标人组织各投标单位进行了施工现场踏勘。在投标截止日期前10日，招标人书面通知各投标单位，由于某种原因，决定将收费站工程从原招标范围内删除。

问题：

（1）该项目的标底应采用什么方法编制？简述其理由。

（2）招标人对投标单位进行资格预审应包括哪些内容？

（3）该项目施工招标在哪些方面存在问题或不当之处？请逐一说明。

【案例评析】

本案例考核施工招标在开标之前的有关问题，主要涉及招标方式的选择、招标需具备的条件、招标程序、标底编制的方法、投标单位资格预审等问题。要求根据《招标投标法》和其他有关法律法规的规定，正确分析本工程招投标过程中存在的问题。因此，在答题时，要根据本案例背景给定的条件回答，不仅要指出错误之处，而且要说明原因。为使条理清晰，应按答题要求逐一说明，而不要笼统作答。

第2章 工程项目招标

综合应用案例

在建设工程施工招标过程中,招标文件应根据本章内容结合工程实际情况进行编制,下面是××市人民医院全科医生临床培养基地及门诊综合楼施工招标文件,供学习时参考。

××市人民医院全科医生临床培养基地及门诊综合楼施工招标公告

工程施工招标文件封面(略)

工程施工招标文件目录(略)

第一章 招 标 公 告

1. 招标条件

本招标项目——××市人民医院全科医生临床培养基地及门诊综合楼项目已由××市发展和改革委员会以发改社【2012】16号文件批准建设,项目业主为××市人民医院,建设资金来自中央投资+财政拨款+企业自筹,项目出资比例为中央投资约36%、市财政投资的32%,其他由业主自筹解决,招标人为××市人民医院。项目已具备招标条件,现对该项目的施工进行公开招标。

2. 项目概况与招标范围

2.1 建设地点:××市××区××路58号。

2.2 项目概况:该项目经批准的概算总投资为18 690万元,总建筑面积约为49 645m²。主要建设内容包括:门诊医技综合楼、封闭病房楼、开放病房楼、保障用房、设备机房、门卫房等附属用房,以及室外附属及配套工程。

2.3 招标范围:××市人民医院全科医生临床培养基地及门诊综合楼设计施工图纸包含的全部工程的施工、竣工验收及保修等,具体以工程量清单为准。

2.4 标段划分情况:一标段。

2.5 计划工期:560日历天。

2.6 质量要求:合格。

3. 投标人资格要求

3.1 本次招标要求投标人必须具备壹级或壹级以上房屋建筑施工总承包资质,并在人员、设备、资金等方面具有相应的施工能力;具有有效期内的安全生产许可证;拟派项目经理具有相关专业高级及以上技术职称,具备建筑工程专业壹级注册建造师执业资格(注册于本单位),且与本企业签订了劳动合同关系、已参加一年及以上社会保险,具有安全生产考核合格证,并且未在正在施工的项目中担任项目经理(证明文件加盖企业公章及法人章);企业2009年1月1日以来至少有1项类似项目施工业绩(以合同签订时间为准)。

3.2 本次招标不接受联合体投标。

4. 招标文件的获取

4.1 凡有意参加投标者，请于 2012 年 4 月 23 日—2012 年 4 月 27 日，每日 8：30—11：30，14：30—17：30（北京时间，下同）持以下材料的原件及复印件两套（查验原件，留加盖公章的复印件）参加报名。

（1）企业法定代表人证明、法定代表人居民身份证；法定代表人授权委托代理人处理事务的出具授权委托书（按中华人民共和国标准施工招标文件中规定的授权委托书格式出具）、委托代理人居民身份证。

（2）企业营业执照、税务登记证、组织机构代码证、资质证书、安全生产许可证及企业类似项目施工业绩（中标通知书、合同）等。

（3）拟派项目经理的注册建造师证书、技术职称证书、安全生产考核合格证、劳动合同、社保证明（社保管理机构出具的一年及以上缴费证明，出具日期在报名时间内）及项目经理无在建工程证明。

（4）企业注册所在地或项目所在地人民检察院出具的检察机关行贿犯罪档案查询结果告知函。

4.2 招标文件每套售价 100 元，售后不退。图纸押金 2000 元，在退还图纸时退还（不计利息）。

4.3 邮购招标文件的，需另加手续费（含邮费）50 元。招标人在收到单位介绍信和邮购款（含手续费）后 2 日内寄送。

4.4 符合条件的报名单位超过 9 家（不含 9 家），招标人将对报名企业进行资格预审，资格预采用有限数量制；当报名企业少于或等于 9 家时，全部参加投标。

5. 投标文件的递交

5.1 投标文件递交的截止时间（投标截止时间，下同）为 2012 年 5 月 22 日 10：00，地点为××市建设工程交易中心 108 室。

5.2 逾期送达的或者未送达指定地点的投标文件，招标人不予受理。

6. 发布公告的媒介

本次招标公告同时在中国采购与招标网、××省招标采购综合网、××市政府采购网、××市建设工程交易中心信息网上发布。

7. 联系方式

招 标 人：××市人民医院	招标代理机构：昊天招标代理公司
地　　址：××市建设西路 100 号	地　　址：××市黄河路 188 号
联 系 人：张先生	联 系 人：王先生
电　　话：（略）	电　　话：（略）
传　　真：（略）	传　　真：（略）
电子邮件：（略）	电子邮件：（略）
	开户银行：××市中行建设路支行
	账　　号：（略）

2012 年 4 月 16 日

第二章 投标人须知

投标人须知前附表

条款号	条款名称	编列内容
1.1.2	招标人	名称：××市人民医院 地址：××市建设西路100号 联系人：张先生 电话：××××××××
1.1.3	招标代理机构	名称：昊天招标代理公司 地址：××市黄河路188号 联系人：王先生 电话：（略） 电子邮件：（略）
1.1.4	项目名称	××市人民医院全科医生临床培养基地及门诊综合楼项目
1.1.5	建设地点	××市××区××路58号
1.2.1	资金来源	中央投资＋财政拨款＋企业自筹
1.2.2	出资比例	中央投资约36%、市财政投资约32%，其他由企业自筹解决
1.2.3	资金落实情况	已落实
1.3.1	招标范围	××市人民医院全科医生临床培养基地及门诊综合楼项目设计图纸包含的全部基础人防工程、主体土建工程、水电安装工程等工作内容，具体以工程量清单为准
1.3.2	计划工期	计划工期：__560__日历天
1.3.3	质量要求	合格
1.4.1	投标人资质条件、能力和信誉	资质条件：本次招标要求投标人须具备壹级或壹级以上房屋建筑施工总承包资质，并且具有有效的安全生产许可证，并在人员、设备、资金等方面具有相应的施工能力。 财务要求：提供近三年度经审计的财务报表，且财务状况良好，没有处于财产被接管、冻结、破产状态； 业绩要求：投标单位和拟派项目经理近五年以来承担过类似工程，合同额不低于8000万。 信誉要求：投标单位近三年以来获得过省级以上（含省级）工程质量奖，拟派项目经理近三年以来获得过省级以上（含省级）工程质量奖及省级以上（含省级）优秀项目经理称号。 项目经理（建造师，下同）资格：项目经理必须具有建筑工程专业壹级注册建造师证及安全生产考核合格证，高级工程师，并且为本单位正式员工，注册建造师证注册执业单位与投标人名称一致。拟派本项目项目经理投标时没有在其他项目上担任项目经理，提供单位法人出具的无在建工程承诺书（盖单位公章及法人章，格式自拟）。 其他要求：(1) 参与本项目投标竞争的潜在投标人，要有单位注册地区及以上检察机关出具的对单位、法人及项目经理无行贿犯罪档案查询结果。不开具无行贿犯罪证明的将予以废标处理；经查询结果有行贿犯罪的单位、法人或项目经理取消其投标资格。 (2) 投标人需提供近三年发生的诉讼及仲裁情况

(续)

条款号	条款名称	编列内容
1.4.2	是否接受联合体投标	不接受
1.9.1	踏勘现场	不统一组织，投标人自行踏勘
1.10.1	投标预备会	本项目不再组织投标预备会，投标单位应在投标截止时间 17 天以前，将答疑问题书面传真并发 E－mail 至招标代理机构（×××××××××××），否则不予受理。招标人将以书面形式回复所有疑问
1.10.2	投标人提出问题的截止时间	递交投标文件的截止之日 17 日前
1.10.3	招标人书面澄清的时间	递交投标文件的截止之日 15 日前
1.11	分包	不允许
1.12	偏离	不允许
2.1	构成招标文件的其他材料	除招标文件外，图纸、工程量清单、招标控制价，以及招标人在招标期间发出的澄清、修改、补充、补遗和其他有效正式函件等内容均是招标文件的组成部分
2.2.1	投标人要求澄清招标文件的截止时间	递交投标文件的截止之日 17 日前
2.2.2	投标截止时间	同开标时间
2.2.3	投标人确认收到招标文件澄清的时间	招标文件的补充文件发出之日 24 小时内
2.3.2	投标人确认收到招标文件修改的时间	招标文件的补充文件发出之日 24 小时内
3.1.1	构成投标文件的其他材料	（1）投标人对投标人须知第 1.4.3 条的书面承诺； （2）检察机关行贿犯罪档案查询结果告知函； （3）投标人认为需要提交的其他材料，具体见投标文件格式。
3.3.1	投标有效期	60 日历天（投标截止之日起）
3.4.1	投标保证金	投标保证金的形式：潜在投标人应在投标截止时间前以银行转账方式从其银行基本存款账户将投标保证金递交至招标人指定的银行账户。 户名：×××××××××××××××××× 账号：×××××××××××××××××× 开户行：×××××××××××××××××××× 注：投标人提交投标保证金时，应注明项目名称；提交投标保证金后持银行进账单和基本账号开户许可证复印件（加盖单位公章）到收款单位换取收据，并将收据复印件及投标保证金转出证明按招标文件的要求装入投标文件中。 投标保证金的金额：人民币壹拾万元整/单位（100000.00 元）
3.5.2	近年财务状况的年份要求	2009 年度、2010 年度、2011 年度

(续)

条款号	条款名称	编列内容
3.5.3	近年完成的类似项目的年份要求	2009年度、2010年度、2011年度
3.5.5	近年发生的诉讼及仲裁情况的年份要求	2009年度、2010年度、2011年度
3.6	是否允许递交备选投标方案	不允许
3.7.3	签字或盖章要求	按招标文件要求,在投标文件中需要签字盖章的地方加盖投标人法人公章并由法定代表人或其委托代理人签字或盖章,已标价工程量清单须盖工程造价从业人员执业印章并签字
3.7.4	投标文件副本份数	正本壹份、副本伍份,包含投标文件全部内容的电子文档壹份(U盘存储,确保无毒、能打开并读取数据)。
3.7.5	装订要求	投标文件的正本与副本应采用胶结方式装订,不得采用活页夹等可随时拆换的方式装订,投标文件须编制目录,插入连续页码,书脊上注明 __项目名称__ 施工招标、投标人名称。若投标文件有分册的,在书脊上注明"第__册,共__册"
4.1.2	封套上写明	招标人的地址: 招标人名称: ____(项目名称)____标段投标文件 在__年__月__日__时__分前不得开启
4.2.2	递交投标文件地点	同开标地点
4.2.3	是否退还投标文件	否
5.1	开标时间和地点	开标时间:2012年5月22日10:00 开标地点:××市建设工程交易中心108室
5.2	开标程序	密封情况检查:由投标人代表及监督人检查投标文件的密封情况并在密封情况检查表上签字确认。 开标顺序:按递交投标文件的逆顺序进行,唱标以投标文件正本中的投标函内容为准
6.1.1	评标委员会的组建	评标委员会构成:_5_人,其中招标人代表_1_人,专家_4_人; 评标专家确定方式:开标前从相关政府部门组建的评标专家库中随机抽取
7.1	是否授权评标委员会确定中标人	否,推荐的中标候选人数:3名。招标人应确定排名第一的中标候选人为中标人。如果排名第一的中标候选人放弃中标、因不可抗力提出不能履行合同或者招标文件规定应当提交履约担保而在规定的期限内未能提交的,招标人将依序确定排名第二的中标候选人为中标人;依次类推。当所有中标候选人因上述同样原因不能签订合同的,招标人将依法重新招标。
7.3.1	履约担保	履约担保的形式:电汇、转账;履约担保的金额:中标价的10% 履约担保的缴纳时间:收到中标通知书后7日内缴纳,否则视为中标候选人原因,自动放弃中标资格,招标人按规定没收其投标保证金。

(续)

条款号	条款名称	编列内容
10		需要补充的其他内容
(1)	类似项目	类似项目是指 2009 年 01 月 01 日以来具有合同额不低于 8000 万元人民币的医院项目总承包施工业绩。
(2)	招标控制价	本项目设置招标控制价，招标控制价在投标截止时间 7 日前公布，投标报价高于招标控制价的将按废标处理。招标控制价的编制依据如下： (1)《建设工程工程量清单计价规范》（GB 50500—2008）； (2)《××省建设工程工程量清单综合单价》（2008 年）； (3) 人工费执行×建标定【2012】54 号文件，按 66 元/工日计取； (4) 材料价格按照××市 2012 年第三季度建设工程材料价格信息计算，若有缺项，按市场价格； (5) 机械台班费应按照《××省统一施工机械台班费用定额（2008）》计算； (6) 安全文明施工费按照×建设标【2012】31 号文件，足额计取； (7) 税金按照×建设标【2011】16 号文件计取； (8) 规费按照×建建【2012】76 号文件之规定，社保费未计取，其他足额计取
(3)	招标文件发售	本招标文件于 2012 年 4 月 23 日至 2012 年 4 月 27 日（法定节假日期间正常发售文件），公开发售
(4)	开标会议要求	投标人的法定代表人或其委托代理人以及建造师应当按时参加开标会议，并在招标人按开标程序点名时，向招标人提供法定代表人证明材料或法定代表人授权委托书，出示本人身份证、建造师证以证明其出席会议；否则，视为投标人对开标过程无异议
(5)	招标监督部门	本项目的招标投标活动及其相关当事人应当接受政府有关部门依法实施的监督、监察
(6)	招标人声明	(1) 投标人因参与投标活动而涉及的人身伤害、财产损害、侵犯他人权益、仲裁或诉讼等，应当责任自负，费用自担，并应保证招标人和招标代理机构免于承担上述责任或者其他不利影响。 2、招标人声明招标文件中附带的参考资料是招标人掌握的现有的和客观的信息，招标人不对投标人由此做出的任何理解、推论、判断、结论和决策负责。
(7)	招标文件的解释及其他	(1) 构成本招标文件的各个组成文件应互为解释，互为说明；如有不明确或不一致，构成合同文件组成内容，以合同文件约定内容为准，且以专用合同条款约定的合同文件优先顺序解释；除招标文件中有特别规定外，仅适用于招标投标阶段的规定，按招标公告（投标邀请书）、投标人须知、评标办法、投标文件格式的先后顺序解释；同一组成文件中就同一事项的规定或约定不一致的，以编排顺序在后者为准；同一组成文件不同版本之间有不一致的，以形成时间在后者为准。按本款前述规定仍不能形成结论的，由招标人负责解释。 (2) 中标人与招标人在签订施工合同时，双方须同时签订建设工程廉政责任书

1. 总则

1.1 项目概况

1.1.1 根据《中华人民共和国招标投标法》等有关法律、法规和规章的规定，本招标项目已具备招标条件，现对本标段施工进行招标。

1.1.2 本招标项目招标人：见投标人须知前附表。

1.1.3 本标段招标代理机构：见投标人须知前附表。

1.1.4 本招标项目名称：见投标人须知前附表。

1.1.5 本标段建设地点：见投标人须知前附表。

1.2 资金来源和落实情况

1.2.1 本招标项目的资金来源：见投标人须知前附表。

1.2.2 本招标项目的出资比例：见投标人须知前附表。

1.2.3 本招标项目的资金落实情况：见投标人须知前附表。

1.3 招标范围、计划工期和质量要求

1.3.1 本次招标范围：见投标人须知前附表。

1.3.2 本标段的计划工期：见投标人须知前附表。

1.3.3 本标段的质量要求：见投标人须知前附表。

1.4 投标人资格要求

1.4.1 投标人应具备承担本标段施工的资质条件、能力和信誉。

（1）资质条件：见投标人须知前附表。

（2）财务要求：见投标人须知前附表。

（3）业绩要求：见投标人须知前附表。

（4）信誉要求：见投标人须知前附表。

（5）项目经理资格：见投标人须知前附表。

（6）其他要求：见投标人须知前附表。

1.4.2 投标人须知前附表规定接受联合体投标的，除应符合本章第1.4.1项和投标人须知前附表的要求外，还应遵守以下规定。

（1）联合体各方应按招标文件提供的格式签订联合体协议书，明确联合体牵头人和各方权利义务。

（2）由同一专业的单位组成的联合体，按照资质等级较低的单位确定资质等级。

（3）联合体各方不得再以自己名义单独或参加其他联合体在同一标段中投标。

1.4.3 投标人不得存在下列情形之一。

（1）为招标人不具有独立法人资格的附属机构（单位）。

（2）为本标段前期准备提供设计或咨询服务的，但设计施工总承包的除外。

（3）为本标段的监理人。

（4）为本标段的代建人。

（5）为本标段提供招标代理服务的。

（6）与本标段的监理人或代建人或招标代理机构同为一个法定代表人的。

（7）与本标段的监理人或代建人或招标代理机构相互控股或参股的。

（8）与本标段的监理人或代建人或招标代理机构相互任职或工作的。

（9）被责令停业的。
（10）被暂停或取消投标资格的。
（11）财产被接管或冻结的。
（12）在最近三年内有骗取中标或严重违约或重大工程质量问题的。

1.5　费用承担
投标人准备和参加投标活动发生的费用自理。

1.6　保密
参与招标投标活动的各方应对招标文件和投标文件中的商业和技术等秘密保密，违者应对由此造成的后果承担法律责任。

1.7　语言文字
除专用术语外，与招标投标有关的语言均使用中文。必要时专用术语应附有中文注释。

1.8　计量单位
所有计量均采用中华人民共和国法定计量单位。

1.9　踏勘现场
1.9.1　投标人须知前附表规定组织踏勘现场的，招标人按投标人须知前附表规定的时间、地点组织投标人踏勘项目现场。

1.9.2　投标人踏勘现场发生的费用自理。

1.9.3　除招标人的原因外，投标人自行负责在踏勘现场中所发生的人员伤亡和财产损失。

1.9.4　招标人在踏勘现场中介绍的工程场地和相关的周边环境情况，供投标人在编制投标文件时参考，招标人不对投标人据此做出的判断和决策负责。

1.10　投标预备会
1.10.1　投标人须知前附表规定召开投标预备会的，招标人按投标人须知前附表规定的时间和地点召开投标预备会，澄清投标人提出的问题。

1.10.2　投标人应在投标人须知前附表规定的时间前，以书面形式将提出的问题送达招标人，以便招标人在会议期间澄清。

1.10.3　投标预备会后，招标人在投标人须知前附表规定的时间内，将对投标人所提问题的澄清，以书面方式通知所有购买招标文件的投标人。该澄清内容为招标文件的组成部分。

1.11　分包
投标人拟在中标后将中标项目的部分非主体、非关键性工作进行分包的，应符合投标人须知前附表规定的分包内容、分包金额和接受分包的第三人资质要求等限制性条件。

1.12　偏离
投标人须知前附表允许投标文件偏离招标文件某些要求的，偏离应当符合招标文件规定的偏离范围和幅度。

2.　招标文件
2.1　招标文件的组成
本招标文件包括以下内容。

(1) 招标公告（或投标邀请书）。
(2) 投标人须知。
(3) 评标办法。
(4) 合同条款及格式。
(5) 工程量清单。
(6) 图纸。
(7) 技术标准和要求。
(8) 投标文件格式。
(9) 投标人须知前附表规定的其他材料。

根据本章第1.10款、第2.2款和第2.3款对招标文件所作的澄清、修改，构成招标文件的组成部分。

2.2 招标文件的澄清

2.2.1 投标人应仔细阅读和检查招标文件的全部内容。如发现缺页或附件不全，应及时向招标人提出，以便补齐。如有疑问，应在投标人须知前附表规定的时间前以书面形式（包括信函、电报、传真等可以有形地表现所载内容的形式，下同），要求招标人对招标文件予以澄清。

2.2.2 招标文件的澄清将在投标人须知前附表规定的投标截止时间15天前以书面形式发给所有购买招标文件的投标人，但不指明澄清问题的来源。如果澄清发出的时间距投标截止时间不足15天，相应延长投标截止时间。

2.2.3 投标人在收到澄清后，应在投标人须知前附表规定的时间内以书面形式通知招标人，确认已收到该澄清。

2.3 招标文件的修改

2.3.1 在投标截止时间15天前，招标人可以书面形式修改招标文件，并通知所有已购买招标文件的投标人。如果修改招标文件的时间距投标截止时间不足15天，相应延长投标截止时间。

2.3.2 投标人收到修改内容后，应在投标人须知前附表规定的时间内以书面形式通知招标人，确认已收到该修改。

3. 投标文件

3.1 投标文件的组成

3.1.1 投标文件应包括下列内容。
(1) 投标函及投标函附录。
(2) 法定代表人身份证明或附有法定代表人身份证明的授权委托书。
(3) 联合体协议书。
(4) 投标保证金。
(5) 已标价工程量清单。
(6) 施工组织设计。
(7) 项目管理机构。
(8) 拟分包项目情况表。
(9) 资格审查资料。

(10) 投标人须知前附表规定的其他材料。

3.1.2 投标人须知前附表规定不接受联合体投标的，或投标人没有组成联合体的，投标文件不包括本章第3.1.1（3）项所指的联合体协议书。

3.2 投标报价

3.2.1 投标人应按第五章"工程量清单"的要求填写相应表格。

3.2.2 投标人在投标截止时间前修改投标函中的投标总报价，应同时修改第五章"工程量清单"中的相应报价。此修改须符合本章第4.3款的有关要求。

3.3 投标有效期

3.3.1 在投标人须知前附表规定的投标有效期内，投标人不得要求撤销或修改其投标文件。

3.3.2 出现特殊情况需要延长投标有效期的，招标人以书面形式通知所有投标人延长投标有效期。投标人同意延长的，应相应延长其投标保证金的有效期，但不得要求或被允许修改或撤销其投标文件；投标人拒绝延长的，其投标失效，但投标人有权收回其投标保证金。

3.4 投标保证金

3.4.1 投标人在递交投标文件的同时，应按投标人须知前附表规定的金额、担保形式和第八章"投标文件格式"规定的投标保证金格式递交投标保证金，并作为其投标文件的组成部分。联合体投标的，其投标保证金由牵头人递交，并应符合投标人须知前附表的规定。

3.4.2 投标人不按本章第3.4.1项要求提交投标保证金的，其投标文件作废标处理。

3.4.3 招标人与中标人签订合同后5个工作日内，向未中标的投标人和中标人退还投标保证金。

3.4.4 有下列情形之一的，投标保证金将不予退还。

（1）投标人在规定的投标有效期内撤销或修改其投标文件。

（2）中标人在收到中标通知书后，无正当理由拒签合同协议书或未按招标文件规定提交履约担保。

投标人在编制投标文件时，应按新情况更新或补充其在申请资格预审时提供的资料，以证实其各项资格条件仍能继续满足资格预审文件的要求，具备承担本标段施工的资质条件、能力和信誉。

3.5 资格审查资料

3.5.1 "投标人基本情况表"应附投标人营业执照副本及其年检合格的证明材料、资质证书副本和安全生产许可证等材料的复印件。

3.5.2 "近年财务状况表"应附经会计师事务所或审计机构审计的财务会计报表，包括资产负债表、现金流量表、利润表和财务情况说明书的复印件，具体年份要求见投标人须知前附表。

3.5.3 "近年完成的类似项目情况表"应附中标通知书和（或）合同协议书、工程接收证书（工程竣工验收证书）的复印件，具体年份要求见投标人须知前附表。每张表格只填写一个项目，并标明序号。

3.5.4 "正在施工和新承接的项目情况表"应附中标通知书和（或）合同协议书复

印件。每张表格只填写一个项目，并标明序号。

3.5.5 "近年发生的诉讼及仲裁情况"应说明相关情况，并附法院或仲裁机构作出的判决、裁决等有关法律文书复印件，具体年份要求见投标人须知前附表。

3.5.6 投标人须知前附表规定接受联合体投标的，本章第 3.5.1 项至第 3.5.5 项规定的表格和资料应包括联合体各方相关情况。

3.6 备选投标方案

除投标人须知前附表另有规定外，投标人不得递交备选投标方案。允许投标人递交备选投标方案的，只有中标人所递交的备选投标方案方可予以考虑。评标委员会认为中标人的备选投标方案优于其按照招标文件要求编制的投标方案的，招标人可以接受该备选投标方案。

3.7 投标文件的编制

3.7.1 投标文件应按第八章"投标文件格式"进行编写，如有必要，可以增加附页，作为投标文件的组成部分。其中，投标函附录在满足招标文件实质性要求的基础上，可以提出比招标文件要求更有利于招标人的承诺。

3.7.2 投标文件应当对招标文件有关工期、投标有效期、质量要求、技术标准和要求、招标范围等实质性内容作出响应。

3.7.3 投标文件应用不褪色的材料书写或打印，并由投标人的法定代表人或其委托代理人签字或盖单位章。委托代理人签字的，投标文件应附法定代表人签署的授权委托书。投标文件应尽量避免涂改、行间插字或删除。如果出现上述情况，改动之处应加盖单位章或由投标人的法定代表人或其授权的代理人签字确认。签字或盖章的具体要求见投标人须知前附表。

3.7.4 投标文件正本一份，副本份数见投标人须知前附表。正本和副本的封面上应清楚地标记"正本"或"副本"的字样。当副本和正本不一致时，以正本为准。

3.7.5 投标文件的正本与副本应分别装订成册，并编制目录，具体装订要求见投标人须知前附表规定。

4. 投标

4.1 投标文件的密封和标记

4.1.1 投标文件的正本与副本应分开包装，加贴封条，并在封套的封口处加盖投标人单位章。

4.1.2 投标文件的封套上应清楚地标记"正本"或"副本"字样，封套上应写明的其他内容见投标人须知前附表。

4.1.3 未按本章第 4.1.1 项或第 4.1.2 项要求密封和加写标记的投标文件，招标人不予受理。

4.2 投标文件的递交

4.2.1 投标人应在本章第 2.2.2 项规定的投标截止时间前递交投标文件。

4.2.2 投标人递交投标文件的地点：见投标人须知前附表。

4.2.3 除投标人须知前附表另有规定外，投标人所递交的投标文件不予退还。

4.2.4 招标人收到投标文件后，向投标人出具签收凭证。

4.2.5 逾期送达的或者未送达指定地点的投标文件，招标人不予受理。

4.3 投标文件的修改与撤回

4.3.1 在本章第 2.2.2 项规定的投标截止时间前，投标人可以修改或撤回已递交的投标文件，但应以书面形式通知招标人。

4.3.2 投标人修改或撤回已递交投标文件的书面通知应按照本章第 3.7.3 项的要求签字或盖章。招标人收到书面通知后，向投标人出具签收凭证。

4.3.3 修改的内容为投标文件的组成部分。修改的投标文件应按照本章第 3 条、第 4 条规定进行编制、密封、标记和递交，并标明"修改"字样。

5. 开标

5.1 开标时间和地点

招标人在本章第 2.2.2 项规定的投标截止时间（开标时间）和投标人须知前附表规定的地点公开开标，并邀请所有投标人的法定代表人或其委托代理人准时参加。

5.2 开标程序

主持人按下列程序进行开标。

（1）宣布开标纪律。

（2）公布在投标截止时间前递交投标文件的投标人名称，并点名确认投标人是否派人到场。

（3）宣布开标人、唱标人、记录人、监标人等有关人员姓名。

（4）按照投标人须知前附表规定检查投标文件的密封情况。

（5）按照投标人须知前附表的规定确定并宣布投标文件开标顺序。

（6）设有标底的，公布标底。

（7）按照宣布的开标顺序当众开标，公布投标人名称、标段名称、投标保证金的递交情况、投标报价、质量目标、工期及其他内容，并记录在案。

（8）投标人代表、招标人代表、监标人、记录人等有关人员在开标记录上签字确认。

（9）开标结束。

6. 评标

6.1 评标委员会

6.1.1 评标由招标人依法组建的评标委员会负责。评标委员会由招标人或其委托的招标代理机构熟悉相关业务的代表，以及有关技术、经济等方面的专家组成。评标委员会成员人数以及技术、经济等方面专家的确定方式见投标人须知前附表。

6.1.2 评标委员会成员有下列情形之一的，应当回避。

（1）招标人或投标人的主要负责人的近亲属。

（2）项目主管部门或者行政监督部门的人员。

（3）与投标人有经济利益关系，可能影响对投标公正评审的。

（4）曾因在招标、评标以及其他与招标投标有关活动中从事违法行为而受过行政处罚或刑事处罚的。

6.2 评标原则

评标活动遵循公平、公正、科学和择优的原则。

6.3 评标

评标委员会按照第三章"评标办法"规定的方法、评审因素、标准和程序对投标文件进行评审。第三章"评标办法"没有规定的方法、评审因素和标准，不作为评标依据。

7. 合同授予

7.1 定标方式

除投标人须知前附表规定评标委员会直接确定中标人外，招标人依据评标委员会推荐的中标候选人确定中标人，评标委员会推荐中标候选人的人数见投标人须知前附表。

7.2 中标通知

在本章第 3.3 款规定的投标有效期内，招标人以书面形式向中标人发出中标通知书，同时将中标结果通知未中标的投标人。

7.3 履约担保

7.3.1 在签订合同前，中标人应按投标人须知前附表规定的金额、担保形式和招标文件第四章"合同条款及格式"规定的履约担保格式向招标人提交履约担保。联合体中标的，其履约担保由牵头人递交，并应符合投标人须知前附表规定的金额、担保形式和招标文件第四章"合同条款及格式"规定的履约担保格式要求。

7.3.2 中标人不能按本章第 7.3.1 项要求提交履约担保的，视为放弃中标，其投标保证金不予退还，给招标人造成的损失超过投标保证金数额的，中标人还应当对超过部分予以赔偿。

7.4 签订合同

7.4.1 招标人和中标人应当自中标通知书发出之日起 30 天内，根据招标文件和中标人的投标文件订立书面合同。中标人无正当理由拒签合同的，招标人取消其中标资格，其投标保证金不予退还；给招标人造成的损失超过投标保证金数额的，中标人还应当对超过部分予以赔偿。

7.4.2 发出中标通知书后，招标人无正当理由拒签合同的，招标人向中标人退还投标保证金；给中标人造成损失的，还应当赔偿损失。

8. 重新招标和不再招标

8.1 重新招标

有下列情形之一的，招标人将重新招标。

（1）投标截止时间止，投标人少于 3 个的。

（2）经评标委员会评审后否决所有投标的。

8.2 不再招标

重新招标后投标人仍少于 3 个或者所有投标被否决的，属于必须审批或核准的工程建设项目，经原审批或核准部门批准后不再进行招标。

9. 纪律和监督

9.1 对招标人的纪律要求

招标人不得泄露招标投标活动中应当保密的情况和资料，不得与投标人串通损害国家利益、社会公共利益或者他人合法权益。

9.2 对投标人的纪律要求

投标人不得相互串通投标或者与招标人串通投标，不得向招标人或者评标委员会成员行贿谋取中标，不得以他人名义投标或者以其他方式弄虚作假骗取中标；投标人不得以任何方式干扰、影响评标工作。

9.3 对评标委员会成员的纪律要求

评标委员会成员不得收受他人的财物或者其他好处，不得向他人透露对投标文件的评审和比较、中标候选人的推荐情况以及评标有关的其他情况。在评标活动中，评标委员会成员不得擅离职守，影响评标程序正常进行，不得使用第三章"评标办法"没有规定的评审因素和标准进行评标。

9.4 对与评标活动有关的工作人员的纪律要求

与评标活动有关的工作人员不得收受他人的财物或者其他好处，不得向他人透露对投标文件的评审和比较、中标候选人的推荐情况以及评标有关的其他情况。在评标活动中，与评标活动有关的工作人员不得擅离职守，影响评标程序正常进行。

9.5 投诉

投标人和其他利害关系人认为本次招标活动违反法律、法规和规章规定的，有权向有关行政监督部门投诉。

10. 需要补充的其他内容

需要补充的其他内容：见投标人须知前附表。

附表（略）

第三章 评标办法（综合评估法）

评标办法前附表

条款号	评审因素		评审标准
2.1.1	形式评审标准	投标人名称	与营业执照、资质证书、安全生产许可证一致
		投标函签字盖章	有法定代表人或其委托代理人签字或加盖单位章，已标价的工程量清单加盖工程造价从业人员执业印章并签字
		投标文件格式	符合第八章"投标文件格式"的要求
		报价唯一	只能有一个有效报价
2.1.2	资格评审标准	营业执照	具备有效的营业执照 是否需要核验原件：是 营业执照及年检记录
		安全生产许可证	具备有效的安全生产许可证 是否需要核验原件：是 安全生产许可证及有效期限
		资质等级	符合第二章"投标人须知"第1.4.1项规定 是否需要核验原件：是 建设行政主管部门核发的资质等级证书
		财务状况	符合第二章"投标人须知"第1.4.1项规定 是否需要核验原件：是 经会计师事务所或者审计机构审计的财务报告
		类似项目业绩	符合第二章"投标人须知"第1.4.1项规定 是否需要核验原件：是 中标通知书、施工合同、竣工验收报告

(续)

条款号	评审因素	评审标准
	信誉	符合第二章"投标人须知"第1.4.1项规定 是否需要核验原件：是 企业注册所在地建设行政主管部门开具的经营活动中无工程重大安全、质量事故等不良行为记录且无拖欠农民工工资证明
	项目经理	符合第二章"投标人须知"第1.4.1项规定 是否需要核验原件：是 建设行政主管部门核发的壹级注册建造师执业资格证书、技术职称证书、安全生产考核合格证、劳动合同、社保证明，以及本单位出具的未在其他在施建设工程项目担任项目经理的书面承诺
	其他要求	符合第二章"投标人须知"第1.4.1项规定 是否需要核验原件：是 (1) 单位注册所在地人民检察院出具的检察机关行贿犯罪档案查询结果告知函 (2) 外省建筑业企业，必须提供进××备案介绍信
	注：以上注明需要核验原件的资格评审项，投标人应向评标委员会提交相关证书证件原件，否则视为不能通过资格评审。	
2.1.3	响应性评审标准	
	投标内容	符合第二章"投标人须知"第1.3.1项规定
	工期	符合第二章"投标人须知"第1.3.2项规定
	工程质量	符合第二章"投标人须知"第1.3.3项规定
	投标有效期	符合第二章"投标人须知"第3.3.1项规定
	投标保证金	符合第二章"投标人须知"第3.4.1项规定，从基本帐户转出，并提供投标保证金转出证明
	已标价工程量清单	符合第五章"工程量清单"给出的子目编码、子目名称、子目特征、计量单位和工程量。
	技术标准和要求	符合第七章"技术标准和要求"规定

条款号	条款内容	编列内容
2.2.1	分值构成 （总分100分）	施工组织设计：__30__分 项目管理机构：__5__分 投标报价：__60__分 其他评分因素：__5__分
2.2.2	评标基准价计算方法	有效投标报价：通过初步评审（形式评审、资格评审、响应性评审）的投标人的投标报价。 参与评标基准值计算的范围：投标报价在招标控制价95%－100%（含95%、100%，下同）之间的投标人，其评标报价参与评标基准值计算，否则不参与评标基准价的计算，但参与报价得分计算。 评标报价：投标总报价－（安全文明施工措施费＋税金＋规费）

(续)

条款号	评审因素	评审标准
		评标基准值的计算： （1）当有效投标报价数量≥5家时：评标基准价＝去掉一个最高评标报价、去掉一个最低评标报价后的其余评标报价的算术平均值。 （2）当有效投标报价数量＜5家时：评标基准价＝所有评标报价的算术平均值。 （3）当所有有效投标报价均不在招标控制价的95%－100%之间时：评标基准价＝招标控制价扣除安全文明施工费、规费、税金后的价格×98%
2.2.3	投标报价的偏差率计算公式	偏差率＝100%×（投标人报价－评标基准价）/评标基准价

条款号	评分因素	评分标准
2.2.4 (1)	施工组织设计评分标准 （30分）	内容完整性和编制水平	1～3分
		施工方案与技术措施	1～4分
		质量管理体系与措施	1～3分
		安全管理体系与措施	1～3分
		环境保护管理体系与措施	1～3分
		工程进度计划与措施	1～3分
		资源配备计划	1～3分
		确保报价完成工程建设的技术和管理措施	1～3分
		施工总平面图	1～2分
		劳动力计划安排及劳务分包情况	1～3分
	备注：以上项目若有缺项，该小项为0分。		
2.2.4 (2)	项目管理机构评分标准 （5分）	项目经理任职资格与业绩	项目经理具有正高级技术职称的得1分，自2008年01月01日以来在类似项目（定义见投标须知前附表）中担任项目经理的，每有一项得1分（提供合同及中标通知书原件）。本项最多得3分
		技术负责人任职资格与业绩	技术负责人具有高级技术职称的得1分，自2008年01月01日以来在类似项目（定义见投标须知前附表）中担任项目经理的，得1分（提供合同及中标通知书原件）。本项最多得2分

（续）

条款号	评审因素		评审标准
2.2.4 (3)	投标报价评分标准 (60分)	投标报价得分 (35分)	以评标基准价为基准，投标人的评标报价与评标基准价相等者得满分（35分），评标报价高于评标基准价的，按每高于评标基准价1%在30的基础上扣1分的比例进行扣分，扣完为止；评标报价低于评标基准价的，按每低于评标基准价1%在30的基础上加1分的比例进行加分，最多加5分。评标报价低于评标基准价5%（不含）以上的，按每再低于1%，在满分（35分）的基础上扣1分，扣完为止。计分采用比例内插法。 注：评标报价＝投标总报价－（安全文明施工措施费＋税金＋规费）
		分部分项工程量清单项目综合单价得分 (10分)	（1）评标时，在招标人提供的分部分项工程量清单项目中随机抽取10项清单项目 （2）基准价的确定： ① 当有效投标人数量≥5家时： 基准价＝去掉一个最高综合单价、去掉一个最低综合单价后的算术平均值 ② 当有效投标人数量＜5家时： 基准价＝所有有效投标人综合单价的算术平均值 （3）评审办法：在基准值的＋5%～－10%（含＋5%、－10%）范围内的综合单价，每项的1分，超出该范围的不得分
		主要材料单价 (10分)	（1）评标时，在投标人主材和主要设备单价表中随机抽取5项清单项目 （2）基准价的确定： ① 当有效投标人数量≥5家时： 基准价＝去掉一个最高主材单价、去掉一个最低主材单价后的算术平均值 ② 当有效投标人数量＜5家时： 基准价＝所有有效投标人综合单价的算术平均值 （3）评审办法：在基准值的－10%～＋5%（含＋5%、－10%）范围内的主材单价，每项得2分，超出该范围的不得分
		措施项目费报价得分 (5分)	（1）评标时，以投标人措施费项目报价与相对应的施工方案是否可行，以措施费项目报价的高低作为评分依据。 （2）基准价的确定： ① 当有效投标人数量≥5家时： 基准价＝去掉一个最高措施费报价、去掉一个最低措施费报价后的算术平均值 ② 当有效投标人数量＜5家时： 基准价＝所有有效投标人措施费报价的算术平均值 （3）评审办法：投标人的措施费报价与基准值相比，在基准价下浮20%范围之内的最低措施费报价得5分，范围之内其余措施费报价得分为： 措施费报价得分＝5－（投标措施费报价－最低措施费报价）/最低措施费报价 低于基准价20%(不含20%)的措施费报价得2分； 高于基准值的措施费报价得1分
2.2.4 (4)	其他因素评分标准 (5分)	服务承诺	（1）协调周边关系，资金、技术、机械设备投入等方面的服务承诺（1～2分） （2）投标人保修期内的服务承诺（0.5～1.5分） （3）投标人保修期外的服务承诺（0.5～1.5分）

1. 评标方法

本次评标采用综合评估法。评标委员会对满足招标文件实质性要求的投标文件,按照本章第 2.2 款规定的评分标准进行打分,并按得分由高到低的顺序推荐中标候选人,或根据招标人授权直接确定中标人,但投标报价低于其成本的除外。综合评分相等时,以投标报价低的优先;投标报价也相等的,由招标人自行确定。

2. 评审标准

2.1 初步评审标准

2.1.1 形式评审标准:见评标办法前附表。

2.1.2 资格评审标准:见评标办法前附表(适用于未进行资格预审的)。

2.1.2 资格评审标准:见资格预审文件第三章"资格审查办法"详细审查标准(适用于已进行资格预审的)。

2.1.3 响应性评审标准:见评标办法前附表。

2.2 分值构成与评分标准

2.2.1 分值构成

(1)施工组织设计:见评标办法前附表。

(2)项目管理机构:见评标办法前附表。

(3)投标报价:见评标办法前附表。

(4)其他评分因素:见评标办法前附表。

2.2.2 评标基准价计算

评标基准价计算方法:见评标办法前附表。

2.2.3 投标报价的偏差率计算

投标报价的偏差率计算公式:见评标办法前附表。

2.2.4 评分标准

(1)施工组织设计评分标准:见评标办法前附表。

(2)项目管理机构评分标准:见评标办法前附表。

(3)投标报价评分标准:见评标办法前附表。

(4)其他因素评分标准:见评标办法前附表。

3. 评标程序

3.1 初步评审

3.1.1 评标委员会可以要求投标人提交第二章"投标人须知"第 3.5.1 项至第 3.5.5 项规定的有关证明和证件的原件,以便核验。评标委员会依据本章第 2.1 款规定的标准对投标文件进行初步评审。有一项不符合评审标准的,作废标处理。(适用于未进行资格预审的)

3.1.1 评标委员会依据本章第 2.1.1 项、第 2.1.3 项规定的评审标准对投标文件进行初步评审。有一项不符合评审标准的,作废标处理。当投标人资格预审申请文件的内容发生重大变化时,评标委员会依据本章第 2.1.2 项规定的标准对其更新资料进行评审。(适用于已进行资格预审的)

3.1.2 投标人有以下情形之一的,其投标作废标处理:

(1)第二章"投标人须知"第 1.4.3 项规定的任何一种情形的。

(2)串通投标或弄虚作假或有其他违法行为的。

(3) 不按评标委员会要求澄清、说明或补正的。

3.1.3 投标报价有算术错误的，评标委员会按以下原则对投标报价进行修正，修正的价格经投标人书面确认后具有约束力。投标人不接受修正价格的，其投标作废标处理。

(1) 投标文件中的大写金额与小写金额不一致的，以大写金额为准。

(2) 总价金额与依据单价计算出的结果不一致的，以单价金额为准修正总价，但单价金额小数点有明显错误的除外。

3.2 详细评审

3.2.1 评标委员会按本章第2.2款规定的量化因素和分值进行打分，并计算出综合评估得分。

(1) 按本章第2.2.4（1）目规定的评审因素和分值对施工组织设计计算出得分 A；

(2) 按本章第2.2.4（2）目规定的评审因素和分值对项目管理机构计算出得分 B；

(3) 按本章第2.2.4（3）目规定的评审因素和分值对投标报价计算出得分 C；

(4) 按本章第2.2.4（4）目规定的评审因素和分值对其他部分计算出得分 D。

3.2.2 评分分值计算保留小数点后两位，小数点后第三位"四舍五入"。

3.2.3 投标人得分＝A＋B＋C＋D。

3.2.4 评标委员会发现投标人的报价明显低于其他投标报价，或者在设有标底时明显低于标底，使得其投标报价可能低于其个别成本的，应当要求该投标人作出书面说明并提供相应的证明材料。投标人不能合理说明或者不能提供相应证明材料的，由评标委员会认定该投标人以低于成本报价竞标，其投标作废标处理。

3.3 投标文件的澄清和补正

3.3.1 在评标过程中，评标委员会可以书面形式要求投标人对所提交投标文件中不明确的内容进行书面澄清或说明，或者对细微偏差进行补正。评标委员会不接受投标人主动提出的澄清、说明或补正。

3.3.2 澄清、说明和补正不得改变投标文件的实质性内容（算术性错误修正的除外）。投标人的书面澄清、说明和补正属于投标文件的组成部分。

3.3.3 评标委员会对投标人提交的澄清、说明或补正有疑问的，可以要求投标人进一步澄清、说明或补正，直至满足评标委员会的要求。

3.4 评标结果

3.4.1 除第二章"投标人须知"前附表授权直接确定中标人外，评标委员会按照得分由高到低的顺序推荐中标候选人。

3.4.2 评标委员会完成评标后，应当向招标人提交书面评标报告。

第四章 合同条款及格式

第一节 通用合同条款（略）

第二节 专用合同条款

1. 一般约定

1.1 词语定义

1.1.1 合同

1.1.1.8 已标价工程量清单：指构成合同文件组成部分的已标明价格、经算术性错误修正及其他错误修正（如有）且承包人已确认的最终的工程量清单，包括工程量清单说明及工程量清单各项表格。

1.1.2 合同当事人和人员
1.1.2.2 发包人：＿＿＿＿＿＿＿＿＿＿
1.1.2.3 承包人：＿＿＿＿＿＿＿＿＿＿
1.1.2.6 监理人：＿＿＿＿＿＿＿＿＿＿
1.1.3 工程和设备
1.1.3.2 永久工程： 见招标文件和图纸。
1.1.3.3 临时工程： 见投标文件。
1.1.3.4 单位工程： 见招标图纸。
1.1.3.10 永久占地： ／
1.1.3.11 临时占地： 为实施合同工程需要临时占地的范围，包括图纸中可供承包人使用的临时占地范围，以及发包人为实施合同需要的临时占地范围。
1.1.4 日期：
1.1.4.5 缺陷责任期： 2年。
1.1.5 合同价格和费用
1.1.5.4 暂列金额：指发包人在工程量清单中暂定并包括在签约合同价中的一笔款项。用于施工合同签订时尚未确定或者不可预见的所需材料、设备、服务的采购，施工中可能发生的工程变更、合同约定调整因素出现时的工程价款调整以及发生的索赔、现场签证确认等的费用。暂列金额虽包括在签约合同价之内，但并不直接属承包人所有，而是由发包人暂定并掌握使用的一笔款项。
1.1.5.5 暂估价：指发包人在工程量清单中提供的用于支付必然发生但暂时不能确定价格的材料、设备的单价以及专业工程的金额。
1.1.5.6 计日工：在施工过程中，完成发包人提出的施工图纸以外的零星项目或工作，按合同中约定的综合单价计价。

1.2 语言文字
本合同除使用汉语外，还使用／语言文字。

1.3 法律
发包人提供标准、规范的时间： ／
国内没有相应标准、规范时的约定： 按国内外先进水平执行。

1.4 合同文件的优先顺序
合同文件的组成及解释优先顺序如下：
(1) 合同协议书。
(2) 中标通知书。
(3) 投标函及投标函附录。
(4) 专用合同条款、各种合同附件（含评标期间和合同谈判过程中的澄清文件和补充资料）和设备投入的承诺。
(5) 通用合同条款。
(6) 招标文件。

(7) 技术标准和要求。
(8) 图纸。
(9) 已标价工程量清单和施工组织设计等其他投标文件内容。
(10) 其他合同文件。

1.6 图纸和承包人文件

1.6.1 发包人向承包人提供图纸日期和套数：<u>签订合同之后14日内，提供 3份。</u>

1.6.2 承包人向发包人免费提供的文件范围和质量要求：<u>包括施工组织设计、施工方案等。</u>

承包人向发包人提供的文件日期和套数：<u>进驻现场前7日，提供 3份。</u>

监理人批复承包人提供文件的期限：<u>收到承包人提供的文件后14日。</u>

1.6.3 监理人签发图纸修改的期限：<u>不少于该项工作施工前7日。</u>

1.6.4 图纸的错误

当承包人在查阅合同文件或在本合同工程实施过程中，发现发包人提供的有关工程设计、技术规范、图纸、合同文件和其他资料中的任何差错、遗漏或缺陷后，应及时通知监理人。监理人接到该通知后，应立即就此作出决定，并通知承包人和发包人。

1.7 联络

1.7.2 联络送达的期限：<u>当事人根据具体情况执行本合同相应规定，但发件人不得在少于7日内送达接受方办公地点。</u>

2. 发包人义务

2.3 提供施工场地

发包人提供施工场地和有关资料的时间：<u>施工场地按招标文件中施工图纸的红线范围分阶段向承包人提供，但为满足施工准备工程需要的施工用地应在发出开工通知前提供。施工场地有关资料的范围如地下管线等地下设施资料、工程地质图纸和报告不少于该项工作施工前14日提供。</u>

2.9 发包人派驻的工程师：<u>　　　　　　　　　　</u>

3. 监理人

3.1 监理人的职责和权力

3.1.1 须经发包人事先批准行使的权力：<u>见监理合同。</u>

3.2 总监理工程师

总监理工程师：<u>见监理合同。</u>

4. 承包人

4.1 承包人的一般义务

4.1.8 为他人提供方便

承包人为他人提供条件的内容：<u>为其他承包人在使用施工用地、道路和其他公用设施等方面提供方便。</u>

承包人为他人提供条件可能发生费用的处理方法：<u>均包含在签约合同价格中。</u>

4.1.10 其他义务

承包人应履行合同约定的其他义务：<u>均包含在签约合同价格中。</u>

4.3 分包

4.3.2 当事人约定某些非主体、非关键性工作分包给第三人： 不允许 。

4.5 承包人项目经理

4.5.1 项目经理： _____

4.6 承包人人员的管理

4.6.2 为完成合同约定的各项工作，承包人应向施工场地派遣或雇佣足够数量的下列人员：

（1）具有相应资格的专业技工和合格的普工： 见投标文件 。

（2）具有相应施工经验的技术人员： 见投标文件 。

（3）具有相应岗位资格的各级管理人： 见投标文件 。

4.6.3 承包人安排在施工场地的主要管理人员和技术骨干应与承包人承诺的名单一致，并保持相对稳定，未经监理人批准，上述人员不应无故不到位或被替换。

承包人的项目经理、副经理、技术负责人、质检员和安全员等，在中标以后不得随意更换，在施工过程中要保障工作质量，对不合格人员应根据业主和监理的要求及时进行调整。

项目经理、副经理、技术负责人、质检员和安全员应确保每周不少于5个工作日（每天8小时）驻场。若遇特殊情况离开施工现场时，应向发包人驻场代表请假，并保持通信畅通。未经请假擅自离岗累计8小时的，按旷工一天处罚项目经理人民币壹仟圆（￥1000元），如项目经理不能及时缴纳现金到发包人处，发包人将以10倍的数额从工程款中扣除；副经理、技术负责人、质检员和安全员的管理参照上述要求，以此类推。

发包人允许承包人在节假日和正常休息时间临时指定项目经理和技术负责人，以保证工程正常进行，但必须事先征得发包人同意。

4.6.5 尽管承包人已按承诺派遣了上述各类人员，但若这些人员仍不能满足合同进度计划和（或）质量要求时，监理人有权要求承包人继续增派或雇用这类人员，并书面通知承包人和抄送发包人。承包人在接到上述通知后应立即执行监理人的上述指示，不得无故拖延，由此增加的费用和（或）工期延误由承包人承担。

4.7 撤换承包人项目经理和其他人员

承包人应对其项目经理和其他人员进行有效管理。监理人要求撤换不能胜任本职工作、行为不端或玩忽职守的承包人项目经理和其他人员的，承包人应予以撤换。同时委派经发包人与监理人同意的新的项目经理和其他人员。

4.11 不利物质条件

4.11.1 不利物质条件的范围： / 。

5. 材料和工程设备

5.1 承包人提供的材料和工程设备

5.1.1 承包人负责采购、运输和保管的材料、工程： 承包人提供的材料和工程设备均由承包人负责采购、运输和保管。承包人应对其采购的材料和工程设备负责 。

5.1.2 承包人报送监理人审批的时间： 下一个月材料采购计划应予本月20日前报送监理人审批，专项材料采购计划应予该计划实施前14日前报送监理人审批 。

5.2 发包人提供的材料和工程设备

5.2.1 本工程发包人不提供材料和工程设备,所有材料和设备由承包人提供。

6. 施工设备和临时设施

6.1 承包人提供的施工设备和临时设施

6.1.2 发包人承担修建临时设施费用的范围: 无。

临时占地的申请: 承包人。

临时占地相关费用: 由承包人承担。

6.2 发包人提供的施工设备和临时设施

发包人提供的施工设备或临时设施: 无。

6.3 要求承包人增加或更换施工设备

承包人承诺的施工设备必须按时到达现场,不得拖延、短缺或任意更换。尽管承包人已按承诺提供了上述设备,但若承包人使用的施工设备不能满足合同进度计划和(或)质量要求时,监理人有权要求承包人增加或更换施工设备,承包人应及时增加或更换,由此增加的费用和(或)工期延误由承包人承担。

7.4 超大件和超重件的运输

道路和桥梁临时加固改造费用和其他有关费用的承担: 承包人。

8. 测量放线

8.1 施工控制网

8.1.1 发包人提供测量基准点、基准线和水准点的期限: 开工前21天。

施工控制网的测设: 承包人。

报监理人审批施工控制网资料的期限: 发出开工通知书后3天内。

9. 施工安全、治安保卫和环境保护

9.3 治安保卫

9.3.1 现场治安管理机构或联防组织组建: 承包人。

9.3.3 施工场地治安管理计划和突发治安事件紧急预案的编制: 承包人。

10. 进度计划

10.1 合同进度计划

承包人编制施工方案的内容: 见招标文件和投标文件。

承包人报送施工进度计划和施工方案的期限: 签订合同协议书后7天之内或每个月的20日报下一个月的施工进度计划。

监理人批复施工进度计划和施工方案的期限: 接到施工进度计划和施工方案后的14日内。

合同进度计划应按照监理人的遍绘要求进行编制,并应包括每月预计完成的工作量和形象进度(其进度完成的内容不得与合同要求的工期相矛盾)。

11. 开工和竣工

11.1 开工

11.1.1 工期自监理人发出的开工通知中载明的开工日期起计算。承包人应在开工日期后尽快施工。

11.2 竣工

承包人应在第1.1.4.3目约定的期限内完成合同工程。实际竣工日期在接收证书中写明。

11.4 异常恶劣的气候条件

异常恶劣的条气候件：__异常气候是指项目所在地30年以上一遇的罕见气候现象（包括温度、降水、降雪、风等）。__

11.5 承包人的工期延误

逾期竣工违约金的计算方法：__如工程由于承包人原因未能按本合同约定的竣工日期完成竣工验收，并达到合格工程，如拖延一日，将按违约处理，每拖延一日，罚款人民币伍仟元（￥5 000元），本罚款将从应付工程款中扣除。__

逾期竣工违约金的限额：__最高不超过签约合同价的1%。__

11.6 工期提前

发包人要求承包人提前竣工的奖励办法：__／__

承包人提出提前竣工的建议能够给发包人带来效益的的奖励办法：__／__

12. 暂停施工

12.1 承包人暂停施工的责任

承包人承担暂停施工责任的其他情形：__／__

13. 工程质量

13.2 承包人的质量管理

承包人提交工程质量保证措施文件的期限：__工程开工前10天或在施工组织设计中要求提交工程质量保证措施文件的工程部位具备施工前7天或在施工组织设计中具体规定。__

15. 变更

15.1 变更的范围和内容

变更的范围和内容：__见招标文件。__

15.3 变更程序

15.3.2 变更估价

承包人提交变更报价书的期限：__承包人应在收到变更指示或变更意向书后的7天内，向监理人提交变更报价书。__

监理人商定或确定变更价格的期限：__监理人应在收到承包人变更报价书的7天内与承包人商定或确定变更价格。__

15.4 变更的估价原则

变更估价的原则：__已标价工程量清单中无适用或类似子目的单价，可参照《××省建设工程工程量清单综合单价》（2008年）及计价办法编制综合单价，按承包人的投标报价与招标控制价相比的优惠率的进行优惠的原则形成最终的综合单价，由监理人按第3.5款商定或确定变更工作的单价。__

15.5 承包人的合理化建议

15.5.2 对承包人提出合理化建议的奖励方法：__按奖励节约成本的5%或增加收益的20%奖励。__

15.6　暂列金额

暂列金额只能按照监理人的指示使用，并对合同价格进行相应调整。

15.8　暂估价

15.8.1　发包人、承包人在采用招标方式选择供应商或分包人时的权利与义务。

（1）招标代理机构由发包人选定。

（2）承包人负责编制招标文件、组织招标、评标、确定中标人、合同谈判等事项及相关费用，但上述每个步骤必须经发包人认可后方可进行下一步工作。

（3）评标、确定中标人、合同谈判时，必须有发包人在场，发包人和承包人不得单独与分包商接触。

15.8.3　不属于依法必须招标的暂估价工程最终价格的估价人：发包人。

16. 价格调整

16.1　物价波动引起的价格调整

物价波动引起的价格调整方法：根据×建设标【2008】11号文《××省建设厅关于建设工程材料价格风险处理办法通知》，投标人应承诺材料价格按正负5%（包括5%）的风险系数计取，即施工期间该工程所用主要材料发生价格价格涨幅与投标价格在10%以内范围内时，价格风险由中标人承担；施工期间主要材料涨跌幅超过投标报价或××市公布的2012年第三季度材料正负5%以外部分，价格风险由招标人承担。

17. 计量与支付

17.1　计量

17.1.3　计量周期：按月计量/按照工程形象进度计量。

17.1.5　总价子目的计量：按监理人批准的各阶段工程形象进度进行计量。

17.2　预付款

17.2.1　预付款

预付款的额度和预付办法：预付款为签订合同价的20%，合同签订后7天内支付。

17.2.2　预付款保函

预付款保函：本工程不适用。

17.2.3　预付款的扣回与还清

预付款的扣回办法：开工预付款在进度付款证书的累计金额未达到合同价格的30%之前不予扣回，在达到合同价格30%之后，开始按工程进度以固定比例（即每完成合同价格的1%，扣回开工预付款的2%）分期从各月的进度付款证书中扣回，全部金额在进度付款证书的累计金额达到合同价格的80%时扣完。

17.3　工程进度付款

17.3.2　进度付款申请单

进度付款申请单的份数：3份。

进度付款申请单的内容：具体要求按监理有关规定执行。

17.3.3　进度付款证书和支付时间

发包人逾期支付进度款时违约金的计算方式及支付方法：合同签订时商定。

17.4　质量保证金

17.4.1　质量保证金的金额或比例：合同价的5%。

质量保证金的扣留方法：监理人从第一个付款周期开始，在发包人的进度付款中，按10%的比例扣留质量保证金，直至扣留的质量保证金总额达到合同价格的5%为止，质量保证金的计算额度不包括预付款的支付以及扣回的金额。

17.5　竣工结算

17.5.1　竣工付款申请单

竣工付款申请单的份数：　3份。

竣工付款申请单的内容：　具体要求按监理有关规定执行。

17.6　最终结清

17.6.1　最终结清申请单

最终结清申请单的份数和提交期限：　在缺陷责任期终止证书颁发后28天内提交3份最终结清申请单。

18．竣工验收

18.2　竣工验收申请报告

竣工验收申请报告的份数：　3份。

竣工验收申请报告的内容：　具体要求按国家规范和监理有关规定执行。

18.3　验收

18.3.5　实际竣工日期：　经验收合格工程的实际竣工日期，以最终提交交工验收申请报告的日期为准，并在交工验收证书中写明。

18.5　施工期运行

18.5.1　需要施工期运行单位工程或工程设备：　见设计文件。

18.6　试运行

18.6.1　试运行费用的组织及费用承担：　承包人。

18.7　竣工清场

竣工清场：　竣工清场由承包人承担，竣工清场费用由承包人承担。

18.8　施工队伍的撤离

施工人员、施工设备及其临时工程撤离的要求：　工程竣工验收后1个月内。

19．缺陷责任与保修责任

19.7　保修责任

工程质量保修范围、期限和责任：　按国家有关规定执行。

20．保险

20.1　工程保险

投保人：　由发包人和承包人分别投保。

投保内容：　投保标的和责任范围。

保险金额、保险费率、保险期限等：　按××省有关规定执行。

20.4　第三者责任险

第三者责任险的保险费率：　按××省有关规定执行。

第三者责任险的保险金额：　按××省有关规定执行。

20.5　其他保险

需要投保其他内容、保险金额、费率及期限等：　按××省有关规定执行。

20.6 对各项保险的一般要求

20.6.1 保险凭证

保险条件：<u>按××省有关规定执行。</u>

承包人向发包人提交各项保险生效的证据和保险单副本的期限：<u>开工后56天内。</u>

20.6.4 保险金不足的补偿

保险金不足以补偿损失的，应由承包人和（或）发包人负责补偿的范围与金额：<u>永久工程损失保险赔偿与实际损失的差额由发包人补偿，临时工程、施工设备和施工人员损失保险赔偿与实际损失的差额由承包人补偿。</u>

21. 不可抗力

21.1 不可抗力的确认

不可抗力的范围：<u>地震、海啸、瘟疫、水灾、骚乱、暴动、战争和专用合同条款约定的其他情形。专用条款中需具体约定地震、大风、暴雨等的级别。</u>

(1) 地震、海啸、火山爆发、泥石流、台风、龙卷风、水灾等自然灾害。

(2) 战争、骚乱、暴动，但纯属承包人或其分包人派遣与雇用的人员由于本合同工程施工原因引起者除外。

(3) 核反应、辐射或放射性污染。

(4) 空中飞行物体坠落或非发包人或承包人责任造成的爆炸、火灾。

(5) 瘟疫。

(6) 项目专用合同条款约定的其他情形。

24. 争议的解决

24.1 争议的解决方式

争议的解决方式：<u>（1）</u>

(1) 向 <u>××市仲裁委员会</u> 提请仲裁，该仲裁为终局仲裁。

但发包方和承包方义务在服务实施过程中不得因争议或正在进行中的仲裁而改变。

(2) 向 <u>工程所在地</u> 人民法院提起诉讼。

附件一：合同协议书

合同协议书

_____（发包人名称，以下简称"发包人"）为实施_____（项目名称），已接受_____（承包人名称，以下简称"承包人"）对该项目_____标段施工的投标。发包人和承包人共同达成如下协议。

1. 本协议书与下列文件一起构成合同文件。

(1) 中标通知书。

(2) 投标函及投标函附录。

(3) 专用合同条款。

(4) 通用合同条款。

(5) 技术标准和要求。

(6) 图纸。

(7) 已标价工程量清单。
(8) 其他合同文件。

2. 上述文件互相补充和解释，如有不明确或不一致之处，以合同约定顺序在先者为准。
3. 签约合同价：人民币（大写）_____元（¥_____）。
4. 承包人项目经理：_____。
5. 工程质量符合_____标准。
6. 承包人承诺按合同约定承担工程的实施、完成及缺陷修复。
7. 发包人承诺按合同约定的条件、时间和方式向承包人支付合同价款。
8. 承包人应按照监理人指示开工，工期为____日历天。
9. 本协议书一式____份，合同双方各执一份。
10. 合同未尽事宜，双方另行签订补充协议。补充协议是合同的组成部分。

发包人：_____（盖单位章） 承包人：_____（盖单位章）
法定代表人或其委托代理人：____（签字）法定代表人或其委托代理人：____（签字）
____年____月____日 ____年____月____日

附件二：履约担保格式

履约担保

_____（发包人名称）：

鉴于_____（发包人名称，以下简称"发包人"）接受____（承包人名称）（以下称"承包人"）于__年_月_日参加_____（项目名称）_____标段施工的投标。我方愿意无条件地、不可撤销地就承包人履行与你方订立的合同，向你方提供担保。

1. 担保金额人民币（大写）_____元（¥_____）。
2. 担保有效期自发包人与承包人签订的合同生效之日起至发包人签发工程接收证书之日止。
3. 在本担保有效期内，因承包人违反合同约定的义务给你方造成经济损失时，我方在收到你方以书面形式提出的在担保金额内的赔偿要求后，在7天内无条件支付。
4. 发包人和承包人按《通用合同条款》第15条变更合同时，我方承担本担保规定的义务不变。

担保人：_____（盖单位章）
法定代表人或其委托代理人：_____（签字）
地　　址：_____
邮政编码：_____
电　　话：_____
传　　真：_____
_____年____月____日

第五章　工程量清单

1. 工程量清单说明

1.1　本工程量清单是根据招标文件中包括的、有合同约束力的图纸以及有关工程量清单的国家标准、行业标准、合同条款中约定的工程量计算规则编制。约定计量规则中没有的子目，其工程量按照有合同约束力的图纸所标示尺寸的理论净量计算。计量采用中华人民共和国法定计量单位。

1.2　本工程量清单应与招标文件中的投标人须知、通用合同条款、专用合同条款、技术标准和要求及图纸等一起阅读和理解。

1.3　本工程量清单仅是投标报价的共同基础，实际工程计量和工程价款的支付应遵循合同条款的约定和第七章"技术标准和要求"的有关规定。

2. 投标报价说明

2.1　工程量清单中的每一子目需填入单价或价格，且只允许有一个报价。

2.2　工程量清单中标价的单价或金额，应包括所需人工费、施工机械使用费、材料费、其他（运杂费、质检费、安装费、缺陷修复费、保险费，以及合同明示或暗示的风险、责任和义务等），以及管理费、利润等。

2.3　工程量清单中投标人没有填入单价或价格的子目，其费用视为已分摊在工程量清单中其他相关子目的单价或价格之中。

3. 工程量清单（略）

第六章　图　　纸

1. 图纸目录（略）

2. 图纸（另附）

第七章　技术标准和要求

1. 适用的规范、标准和规程

1.1　本工程适用现行国家、行业和地方规范、标准和规程。构成合同文件的任何内容与适用的规范、标准和规程之间出现矛盾，施工人应书面要求发包人予以澄清，除发包人有特别指示外，监理人应按照最严格的标准执行。

1.2　除合同另有约定外，材料、施工工艺和本工程都应依照本技术标准和要求，以及适用的现行规范、标准和规程的最新版本执行。若适用的现行规范、标准和规程的最新版本是在基准日后颁布的，相应标准发生变更并成为合同文件中最严格的标准。

2. 施工、监理及验收规范

本工程执行国家现行的与本工程有关的施工、监理及验收规范、标准图集、图纸设计等。

3. 主要质量检验评定标准

本工程执行国家现行的与本工程有关的质量检验评定标准。

第八章　投标文件格式

_____（项目名称）_____标段施工招标

投 标 文 件

投标人：_____（盖单位章）
法定代表人或其委托代理人：_____（签字）
_____年_____月_____日

目　　录

一、投标函及投标函附录
二、法定代表人身份证明
二、授权委托书
三、联合体协议书
四、投标保证金
五、已标价工程量清单
六、施工组织设计
七、项目管理机构
八、资格审查资料
九、其他材料

一、投标函及投标函附录

（一）投标函

_____（招标人名称）：

1. 我方已仔细研究了_____（项目名称）____标段施工招标文件的全部内容，愿意以人民币（大写）_____元（￥_____）的投标总报价，工期_____日历天，按合同约定实施和完成承包工程，修补工程中的任何缺陷，工程质量达到_____。
2. 我方承诺在投标有效期内不修改、撤销投标文件。
3. 随同本投标函提交投标保证金一份，金额为人民币（大写）_____元（￥_____）。
4. 如我方中标：
（1）我方承诺在收到中标通知书后，在中标通知书规定的期限内与你方签订合同。
（2）随同本投标函递交的投标函附录属于合同文件的组成部分。
（3）我方承诺按照招标文件规定向你方递交履约担保。
（4）我方承诺在合同约定的期限内完成并移交全部合同工程。

第2章 工程项目招标

5. 我方在此声明，所递交的投标文件及有关资料内容完整、真实和准确，且不存在第二章"投标人须知"第1.4.3项规定的任何一种情形。

6. _____（其他补充说明）。

        投 标 人：_____（盖单位章）
        法定代表人或其委托代理人：_____（签字）
        地　　址：_____
        网　　址：_____
        电　　话：_____
        传　　真：_____
        邮政编码：_____
            _____年_____月_____日

（二）投标函附录

工程名称				
投标人				
项目经理		级别	资质证号	
投标范围				
投标总报价/万元		（大写）	（小写）	
评标报价（除去安全文明施工措施费、规费、税金）		（大写）	（小写）	
其中	安全文明施工措施费：	（大写）	（小写）	
	规　费：	（大写）	（小写）	
	税　金：	（大写）	（小写）	
措施项目费用合计（不含安全文明施工措施费）		（大写）	（小写）	
措施项目费用合计（含安全文明施工措施费）		（大写）	（小写）	
投标质量等级				
投标工期				
投标有效期				
农民工工资保证金		中标价的0.5%		
需要说明的问题				

        投 标 人：_____（盖单位公章）
        法定代表人或其委托代理人：_____（签字）
          _____年_____月_____日

注：安全文明施工措施费作为不可竞争费用，应足额计取，不可优惠。

二、法定代表人身份证明

投标人名称：_____
单位性质：_____
地址：_____
成立时间：_____年_____月_____日
经营期限：_____
姓名：_____ 性别：_____ 年龄：_____ 职务：_____
系_____（投标人名称）的法定代表人。
特此证明。

投标人：_____（盖单位章）
_____年_____月_____日

三、授权委托书

本人_____（姓名）系_____（投标人名称）的法定代表人，现委托_____（姓名）为我方代理人。代理人根据授权，以我方名义签署、澄清、说明、补正、递交、撤回、修改_____（项目名称）_____标段施工投标文件、签订合同和处理有关事宜，其法律后果由我方承担。

委托期限：_____
代理人无转委托权。
附：法定代表人身份证明

投标人：_____（盖单位章）
法定代表人：_____（签字）
身份证号码：_____
委托代理人：_____（签字）
身份证号码：_____
_____年_____月_____日

四、投标保证金

_____（招标人名称）：

本投标人自愿参加_____（项目名称）施工监理的投标，并按招标文件要求交纳投标保证金，金额为人民币（大写）_____元（RMB¥：_____）。

本投标人承诺所交纳投标保证金是按规定交纳的，若有虚假，由此引起的一切责任均由我公司承担。

附：1. 收款单位收据复印件
　　2. 投标单位开户许可证
　　3. 投标保证金转出证明

投标人：_____（盖单位公章）

法定代表人或其委托代理人：_____（签字）

_____年___月___日

五、已标价工程量清单（略）

六、施工组织设计

1. 投标人编制施工组织设计的要求：编制时应采用文字并结合图表形式说明施工方法；拟投入本标段的主要施工设备情况、拟配备本标段的试验和检测仪器设备情况、劳动力计划等；结合工程特点提出切实可行的工程质量、安全生产、文明施工、工程进度、技术组织措施，同时应对关键工序、复杂环节重点提出相应技术措施，如冬雨季施工技术、减少噪声、降低环境污染、地下管线及其他地上地下设施的保护加固措施等。

2. 施工组织设计除采用文字表述外可附下列图表，图表及格式要求附后。

附表一　拟投入本标段的主要施工设备表
附表二　拟配备本标段的试验和检测仪器设备表
附表三　劳动力计划表
附表四　计划开、竣工日期和施工进度网络图
附表五　施工总平面图
附表六　临时用地表

附表一：拟投入本标段的主要施工设备表

序号	设备名称	型号规格	数量	国别产地	制造年份	额定功率/kW	生产能力	用于施工部位	备注

附表二：拟配备本标段的试验和检测仪器设备表

序号	仪器设备名称	型号规格	数量	国别产地	制造年份	已使用台时数	用途	备注

附表三：劳动力计划表

单位：人

工种	按工程施工阶段投入劳动力情况					

附表四：计划开、竣工日期和施工进度网络图

1. 投标人应递交施工进度网络图或施工进度表，说明按招标文件要求的计划工期进行施工的各个关键日期。

2. 施工进度表可采用网络图（或横道图）表示。

附表五：施工总平面图

投标人应递交一份施工总平面图，绘出现场临时设施布置图表并附文字说明，说明临时设施、加工车间、现场办公、设备及仓储、供电、供水、卫生、生活、道路、消防等设施的情况和布置。

附表六：临时用地表

用　途	面积/m²	位　置	需用时间

七、项目管理机构

（一）项目管理机构组成表

职务	姓名	职称	执业或职业资格证明					备注
			证书名称	级别	证号	专业	养老保险	

（二）主要人员简历表

"主要人员简历表"中的项目经理应附项目经理证、身份证、职称证等复印件，管理过的项目业绩需附合同协议书复印件；技术负责人应附身份证、职称证等复印件，管理过的项目业绩需附证明其所任技术职务的企业文件或用户证明；其他主要人员应附职称证（执业证或上岗证书）。

姓　名		年　龄		学历	
职　称		职　务		拟在本合同任职	
毕业学校		年毕业于		学校	专业
主要工作经历					
时　间	参加过的类似项目		担任职务	发包人及联系电话	

八、资格审查资料

（一）投标人基本情况表

投标人名称						
注册地址				邮政编码		
联系方式	联系人			电话		
	传　真			网　址		
组织结构						
法定代表人	姓名		技术职称		电话	
技术负责人	姓名		技术职称		电话	
成立时间			员工总人数：			
企业资质等级		其中	项目经理			
营业执照编号			高级职称人员			
注册资金			中级职称人员			
开户银行			初级职称人员			
账号			技　工			
经营范围						
备注						

（二）近年财务状况表（略）
（三）近年完成的类似项目情况表

项目名称	
项目所在地	
发包人名称	
发包人地址	
发包人电话	
合同价格	
开工日期	
竣工日期	
承担的工作	
工程质量	
项目经理	
技术负责人	
总监理工程师及电话	
项目描述	
备注	

（四）正在施工的和新承接的项目情况表

项目名称	
项目所在地	
发包人名称	
发包人地址	
发包人电话	
签约合同价	
开工日期	
计划竣工日期	
承担的工作	
工程质量	
项目经理	
技术负责人	
总监理工程师及电话	
项目描述	
备注	

（五）近年发生的诉讼及仲裁情况 （略）

九、其他材料

1. 本单位出具的未在其他在施建设工程项目担任项目经理的书面承诺。
2. 企业注册所在地区级及以上人民检察院出具的检察机关行贿犯罪档案查询结果告知函。
3. 投标人认为应该提交的其他资料。
……

本章小结

本章对建设工程项目招标进行了详细的阐述，主要介绍了建设工程招标的方式、范围和程序；建设工程招标人的主要工作；资格审查的分类、内容；建设工程招标文件的组成及编制。

习 题

一、单选题

1. 招标文件发售的时间不得少于（   ）。
   A. 3日　　　　B. 5日　　　　C. 3个工作日　　　　D. 5个工作日
2. 根据《必须招标的工程项目规定》，属于工程建设项目招标范围的工程建设项目，重要设备、材料等货物的采购，单项合同估算价在（   ）万元人民币以上的，必须进行招标。

第2章 工程项目招标

  A. 50   B. 100   C. 150   D. 200

3. 为最大限度鼓励竞争，最广范围内择优选择承包商，招标人应优先采用（　　）。

  A. 直接发包   B. 公开招标   C. 邀请招标   D. 议标

4. 招标项目需要编制标底的，一个工程只能编制（　　）个标底。

  A. 1   B. 2   C. 3   D. 4

5. 如果招标人改变招标范围，应在投标截止日前至少（　　）日前以书面形式通知所有招标文件的收受人。

  A. 10   B. 15   C. 20   D. 25

6. 资格后审是在（　　）对投标人资格进行审查。

  A. 开标后   B. 发放招标文件前
  C. 开标后评标前   D. 评标时

7. 依法必须进行招标的项目提交资格预审申请文件的时间，自资格预审文件停止发售之日起不得少于（　　）日。

  A. 5   B. 3   C. 20   D. 15

8. 通过资格预审的申请人少于（　　）个的应当重新招标。

  A. 1   B. 2   C. 3   D. 5

9. 潜在投标人对招标文件有异议的，应当在投标截止时间前（　　）日提出，招标人应在（　　）日内作出答复。

  A. 3　3   B. 15　5   C. 10　3   D. 2　3

10. 依法必须进行招标的项目，自招标文件开始发出之日起至投标人提交投标文件截止之日止，最短不得少于（　　）日。

  A. 10   B. 15   C. 20   D. 25

二、多选题

1. 下列选项中，（　　）必须进行招标。

  A. 涉及国家机密的工程
  B. 全部或者部分使用国有资金投资或者国家融资的项目
  C. 使用国际组织或者外国政府贷款、援助资金的项目
  D. 大型基础设施、公用事业等关系社会公共利益、公众安全的项目
  E. 项目技术难度高的工程

2. 建设工程施工招标的必备条件有（　　）。

  A. 招标所需的设计图纸和技术资料具备
  B. 招标范围和招标方式已确定
  C. 招标人已经依法成立
  D. 已经选好监理单位
  E. 资金全部落实

3. 《招标投标法》规定，建设工程招标方式有（　　）。

  A. 公开招标   B. 议标
  C. 国际招标   D. 邀请招标
  E. 直接发包

4. 施工招标文件应包含的主要内容有（   ）。
   A. 投标人须知   B. 图纸
   C. 投标函的格式及附录   D. 合同的主要条款
   E. 已标价工程量清单
5. 资格预审的主要方法有（   ）。
   A. 有限数量制   B. 综合评估法
   C. 最低价法   D. 合格制
   E. 初步评审法

三、简答题

1. 在什么情况下，经批准可以进行邀请招标？
2. 请简述工程投标的程序。
3. 建设工程招标有哪几种方式？各有何优缺点？
4. 《标准文件》是什么时候实施的？主要内容是什么？

四、案例分析

某办公楼工程全部由政府投资兴建。该项目为该市建设规划的重点项目之一，且已列入地方年度投资计划，施工图纸及相关技术资料等已经完成。现决定对该项目进行公开招标。因估计除本市施工企业参加投标外，还可能有外省市施工企业参加。故招标人委托咨询机构编制了两个标底，准备分别用于对本市和外省市施工企业标价的评定。招标人在公开媒体上发布资格预审通告。最终有 A、B、C、D、E 五家承包商通过了资格预审。根据招标公告的规定，招标人于 4 月 5—7 日发放招标文件。到招标文件所规定的投标截止日 4 月 20 日 16 时之前，这五家承包商均按规定时间提交了投标文件和投标保证金 90 万元。

问题：
在该项目的招标过程中哪些方面不符合招标投标的相关规定？说明理由。

【参考答案】

综合实训 模拟工程项目编制招标文件

【实训目标】

招标文件在招标过程中是最重要的技术文件，对于投标人来说，能否理解招标文件的内容是至关重要的，并且国家对于施工招标文件的格式均有严格的要求。通过本次实训，进一步提高学生对于招标文件内容及格式的基本认识，提高学生编制招标文件的动手能力。

【实训要求】

(1) 选择或者虚拟一个施工项目，假定该项目为公开招标。
(2) 将学生按照 5~7 人的标准进行分组，各小组分工完成实训任务。
(3) 各小组独立完成招标文件的编制。

第3章 工程项目投标

思维导图

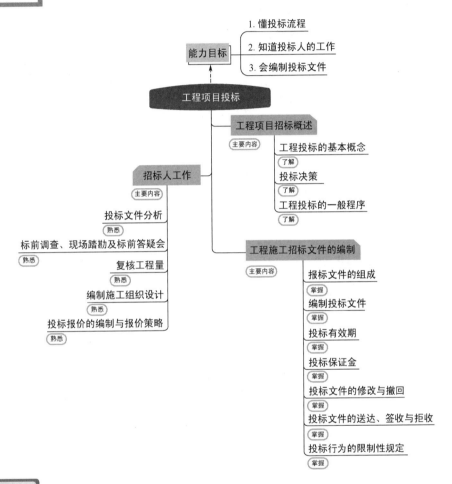

引例

某工厂建设工程,承包商承包厂房、办公楼、住宅楼和一些附属设施工程的施工。合同采用固定总价形式。

在工程施工中承包商现场人员发现缺少住宅楼的基础图纸,再审查报价发现漏报了住宅楼的基础价格约30万人民币。承包商与业主代表交涉,承包商的预算员坚持认为,在招标文件中业主漏发了基础图,而业主代表坚持是承包商的预算师把基础图弄丢了,因为招标文件目录中有该部分的图纸。而且如果业主漏发,承包商有责任在报价前向业主索要。由于采用了固定总价合同,承包商最终承担了这个损失。显然,这个问题是承包商合同管理失误导致的损失,他应该如何避免此类损失的发生呢?

3.1 工程项目投标概述

3.1.1 工程投标的基本概念

1. 工程投标

工程投标是指各投标人依据自身能力和管理水平，按照招标文件规定的统一要求递交投标文件，争取获得实施资格的行为。在市场经济体制下，投标是承包人参与竞争、获得工程承揽资格的主要方式。

2. 投标人

投标人是响应招标、参加投标竞争的法人或者其他组织。投标人应具备承担招标项目的能力；国家有关规定或者招标文件对投标人资格条件有规定的，投标人应当具备规定的资格条件。

【联合体投标协议书参考格式】

【联合体投标】

3. 联合体投标

所谓联合体投标，是指两个以上法人或者其他组织组成一个联合体，以一个投标人的身份共同投标的行为。当招标文件规定接受联合体投标的，投标人才可以形成联合体共同参与投标。

1）联合体的资格条件

根据《招标投标法》第31条第2款规定："联合体各方应当具备承担招标项目的相应能力；国家有关规定或者招标文件对投标人资格条件有规定的，联合体各方均应当具备规定的相应资格条件。由同一专业的单位组成的联合体，按照资质等级较低的单位确定资质等级。"联合体的资质等级采取就低不就高的原则，可以促使资质优等的投标人组成联合体以保证招标项目的质量，防止投标联合体以优等资质获取招标项目，而由资质等级差的供货商或承包商来实施项目的现象。

2）联合体的变更

由于联合体属于临时性的松散组合，在投标过程中可能发生联合体成员变更的情形。通常情况下，联合体成员的变更必须在投标截止时间之前得到招标人的书面同意，如联合体成员的变更发生在通过资格预审之后，其变更后联合体的资质需要重新进行审查。

《工程建设项目施工招标投标办法》第43条规定："联合体参加资格预审并获通过的，其组成的任何变化都必须在提交投标文件截止之日前征得招标人的同意。如果变化后的联合体削弱了竞争，含有事先未经过资格预审或者资格预审不合格的法人或者其他组织，或者使联合体的资质降到资格预审文件中规定的最低标准以下，招标人有权拒绝。"

第3章 工程项目投标

联合体各方应当按照招标文件提供的格式签订联合体协议书,明确联合体牵头人和各方权利义务。联合体各方不得再以自己名义单独或参加其他联合体在同一标段中的投标。中标的联合体各方应当共同与招标人签订合同,就中标项目向招标人承担连带责任,但是联合体协议书另有约定的除外。招标人不得强制投标人组成联合体共同投标,不得限制投标人之间的竞争。

3.1.2 投标决策

1. 投标决策概述

投标人通过投标取得项目,是市场经济条件下的必然。但是,作为投标人来讲,并不是每标必投,因为投标人要想在投标中获胜,既要中标得到承包工程,又要从承包工程中盈利,这就需要研究投标决策的问题。所谓投标决策,包括 3 个方面内容:其一,针对项目招标决定投标或不投标;其二,倘若去投标,是投什么性质的标;其三,投标中如何采用"以长制短、以优胜劣"的策略和技巧。投标决策的正确与否,关系到能否中标和中标后的效益,关系到施工企业的发展前景和职工的经济利益。因此,施工企业的决策班子必须充分认识到投标决策的重要意义,把这一工作摆在企业的重要议事日程上。

2. 投标决策阶段的划分

投标决策可以分为两个阶段进行。这两个阶段就是投标的前期决策和投标的后期决策。

1) 投标的前期决策

投标的前期决策主要是投标人及其决策班子对是否参加投标进行研究,并作出是否投标的决策。如果项目采取的是资格预审,决策必须在投标人参加投标资格预审前完成。决策的主要依据是招标广告,对招标项目的跟踪调查情况,以及公司对招标工程、业主情况的调研和了解程度;如果是国际工程,还包括对工程所在国和工程所在地的调研和了解程度。前期阶段必须对是否投标作出论证。通常情况下,下列招标项目应放弃投标。

(1) 本施工企业主管和兼管能力之外的项目。

(2) 工程规模、技术要求超过本施工企业技术等级的项目。

(3) 本施工企业生产任务饱满,无力承担的项目;招标工程的盈利水平较低或风险较大的项目。

(4) 本施工企业技术等级、信誉、施工水平明显不如竞争对手的项目。

2) 投标的后期决策

经过前期决策,如果决定投标,即进入投标的后期决策阶段,它是指从申报投标资格预审资料至投标报价(封送投标书)期间完成的决策研究阶段。主要研究倘若去投标,是投什么性质的标,以及在投标中采取的策略问题。承包人应该根据自己的经济实力和管理水平作出选择。

（1）投风险标：投标人通过前期阶段的调查研究，明知工程承包难度大、风险大，且技术、设备、资金上都有未解决的问题，但由于本企业任务不足、处于窝工状态，或因为工程盈利丰厚，或为了开拓市场而决定参加投标，同时设法解决存在的问题，即是投风险标。投标后，如问题解决得好，可取得较好的经济效益，也可锻炼出一支好的施工队伍，使企业更上一层楼；如问题解决不好，企业的信誉就会受到损害，严重者可能导致企业亏损以致破产。因此，投风险标必须审慎决策。

（2）投保险标：投标人对可以预见的情况从技术、设备、资金等重大问题都有了解决的对策之后再投标，称为投保险标。企业经济实力较弱，经不起失误的打击，则往往投保险标。当前，我国施工企业多数都愿意投保险标，特别是在国际工程承包市场上。

（3）投盈利标：投标人如果认为招标工程既是本企业的强项，又是竞争对手的弱项，或建设单位意向明确，或本企业虽任务饱满，但利润丰厚，才考虑让企业超负荷运转时，此种情况下的投标，称投盈利标。

（4）投保本标：当企业无后继工程，或已经出现部分窝工时，必须争取中标，但招标的工程项目本企业又无优势可言，竞争对手又多，此时，就该投保本标，最多投薄利标。

投标决策的分类：投标决策按性质分类有投风险标和投保险标；按效益分类有投盈利标和投保本标。

3. 影响投标决策的因素

"知己知彼，百战不殆"。工程投标决策就是知己知彼的研究。这个"己"就是影响投标决策的主观因素，"彼"就是影响投标决策的客观因素。

（1）投标人决定参加投标或是弃标，首先取决于投标人的实力，即投标人的主观条件。影响投标决策的主观因素主要表现在以下几个方面。

① 技术方面的实力。

第一，有精通本行业的估算师、建筑师、工程师、会计师和管理专家组成的组织机构。

第二，有工程项目设计、施工专业特长，能解决技术难度大和各类工程施工中的技术难题的能力。

第三，有国内外与招标项目同类型工程的施工经验。

第四，有一定技术实力的合作伙伴，如实力强的分包商、合营伙伴和代理人。

② 经济方面的实力。

第一，具有垫付资金的能力。这主要是考虑预付款是多少，在什么条件下拿到预付款等问题。同时应注意，国际上有的发包人要求"带资承包工程""实物支付工程"，根本没有预付款。所谓"带资承包工程"，是指工程由承包人筹资兴建，从建设中期或建成后某一时期开始，发包人分批偿还承包人的投资及利息，但有时这种利率低于银行贷款利息。承包这种工程时，承包人需投入大部分工程项目建设投资，而不止是一般承包所需的少量流动资金。所谓"实物支付工程"，是指有的发包方用该国滞销的农产品、矿产品折价支付工程款，而承包人推销上述物资而谋求利润将存在一定难度。因此，遇上这种项目必须慎重对待。

第二，具有一定的固定资产和机具设备及其投入所需的资金。大型施工机械的投入，不可能一次摊销。因此，新增施工机械将会占用一定资金。另外，为完成项目必须要有一批周转材料，如模板、脚手架等，这也是占用资金的组成部分。

第三，具有一定的资金周转用来支付施工用款。因为对已完成的工程量，需要监理工程师确认并经过一定手续、一定时间后才能将工程款拨入。

第四，具有承包国际工程所需的外汇。

第五，具有支付各种担保的能力。

第六，具有支付各种纳税和保险金的能力。

第七，具有承担不可抗力所带来的风险的能力。

第八，承担国际工程时，具有重金聘请有丰富经验或有较高地位的代理人的酬金以及其他"佣金"的支付能力。

③ 管理方面的实力。

建筑承包市场属于买方市场，承包工程的合同价格由作为买方的发包方起支配作用。承包人为打开承包工程的局面，应以低报价甚至零利润取胜。为此，承包人必须在成本控制上下功夫，向管理要效益。如缩短工期，进行定额管理，辅以奖罚办法，减少管理人员，工人一专多能，节约材料，采用先进的施工方法，不断提高技术水平，特别是要有"重质量、重合同"的意识，并有相应的切实可行的措施。

④ 信誉方面的实力。

承包人一定要有良好的信誉，这是投标中标的一条重要标准。要建立良好的信誉，就必须遵守法律和行政法规，或按国际惯例办事。同时，要认真履约，保证工程的施工安全、工期和质量。

(2) 影响投标决策的客观因素。

① 发包人和监理工程师的情况。

发包人的合法地位、支付能力、履约能力，以及监理工程师处理问题的公正性、合理性等，也是投标决策的影响因素。

② 投标竞争对手和竞争形势的分析。

是否投标，应注意竞争对手的实力、优势及投标环境的优劣情况。另外，竞争对手的在建工程也十分重要。如果对手的在建工程即将完工，可能急于获得新承包项目，投标报价不会很高；如果对手在建工程规模大、时间长，如仍参加投标，则投标报价可能很高。从总的竞争形势来看，大型工程的承包公司技术水平高，善于管理大型复杂工程，其适应性强，可以承包大型工程；中小型的工程由中小型工程公司或当地的工程公司承包可能性大。因为，当地中小型公司在当地有自己熟悉的材料、劳动力供应渠道，管理人员相对比较少，有自己惯用的特殊施工方法等优势。

③ 法律、法规情况。

我国的法律、法规具有统一或基本统一的特点，其法制环境基本相同，因此，对于国内工程承包，自然适用本国的法律和法规；但如果是国际工程承包，则有一个法律适用问题。

④ 投标风险问题。

在国内承包工程，风险相对要小一些，在国际承包工程则风险要大得多。投标与否，要考虑的因素很多，需要投标人广泛、深入地调查研究，系统地积累资料，并作出全面的分析，才能使投标作出正确决策。

决定投标与否，更重要的是它的效益性。投标人应对承包工程的成本、利润进行预测和分析，以供投标决策之用。

3.1.3 工程投标的一般程序

已经取得投标资格并愿意投标的投标人，可以按照下列工作程序进行投标。

（1）投标人根据招标公告或投标邀请书，跟踪招标信息，向招标人提出报名申请，并提交有关资料。

（2）接受招标人资格审查（如果是资格预审）。

（3）购买招标文件，交押金领取相关的技术资料。

（4）参加现场踏勘（如果招标人组织），并对有关疑问提出询问。

（5）参加标前准备会。

（6）编制投标文件，投标文件一定要对招标文件的要求和条件进行实质性响应。

（7）递交投标文件。

（8）参加开标会议。

（9）接收中标通知书（如果中标接收中标通知书，如果未中标接收中标结果通知书），与招标人签订合同。

3.2 投标人工作

3.2.1 招标文件分析

招标文件是投标的主要依据，因此应该仔细地进行研究和分析。研究招标文件，重点应放在投标人须知、评标办法、合同条款、工程量清单、图纸以及技术标准和要求上，最好有专人或小组研究技术规范和图纸，弄清其特殊要求。

1. 全面分析和正确理解招标文件，进行合同评审

招标文件是招标人对投标人的要约邀请文件，它几乎包括了全部合同文件。它所确定的招标条件、评标办法、合同条款等是投标人制定实施方案、报价的依据，也是双方商谈的基础。投标人对招标文件有如下责任。

(1) 一般合同都规定，投标人对招标文件的理解负责，必须按照招标文件的各项要求报价、投标和施工。承包商必须全面分析和正确理解招标文件，弄清楚业主的意图和要求，由于对招标文件理解错误造成实施方案和报价的失误应由承包商自己承担。

招标人对投标人对招标文件作出的推论、解释和结论概不负责，对向投标人提供的参考资料和数据，业主并不保证它们能准确地反映现场的实际状况。

某房地产开发项目，业主提供了地质勘察报告，证明地下土质很好。承包商做施工方案，用挖方的余土作通往住宅区道路基础的填方。由于基础开挖施工时正值雨季，开挖后土方潮湿，且易碎，不符合道路填筑要求。承包商不得不将余土外运，另外取土作道路填方材料。对此承包商提出索赔要求。工程师否定了该索赔要求，理由是：填方的取土作为承包商的施工方案，因受气候条件的影响而改变，不能提出索赔要求。

【案例评析】

在本案例中即使没有下雨，因业主提供的地质报告有误，地下土质过差不能用于填方，承包商也不能因为另外取土而提出索赔要求，原因有如下两点。

(1) 合同规定承包商对业主提供的水文地质资料的理解负责。而地下土质可用于填方，这是承包商对地质报告的理解，应由其自己负责。

(2) 取土填方是承包商的施工方案，也应由其负责。

(2) 投标人在递交投标书前被视为已对规范、图纸进行了检查和审阅，并对其中可能的错误、矛盾或缺陷做了注明，应在投标预备会上向招标人提出，或以书面的形式询问。对其中明显的错误，如果承招标人没有提出，则可能要承担相应的责任。按照招标规则和诚实信用原则，招标人应作出公开的、明确的答复。这些书面答复作为对这些问题的解释，有法律约束力。承包商切不可随意理解招标文件，导致盲目投标。

特 别 提 示

在国际工程中，我国许多承包商由于外语水平限制，投标期短，语言文字翻译不准确，引起对招标文件理解不透、不全面或错误等问题；发现问题又不问，自以为是地解释合同，造成许多重大失误。这方面的教训是极为深刻的。

2. 招标文件分析工作

投标人购买招标文件后，通常首先应进行总体检查，重点是招标文件的完备性。一般要对照招标文件目录检查文件是否齐全，是否有缺页，对照图纸目录检查图纸是否齐全，然后分以下三部分进行全面分析。

1) 投标人须知分析

通过分析不仅掌握招标条件、招标过程、评标的规则和各项要求，对投标报价工作作出具体安排，而且要了解投标风险，以确定投标策略。

2)工程技术文件分析

进行图纸会审、工程量复核以及图纸和规范中的问题分析,从中具体了解工程项目范围、技术要求和质量标准。在此基础上做施工组织和计划,确定劳动力的安排,进行材料、设备的分析,制定实施方案,进行询价。

3)合同评审

评审的对象是合同协议书和合同条款。从合同管理的角度,招标文件分析最重要的工作是合同评审。合同评审是一项综合的、复杂的、技术性很强的工作。它要求合同管理者必须熟悉合同相关的法律、法规,精通合同条款,对工程环境有全面的了解,有合同管理的实际工作经验和经历。

接到招标文件后应对招标文件的完备性进行审查,将图纸和图纸目录进行校对,如果发现有缺少,应要求业主补充。在制定施工方案或做报价时发现图纸的缺少,仍可以向业主索要,或自己出钱复印,这样可以避免损失。

3.2.2 标前调查、现场踏勘及标前答疑会

这是投标前极其重要的一步准备工作。作为投标人一定要对项目和周边环境有一个详细的调查和了解,对招标文件存在的问题进行质疑,由招标人通过答疑会澄清,以便投标人准确地把握项目,进行投标文件的编制。

1. 投标前调查与现场踏勘

如果在投标决策的前期阶段对拟去的地区进行了较为深入的调查研究,则拿到招标文件后就只需进行有针对性的补充调查;否则,应进行全面的调查研究。

现场踏勘主要指去项目现场进行考察,招标单位应在招标文件中注明是否组织现场踏勘,以及踏勘的时间和地点。

即使招标人不组织现场踏勘,投标人也应该自行前往踏勘,可以说现场踏勘是投标人必须经过的投标程序。因为按照国际惯例,投标人提出的报价一般被认为是在现场踏勘的基础上编制的。一旦报价提出之后,投标人就无权因为现场踏勘不周,情况了解不细或因素考虑不全面而提出修改投标文件、调整报价或补偿等要求。

现场踏勘既是投标者的权利也是其职责。因此,投标者在投标报价前无论招标人是否组织现场踏勘都必须认真地进行施工现场考察,全面、仔细地调查了解项目及其周围的交通、经济、地理、治安等情况。

现场踏勘之前,应先仔细研究招标文件,特别是文件中的工作范围、专用条款,以及设计图纸和说明,然后拟定调研提纲,确定重点要解决的问题,做到事先有准备,因为有时招标人只组织投标者进行一次现场踏勘。现场踏勘费用均由投标者自己承担。

知识链接

进行现场踏勘一般应从下述5个方面调查了解。

(1) 工程的性质以及与其他工程之间的关系。
(2) 投标人所投标的部分与其他承包人或分包人之间的关系。
(3) 工地地貌、地质、气候、交通、电力、水源等情况，有无障碍物等。
(4) 工地附近有无住宿条件、料场开采条件、其他加工条件、设备维修条件等。
(5) 工地附近治安情况。

应用案例

某建筑工程的招标文件中标明，距离施工现场1km处存在一个天然砂场，并且该砂可以免费取用。现场实地考察后承包商没有提出疑问，在投标报价中没有考虑工程买砂的费用，只计算了取砂和运输费用。由于承包商没有仔细了解天然砂场中天然砂的具体情况，中标后，在工程施工中准备使用该砂时，工程师认为该砂级别不符合工程施工要求，而不允许在施工中使用，于是承包商只得自己另行购买符合要求的砂。

承包商以招标文件中标明现场有砂而投标报价中没有考虑为理由，要求业主补偿现在必须购买砂的差价。请思考工程师能否同意承包商的补偿要求，并说明理由。

【案例评析】

工程师不同意承包商的补偿要求。显然上述招标文件中标明的条件，投标人已经进行了踏勘，最后自己作出了只计算了取砂和运输费用的结论。投标人应该对自己的理解和推论负责。这是一个有经验的承包商可以合理预见的。

2. 参加投标预备会

投标预备会是投标人与招标人的又一次重要接触，招标人将对投标人所提出的问题进行澄清，并以书面形式通知所有购买投标文件的投标人。该澄清内容为招标文件的组成部分，具有约束作用。

(1) 对招标文件分析发现的问题、矛盾、错误、不清楚的地方，含义不明确的内容，招标人要在澄清会议上作出答复、解释或者说明。

特别提示

澄清或者说明不得超出投标文件的范围或者改变投标文件的实质性内容。

(2) 招标人对投标人提出的问题进行解释和说明，但并不对解释的结果负责。组织标前预备会的时间至少应在投标截止日的15日前进行。

(3) 招标文件的澄清、修改、补充等内容均以书面形式进行明确。当招标文件的澄清、修改、补充等在同一内容的表述不一致时，则以最后发出的书面文件为准。

(4) 为使投标人在编制投标文件时有充分的时间对招标文件的澄清、修改、补充等内容考虑进去，招标人可酌情延长提交投标文件的截止时间。

3.2.3 复核工程量

对于招标文件中的工程量清单,投标者一定要进行校核,因为它直接影响投标报价及中标机会,例如:当投标人大体上确定了工程总报价之后,对某些项目工程量可能增加的,可以提高单价;而对某些项目工程量估计会减少的,可以降低单价。如发现工程量有重大出入的,特别是漏项的,必要时可找招标人核对,要求招标人认可,并给予书面证明,这对于固定总价合同尤为重要。

现行《建设工程工程量清单计价规范》规定:采用工程量清单方式招标,工程量清单必须作为招标文件的组成部分,其准确性和完整性由招标人负责。

3.2.4 编制施工组织设计

施工组织设计对于投标报价的影响很大。在投标过程中,招标人应根据招标文件和对现场的勘察情况,采用文字合并图表的形式来编制全面的施工组织设计。施工组织设计的内容,一般包括施工方案及技术措施、质量保证措施、施工进度计划、施工安全措施、文明施工措施、施工机械、材料、设备和劳动力计划,以及施工总平面图、项目管理机构等。编制施工组织设计的原则是在保证工期和工程质量的前提下,使成本最低、利润最大。

1. 选择和确定施工方法

根据工程类型,研究可以采用的施工方法。对于一般的土方工程、混凝土工程、房建工程、灌溉工程等比较简单的工程,可结合已有施工机械及工人技术水平来选定实施方法,努力做到节省开支,加快进度。对于大型复杂工程则要考虑几种施工方案,进行综合比较。如水利工程中的施工导流方式对工程造价及工期均有很大影响,投标人应结合施工进度计划及能力进行研究确定。又如地下工程(开挖隧洞或洞室),则要进行地质资料分析,确定开挖方法(用掘进机还是钻孔爆破法等),确定支洞、斜井、竖井的数量和位置,以及出渣方法、通风方式等。

2. 选择施工设备和施工设施

一般与施工方法同时进行选择,根据施工方法来选择设备和施工设施。在工程投标报价中还要不断进行施工设备和施工设施的比较,利用旧设备还是采购新设备,在国内采购还是在国外采购;需对设备的型号、配套、数量(包括使用数量和备用数量)进行比较,还应研究哪些类型的机械可以采用租赁办法,对于特殊的、专用的设备折旧率需进行单独考虑;订货设备清单中还应考虑辅助和修配机械以及备用零件,尤其是订购国外机械时应特别注意这一点。

3. 施工进度计划

编制施工进度计划应紧密结合施工方法和施工设备。施工进度计划中应提出各时段应完成的工程量及限定日期。施工进度计划是采用网络进度计划还是横道图进度计划，根据招标文件要求而定。

3.2.5 投标报价的编制与报价策略

1. 投标报价的编制

现阶段，我国编制投标报价的方法主要有定额计价法和清单计价法两种，且处于两种方法并存，并逐步向清单计价法过渡的时期。在这里着重介绍清单计价模式下投标报价的编制。

（1）投标报价应根据招标文件中的有关计价要求，并按照下列依据自主报价。

① 招标文件。
②《建设工程工程量清单计价规范》。
③ 国家或省级、行业建设主管部门颁发的计价办法。
④ 企业定额，国家或省级、行业建设主管部门颁发的计价定额。
⑤ 招标文件（包括工程量清单）的澄清、补充和修改文件。
⑥ 建设工程设计文件及相关资料。
⑦ 施工现场情况、工程特点及拟定的投标施工组织设计或施工方案。
⑧ 与建设项目相关的标准、规定等技术资料。
⑨ 市场价格信息或工程造价管理机构发布的工程造价信息。
⑩ 其他的相关资料。

（2）工程量清单中的每一子目须填入单价或价格，且只允许有一个报价。

（3）工程量清单中标价的单价或金额，应包括所需人工费、材料费、施工机械使用费和管理费及利润，以及一定范围内的风险费用。所谓"一定范围内的风险"是指合同约定的风险。

（4）已标价工程量清单中投标人没有填入单价或价格的子目，其费用视为已分摊在工程量清单中其他已标价的相关子目的单价或价格之中。

（5）"投标报价汇总表"中的投标总价由分部分项工程费、措施项目费、其他项目费、规费和税金组成，并且"投标报价汇总表"中的投标总价应当与构成已标价工程量清单的分部分项工程费、措施项目费、其他项目费、规费、税金的合计金额一致。

● 特 别 提 示

工程量清单计价的本质就是要改变政府定价模式，建立起市场形成造价的机制。

2. 报价策略与技巧

建设工程投标报价是建设工程投标内容中的重要部分，是整个建设工程投标活动的核心环节，报价的高低直接影响着能否中标和中标后的盈利多少。

1）投标报价的策略

建设工程投标报价的策略与技巧，是建设工程投标活动中的另一个重要方面，采用一定的策略和技巧，可以增加投标的中标率，又可以获得较高的期望利润。

当投标人确定要对某一具体工程投标后，就需采取一定的投标策略，以增加中标机会，中标后又能获得更多盈利的目的。常见的投标策略有以下几种。

（1）靠提高经营管理水平取胜。这主要靠做好施工组织设计，采用合理的施工技术和施工机械，精心采购材料、设备，选择可靠的分包单位，安排紧凑的施工进度，力求节省管理费用等，从而有效地降低工程成本而获得较高的利润。

（2）靠改进设计和缩短工期取胜。这主要靠仔细研究原设计图纸，发现有不够合理之处，提出能降低造价的修改设计建议，以提高对发包人的吸引力。另外，靠缩短工期取胜，即比规定的工期有所缩短，帮助发包人达到早投产、早收益，有时甚至标价稍高，对发包人也是很有吸引力的。

（3）低利政策。这主要适用于承包任务不足时，与其"坐吃山空"，不如以低利承包到一些工程，还能维持企业运转。此外，承包人初到一个新的地区，为了打入这个地区的承包市场、建立信誉，也往往采用这种策略。

（4）加强索赔管理。有时虽然报价低，却着眼于施工索赔，还能赚到高额利润。

（5）着眼于发展。为争取将来的优势，而宁愿目前少盈利。例如，承包人为了掌握某种有发展前途的工程施工技术（如建造核电站的反应堆或海洋工程等），就可能采用这种策略，这是一种较有远见的策略。

以上这些策略不是互相排斥的，可根据具体情况，综合灵活运用。

2）报价技巧

投标策略一经确定，就要具体反映到报价上，但是报价还有它自己的技巧。投标策略和报价技巧必须相辅相成。

在报价时，对什么工程定价应高，什么工程定价可低，或在一个工程中，在总价无多大出入的情况下，哪些单价宜高，哪些单价宜低，都有一定的技巧。技巧运用的好与坏，得当与否，在一定程度上可以决定工程能否中标和盈利。因此，报价是不可忽视的一个环节，下面是一些可供参考的做法。

（1）根据不同的项目特点采用不同的报价。对施工条件差的工程（如场地窄小或地处交通要道等），造价低的小型工程，自己施工上有专长的工程以及由于某些原因自己不想干的工程，报价可高一些；结构比较简单而工程量又较大的工程（如成批住宅区和大量土方工程等），短期能突击完成的工程，企业急需拿到任务以及投标竞争对手较多时，报价可低一些。如海港、码头、特殊构筑物等专业性较强的工程项目报价可高，一般房屋土建工程则报价宜低。

（2）不平衡报价法。是指在总价基本不变的前提下，如何调整内部各个子项的报价，以期既不影响总报价，又在中标后投标人可以尽早收回垫支于工程中的资金和获取较好的经济效益。但要注意避免畸高畸低现象，避免失去中标机会。通常采用的不平衡报价有下列几种情况。

① 早收钱。对能早期结账收回工程款的项目（如土方、基础等）的单价可报以较高价，以利于资金周转；对后期项目（如装饰、电气设备安装等）单价可适当降低。由于工

程款项的结算一般都是按照工程施工的进度进行的,在投标报价时就可以把工程量清单里先完成的工作内容的单价调高,后完成的工作内容的单价调低。尽管后面的单价可能会赔钱,但由于在履行合同的前期早已收回了成本,减少了内部管理的资金占用,有利于施工流动资金的周转,财务应变能力也得到提高,因此只要保证整个项目最终能够盈利就可以了。采用这样的报价办法不仅能平衡和舒缓承包商资金压力的问题,还能使承包商在工程发生争议时处于有利地位,因此就有索赔和防范风险的意义。如果承包商永远处于收入比支出多的状态下,在出现对方违约或不可控制因素的情况下,主动权就掌握在承包商手中,减轻了承包商现场工作人员的压力,对日后的施工也有利,能够形成一种良性循环。

② 多收钱。估计今后工程量可能增加的项目,其单价可提高,而工程量可能减少的项目,其单价可降低。无论由于工程量清单有误或漏项,还是由于设计变更引起新的工程量清单项目或清单项目工程数量的增减,均应按照实际调整。因此如果承包人在报价过程中判断出标书工程数量明显不合理,就可以获得多收钱的机会。例如,某工程项目工程量清单列明的数量为 $1\,000m^3$,经过对图纸工程量的审核,有绝对的把握认为数量应为 $1\,500m^3$,那么此时就可以把工程量清单里面的单价由 10 元$/m^3$ 提高到 13 元$/m^3$,这样在工程结算时就会比一般的报价赚取更多的钱。如果认为工程量清单的工程数量比实际的工程数量要多,实际施工时绝对干不到这个数量,那么就可以把单价报得低一些。这样投标时好像是有损失,但由于实际上并没完成那么多工作量,就只会赔很少的一部分。同样,通过对施工图纸的审核,如果发现工程设计有不合理的地方,确信通过后期的运作可以进行变更,那么对很有可能发生变更的项目的报价就应该做适当的调整,以便取得更好的效益。

上述两点要统筹考虑。对于工程量数量有错误的早期工程,如不可能完成工程量表中的数量,则不能盲目抬高单价,需要具体分析后再确定。

③ 图纸内容不明确或有错误,估计修改后工程量要增加的,其单价可提高;而工程内容不明确的,其单价可降低。

④ 没有工程量只填报单价的项目(如疏浚工程中的开挖淤泥工作等),其单价宜高。这样,既不影响总的投标报价,又可多获利。

⑤ 对于暂定项目,其实施的可能性大的项目,价格可定高价;估计该工程不一定实施的可定低价。

(3) 扩大标价法。这是一种常用的投标报价方法,即除了按正常的已知条件编制标价外,对工程中风险分析得出的估计损失,采用扩大标价,以增加"不可预见费"的方法来减少风险。这种做法,往往会因为总标价过高而失标被淘汰。

(4) 逐步升级法。这种投标报价的方法是将投标看成协商的开始,首先对技术规范和图纸说明书进行分析,把工程中的一些难题,如特殊基础等费用最多的部分抛弃(在报价单中加以注明),将标价降至无法与之竞争的数额。利用这种最低标价来吸引招标人,从而取得与招标人商谈的机会,再逐步进行费用最多部分的报价。

(5) 突然袭击法。这是一种迷惑对手的方法,在整个报价过程中,仍按一般情况进行报价,甚至故意表现自己对该工程的兴趣不大(或甚大),等快到投标截止日时,再来一个突然降价(或加价),使竞争对手措手不及。采用这种方法是因为竞争对手们总是随时随地互相侦察着对方的报价情况,绝对保密是很难做到的,如果不搞突然袭击,你的报价被对手知道后,就会立即修改他们的报价,从而使你的报价偏高而失标。

（6）合理低价法。这是承包人为了占领某一市场，或为了在某一地区打开局面，而采取的一种不惜代价只求中标的策略。先低价是为了占领市场，当打开局面后，就会带来更多的工程盈利。如伊拉克的中央银行主楼招标，德国霍夫丝曼公司就以较低标价击败所有对手，在巴格达市中心搞了一个样板工程，成了该公司在伊拉克的橱窗和广告，而整个工程的报价几乎没有分文盈利。

（7）多方案报价法。多方案报价是指投标时发现工程条款不清楚或要求过于苛刻、工程范围不明确时要充分考虑风险。其具体做法：一是按原工程说明书合同条款报一个价，二是加以注解。如工程说明书或合同条款可做某些改变时，则可降低多少的费用，再报一个价，以吸引招标人修改说明书和合同条款。

某办公楼施工招标文件的合同条款中规定：预付款数额为合同价的30%，开工后3日内支付，上部结构完成一半时一次性全额扣回，工程款按季度支付。某承包人对该项目投标时，考虑到该工程虽有预付款，但平时工程款按季度支付不利于资金周转，决定除按招标文件的要求报价外，还建议发包人将支付条件改为：预付款为合同价的5%，工程进度款按月支付，其余条款不变。你认为该承包人运用了哪一种报价技巧？运用是否得当？

【案例评析】

本案例的承包人运用的报价技巧就是多方案报价法，该方法在这里运用得也很恰当，因为承包人的报价既适用于原付款条件也适用于建议的付款条件。

（8）增加建议方案法。增加建议方案是指在招标文件允许投标单位可以修改原设计方案的前提下，投标人组织有经验的技术人员，针对原方案提出自己更为合理的方案或价格更低的方案来吸引招标人，从而提高自己中标的可能性。这种方法要注意：一是建议方案要比较成熟，具有可操作性；二是即使提出了建议方案，对原招标方案也一定要进行报价。

多方案报价法和增加建议方案法的区别：前者由投标人提出，后者由招标人在招标文件中规定允许增加建议；前者针对招标文件条款，后者针对原设计方案；相同的是二者变动前后都要报价。

它们的关键区别如下。

(1) 多方案报价法为修改合同内容的报价方法。
(2) 增加建议方案法为修改施工图的报价方法。

某承包人通过资格预审后，对招标文件进行了仔细分析，发现招标人所提出的工期要求过于苛刻，且合同条款中规定每拖延1日工期罚合同价的1/1 000。若要保证实现该工

期要求，必须采取特殊措施，从而大大增加成本；同时还发现原设计结构方案采用框架-剪力墙体系过于保守。因此，该承包人在投标文件中说明招标人的工期要求难以实现，因而按自己认为的合理工期（比招标人要求的工期增加6个月）编制施工进度计划并据此报价；还建议将框架-剪力墙体系改为框架体系，并对这两种结构体系进行了技术经济分析和比较，证明框架体系不仅能保证工程结构的可靠性和安全性、增加使用面积、提高空间利用的灵活性，而且可降低造价约3%。该承包人将技术标和商务标分别封装，在封口处加盖本单位公章和项目经理签字后，在投标截止日期前1日上午将投标文件报送招标人。次日（即投标截止日当天）下午，在规定的开标时间前1小时，该承包人又递交了一份补充材料，其中声明将原报价降低4%。但是，招标单位的有关工作人员认为，根据国际上"一标一投"的惯例，一个承包人不得递交两份投标文件，因而拒收承包人的补充材料。开标会由市招标办的工作人员主持，市公证处有关人员到会，各投标单位代表均到场。开标前，市公证处人员对各投标单位的资质进行审查，并对所有投标文件进行审查，确认所有投标文件均有效后，正式开标。主持人宣读投标单位名称、投标价格、投标工期和有关投标文件的重要说明。

(1) 该承包人运用了哪几种报价技巧？其运用是否得当？请逐一加以说明。

(2) 从所介绍的背景资料来看，在该项目招标程序中存在哪些问题？请分别做简单说明。

【案例评析】

本案例主要考核承包人报价技巧的运用，涉及多方案报价法、增加建议方案和突然降价法，还涉及招标程序中的一些问题。多方案报价法和增加建议方案法都是针对招标人的，是承包人发挥自己的技术优势、取得招标人信任和好感的有效方法。运用这两种报价技巧的前提均是必须对原招标文件中的有关内容和规定报价，否则会被认为对招标文件未作出"实质性响应"，而被视为废标。突然降价法是针对竞争对手的，其运用的关键在于突然性，且需保证降价幅度在自己的承受能力范围之内。

本案例关于招标程序的问题仅涉及资格审查的时间、投标文件的有效性和合法性、开标会的主持、公证处人员在开标时的作用。这些问题都应按照《招标投标法》和有关法规的规定回答。

某超高、超深的写字楼工程为政府投资项目，于2016年5月8日发布招标公告。招标公告中对招标文件的发售和投标截止时间规定如下。

(1) 各投标人于5月17—18日，每日9：00—16：00在指定地点领取招标文件。

(2) 投标截止时间为6月5日14：00。

对招标作出响应的投标人有A、B、C、D，以及E、F组成的联合体。A、B、C、D、E、F均具备承建该项目的资格。评标委员会委员由招标人确定，共8人组成，其中招标人代表4人，有关技术、经济专家4人。在开标阶段，经招标人委托的市公证处人员检查了投标文件的密封情况，确认其密封完好后，投标文件当众拆封。招标人宣布有A、B、C、D及E、F联合体5个投标人投标，并宣读其投标报价、工期、质量标准和其他招标文件规定的唱标内容。其中，A 的投标总报价为 14 320 万元整，其他相关数据见表 3-1。

表 3-1 投标报价表 单位：万元

	桩基围护工程	主体结构工程	装饰工程	总价
正式报价	1 450	6 600	6 270	14 320

招标人委托造价咨询机构编制的标底的部分数据见表 3-2。

表 3-2 标底价 单位：万元

	桩基围护工程	主体结构工程	装饰工程	总价
标底价	1 320	6 100	6 900	14 320

评标委员会按照招标文件中确定的评标标准对投标文件进行评审与比较，并综合考虑各投标人的优势，评标结果为：各投标人综合得分从高到低的顺序依次为 A、D、B、C 及 E、F 联合体。评标委员会由此确定承包人 A 为中标人，其中标价为 14 320 万元人民币。由于承包人 A 为外地企业，招标人于 6 月 7 日以挂号方式将中标通知书寄出，承包人 A 于 6 月 11 日收到中标通知书。

此后，6 月 13 日—7 月 3 日招标人又与中标人 A 就合同价格进行了多次谈判，于是中标人 A 在正式报价的基础上又下调了 200 万元，最终双方于 7 月 9 日签订了书面合同。

请简述什么是不平衡报价法，投标人 A 的报价是否属于不平衡报价？请评析评标委员会接受 A 承包人运用的不平衡报价法是否恰当。逐一指出在该项目的招标投标中，哪些方面不符合《招标投标法》的有关规定。

【案例评析】

（1）不平衡报价法，是指在估价（总价）不变的前提下，调整分项工程的单价，以达到较好收益目的的报价策略。其基本原则是：对前期工程、工程量可能增加的工程（由于图纸深度不够）、计日工等，在正式报价时将所估单价上调，反之则下调，以便在工程前期尽快收到较多工程款，或者最终获得较多的工程款。但单价调整时不能波动过大，一般来说，除非承包人对某些分项工程具有特别优势，单价调整幅度不宜超过±10%。在本案例中，参考招标人的标底文件，可以认为 A 投标人采用了不平衡报价法。表现在其将属于前期工程的桩基围护工程和主体结构工程的单价调高，而将属于后期工程的装饰工程的单价调低，可以在施工的早期阶段收到较多的工程款，从而可以提高其所得工程款的现值。A 投标人对桩基围护工程、主体结构工程和装饰工程的单价调整幅度均未超过±10%，在合理范围之内。对于招标人，财政拨付具有资金稳定的特点，不必过分重视资金的时间价值；若投标人在超深、超高项目上具有丰富的施工经验，能很好地履行合同，可以考虑接受该不平衡报价。评标委员会接受 A 投标人运用的不平衡报价法并无不当。

（2）在该项目招标投标中，不符合《招标投标法》规定的情形如下。

① 招标文件的发售时间只有 2 日，不符合《招标投标法实施条例》关于招标文件的发售时间最短不得少于 5 日的规定。

② 招标文件开始发出之日起至投标人提交投标文件截止之日的时间段不符合规定。该工程项目建设使用财政资金,按照《招标投标法》的规定必须进行招标,并满足自招标文件开始发出之日起至投标人提交投标文件截止之日止,最短不得少于20日。本案例5月17日开始发出招标文件,至招标公告规定的投标截止时间6月5日,不足20日。

③ 评标委员会成员组成及人数不符合《招标投标法》规定。《招标投标法》第37条规定,评标委员会由招标人代表和有关技术、经济等方面的专家组成,成员人数为5人以上单数,其中招标人代表不得超过成员总数的1/3。

④ 中标通知书发出后,招标人不应与中标人A就合同价格进行谈判。《招标投标法》第46条规定,招标人和中标人应当按照招标文件和投标文件订立书面合同,不得再行订立背离合同实质性内容的其他协议。

⑤ 招标人和中标人签订书面合同的日期不当。《招标投标法》第46条规定,招标人和中标人应当自中标通知书发出之日起30日内,按照招标文件和中标人的投标文件订立书面合同。本案中标通知书于6月7日已经发出,双方直至7月9日才签订了书面合同,已超过法律规定的30日期限。

3.3 工程施工投标文件的组成和编制

3.3.1 投标文件的组成

建设工程投标人应严格按照招标文件的各项要求来编制投标文件。投标文件一般由以下几个部分组成。

【投标文件的组成】

(1) 投标函及投标函附录。
(2) 法定代表人身份证明或附有法定代表人身份证明的授权委托书。
(3) 联合体共同投标协议书(如有)。
(4) 投标保证金。
(5) 已标价工程量清单。
(6) 施工组织设计。
(7) 项目管理机构。
(8) 拟分包项目情况表。
(9) 资格审查表资料。
(10) 投标人须知前附表规定应提交的其他资料。

特别提示

投标人必须使用招标文件提供的投标文件表格格式,但表格可以按同样格式扩展。

3.3.2 编制投标文件

投标文件是承包人参与投标竞争的重要凭证,是评标、定标和订立合同的依据,是投标人素质的综合反映和投标人能否取得经济效益的重要因素。《招标投标法》第27条明确规定:"投标人应当按照招标文件的要求编制投标文件。投标文件应当对招标文件提出的实质性要求和条件作出响应。"投标文件应当对招标文件提出的实质性要求和条件作出响应,不能满足任何一项实质性要求的投标文件将被拒绝。实质性要求和条件是指招标文件中有关招标项目的价格、工期、质量标准、合同的主要条款等约定。因此,响应招标文件的要求是投标文件编制的基本前提。投标人应认真研究、正确理解招标文件的全部内容,并按要求编制投标文件。由此可见,投标人应对投标文件的编制工作倍加重视。

1. 编制投标文件的一般步骤

(1) 编制投标文件的准备工作。

① 组织投标班子,确定投标文件编制的人员。

② 熟悉招标文件,仔细阅读投标人须知、评标办法等内容。对招标文件、图纸、资料等有不清楚、不理解的地方,及时用书面形式向招标人询问、澄清。

③ 参加招标人组织的施工现场踏勘和投标预备会。

④ 收集现行定额标准、取费标准及各类标准图集,并掌握政策性调价文件。

⑤ 调查当地材料供应和价格情况。

(2) 实质性响应条款的编制,包括对合同主要条款的响应、对提供资质证明的响应、对所采用技术规范的响应等。

(3) 结合图纸和现场踏勘情况,复核、计算工程量。

(4) 根据招标文件及工程技术规范要求,结合项目施工现场条件编制施工组织设计和投标报价书。

(5) 仔细核对、装订成册,并按招标文件的要求进行密封和标志。

2. 编制投标文件应注意的问题

(1) 投标文件应按招标文件规定的格式编写,如有必要,可增加附页,作为投标文件组成部分。

(2) 投标人对招标文件的理解负责。如果投标人的投标文件不能满足招标文件的要求,责任由投标人自负。业主有权拒绝没有实质性响应招标文件要求的投标文件。

(3) 投标文件正本应用不褪色墨水书写或打印。

(4) 投标文件签署。投标函及投标函附录、已标价工程量清单等内容,应由投标人的法定代表人或其委托代理人签字或盖章。委托代理人签字的,投标文件应附法定代表人签署的授权委托书。全套投标文件应尽量无涂改、行间插字或删除。如出现这些情况,改动之处应加盖单位公章或由投标文件签字人签字确认。

(5) 投标文件的装订、密封和标识。投标文件正本与副本应分别装订成册,加贴封条,并在封套的封口处加盖投标人单位章。封面上应标记"正本"或"副本",正本和副本的份数应符合招标文件的规定。投标文件正本与副本都不得采用活页夹,并要求逐页标注连续页码,招标人对由于投标文件装订松散而造成的丢失或其他后果不承担任何责任。

正本和副本如有不一致之处,以正本为准。未按招标文件要求密封和标识的投标文件,招标人不予受理。

(6) 每位投标人对本合同只能提交一份投标文件,不允许以任何方式参与同一合同的其他投标人的投标。

3.3.3 投标有效期

投标有效期是指招标文件中规定的一个适当的有效期限,在此期限内投标人不得要求撤销或修改其投标文件。《工程建设项目施工招标投标办法》第29条规定,招标文件应当规定一个适当的投标有效期,以保证招标人有足够的时间完成评标和与中标人签订合同。投标有效期从招标文件规定的提交投标文件的截止之日起计算。

1. 投标有效期的延长

出现特殊情况需要延长投标有效期的,在原投标有效期结束之前,招标人可以通知所有投标人延长投标有效期。同意延长投标有效期的投标人应当相应延长其投标保证金的有效期,但不得要求或被允许修改或撤销其投标文件。投标人拒绝延长的,其投标失败,但投标人有权收回投标保证金。

2. 投标有效期延长的要求

(1) 招标人要延长投标有效期的,应以书面形式通知投标人并获得投标人的书面同意。

(2) 投标人不得修改投标文件的实质性内容。投标人在投标文件中的所有承诺不应随有效期的延长而发生改变。

> **特别提示**
>
> 投标有效期的延长伴随投标保证金有效期的延长。《评标委员会和评标方法暂行规定》第40条规定:"同意延长投标有效期的投标人应当相应延长其投标担保的有效期。"投标人有权拒绝延长投标有效期且不被扣留投标保证金。如果同意延长投标有效期的投标人少于3个的,招标人应当重新招标。因延长投标有效期造成投标人损失的,招标人应当给予补偿,但因不可抗力需延长投标有效期的除外。

3.3.4 投标保证金

投标保证金是指为了避免因投标人投标后随意撤回、撤销投标或随意变更应承担相应的义务给招标人和招标代理机构造成损失,要求投标人提交的担保。

【投标保证金银行保函格式】

1. 投标保证金的提交

投标人在提交投标文件的同时,应按招标文件规定的金额、形式、时间向招标人提交投标保证金,并作为其投标文件的一部分。

(1) 投标保证金是投标文件的必须要件,是招标文件的实质性要求,投标保证金不足、无效、迟交、有效期不足或者形式不符合招标文件要求等情形，均将构成实质性不响应而被拒绝。

（2）对于联合体形式投标的，其投标保证金由牵头人提交。

（3）投标保证金作为投标文件的有效组成部分，其递交的时间应与投标文件的提交时间要求一致，即在投标文件提交截止时间之前送达。投标保证金送达的含义根据投标保证金的形式而异，通过电汇、转账、电子汇兑等形式的应以款项实际到账时间作为送达时间，现金或见票即付的票据形式提交的则以实际交付时间作为送达时间。

【银行汇票、本票、支票的票样及对比】

（4）依法必须进行招标的项目的境内投标单位，以现金或支票形式提交的投标保证金应当从其基本账户转出。

知 识 链 接

投标保证金的形式一般有：①银行保函或不可撤销的信用证；②保兑支票；③银行汇票；④现金支票；⑤现金；⑥招标文件中规定的其他形式。

2. 投标保证金的金额

为避免招标人设置过高的投标保证金额度，《招标投标法实施条例》规定："招标人在招标文件中要求投标人提交投标保证金的，投标保证金不得超过招标项目估算价的 2%。"

特 别 提 示

《招标投标法实施条例》明确规定，招标人不得挪用投标保证金。

3. 投标保证金的没收

有下列情形之一的，招标人将不予退还投标人的投标保证金。

（1）投标人在规定的投标有效期内撤销或修改其投标文件的。

（2）投标人在收到中标通知书后无正当理由拒绝签订合同协议书或未按招标文件规定提交履约担保的。

4. 投标保证金的退还

《招标投标法实施条例》规定，招标人最迟应当在书面合同签订后 5 日内向中标人和未中标的投标人退还投标保证金及银行同期存款利息。

5. 投标保证金的有效期

投标保证金的有效期应当与投标有效期一致。

3.3.5 投标文件的修改与撤回

投标文件的修改是指投标人对投标文件中遗漏和不足的部分进行增补，对已有的内容进行修订。投标文件的撤回是指投标人收回全部投标文件，或放弃投标，或以新的投标文件重新投标。

投标文件的修改或撤回必须在投标文件递交截止时间之前进行。《招标投标法》第29条规定："投标人在招标文件要求提交投标文件的截止时间之前，可以补充、修改或者撤回已提交的投标文件，并书面通知招标人。"《标准施工招标文件》规定，书面通知应按照招标文件的要求签字或盖章，修改的投标文件还应按照招标文件的规定进行编制、密封、标记和递交，并标明"修改"字样。招标人收到书面通知后，应向投标人出具签收凭证。投标截止时间之后至投标有效期满之前，投标人对投标文件的任何补充、修改，招标人不予接受，撤回投标文件的还将被没收投标保证金。

> **特别提示**
>
> 《招标投标法实施条例》规定，投标人撤回已提交的投标文件，应当在投标截止时间前书面通知招标人。招标人已收取投标保证金的，应当自收到投标人书面撤回通知之日起5日内退还。

3.3.6 投标文件的送达、签收与拒收

《招标投标法》第28条规定："投标人应当在招标文件要求提交投标文件的截止时间前，将投标文件送达投标地点。招标人收到投标文件后，应当签收保存，不得开启。投标人少于三个的，招标人应依照本法重新招标。""在招标文件要求提交投标文件的截止时间后送达的投标文件，招标人应当拒收。"

1. 投标文件的送达

对于投标文件的送达，应注意以下几个问题。

1）投标文件的提交截止时间

招标文件中通常会明确规定投标文件提交的时间，投标文件必须在招标文件规定的投标截止时间之前送达。

2）投标文件的送达方式

投标人递送投标文件的方式可以是直接送达，即投标人派授权代表直接将投标文件按照规定的时间和地点送达；也可以通过邮寄方式送达，邮寄方式送达应以招标人实际收到时间为准，而不是以"邮戳为准"。

3）投标文件的送达地点

投标人应严格按照招标文件规定的地址送达，特别是采用邮寄送达方式。投标人因为递交地点发生错误而逾期送达投标文件的，将被招标人拒绝接收。

2. 投标文件的签收

投标文件按照招标文件的规定时间送达后，招标人应签收保存。《工程建设项目施工招标投标办法》第38条规定："招标人收到投标文件后，应当向投标人出具标明签收人和签收时间的凭证，在开标前任何单位和个人不得开启投标文件。"

3. 投标文件的拒收

如果投标文件没有按照招标文件要求送达，招标人可以拒绝受理。《工程建设项目施工招标投标办法》第50条规定，投标文

【拒收投标文件的情形】

件有下列情形之一的，招标人不予受理。

（1）逾期送达的或者未送达指定地点的。

（2）未按招标文件要求密封的。

应用案例

某工程施工项目招标，某投标人投标时，在投标截止时间前递交了投标文件，但投标保证金递交时间晚于投标截止时间2分钟，招标人进行了受理，同意其投标文件参与开标。其他投标人对此提出异议，认为招标人同意该投标文件参加开标会议违背相关规定。

问题：招标人应怎样处理该份投标文件？投标保证金晚于投标截止时间2分钟送达，招标人是否可以接受？理由是什么？该投标人的投标文件是否有效，是否为废标？

【案例评析】

（1）《招标投标法》第36条规定，招标人在招标文件要求提交投标文件的截止时间前受理的所有投标文件，开标时都应当当众予以拆封、宣读。本案中，该投标人的投标文件已经在投标截止时间前送达，招标人也进行了受理，故应在开标会议当众进行拆封、宣读。但由于投标保证金晚于投标截止时间2分钟送达，招标人对其投标保证金不能受理，否则招标人就等于在投标截止时间后接收投标文件，违反《工程建设项目施工招标投标办法》（30号令）第50条中关于逾期送达的或者未送达指定地点的投标文件，招标人不予受理的规定。

（2）无效投标文件一般指招标人不予受理的投标文件。招标人受理后经评标委员会初步评审不合格的投标文件称为废标。所以，本案中该投标人的投标文件为有效，但由于其投标保证金晚于投标截止时间2分钟送达，按照《工程建设项目施工招标投标办法》（30号令）第37条规定，属于投标人未按招标文件要求提交投标保证金，评标委员会应当经过初步评审，对该投标文件按废标处理。

3.3.7 投标行为的限制性规定

【串通投标】

【虚假投标】

招标投标活动应当遵循"公开、公平、公正和诚实信用"的原则。禁止投标人以不正当竞争行为破坏招投标活动的公正性，损害国家、社会及他人的合法权益。

（1）投标人不得相互串通投标报价，不得排挤其他投标人的公平竞争，损害招标人或者其他投标人的合法权益。有下列情形之一的，属于投标人相互串通投标。

① 投标人之间协商投标报价等投标文件的实质性内容。

② 投标人之间约定中标人。

③ 投标人之间约定部分投标人放弃投标或者中标。

④ 属于同一集团、协会、商会等组织成员的投标人按照该组织要求协同投标。

⑤ 投标人之间为谋取中标或者排斥特定投标人而采取的其他联合行动。

第3章 工程项目投标

知识链接

《招标投标法实施条例》第40条规定，有下列情形之一的，视为投标人相互串通投标。

(1) 不同投标人的投标文件由同一单位或者个人编制。
(2) 不同投标人委托同一单位或者个人办理投标事宜。
(3) 不同投标人的投标文件载明的项目管理成员为同一人。
(4) 不同投标人的投标文件异常一致或者投标报价呈规律性差异。
(5) 不同投标人的投标文件相互混装。
(6) 不同投标人的投标保证金从同一单位或者个人的账户转出。

【视为串标】

(2) 投标人不得与招标人串通投标，损害国家利益、社会公共利益或者他人的合法权益。有下列情形之一的，属于招标人与投标人串通投标。
① 招标人在开标前开启投标文件并将有关信息泄露给其他投标人。
② 招标人直接或者间接向投标人泄露标底、评标委员会成员等信息。
③ 招标人明示或者暗示投标人压低或者抬高投标报价。
④ 招标人授意投标人撤换、修改投标文件。
⑤ 招标人明示或者暗示投标人为特定投标人中标提供方便。
⑥ 招标人与投标人为谋求特定投标人中标而采取的其他串通行为。
(3) 禁止投标人以向招标人或者评标委员会成员行贿的手段谋取中标。
(4) 投标人不得以低于成本的报价竞标。
(5) 投标人不得以他人名义投标或者以其他方式弄虚作假，骗取中标。
① 使用通过受让或者租借等方式获取的资格、资质证书投标的，属于以他人名义投标。
② 投标人有下列情形之一的，属于以其他方式弄虚作假的行为。
a. 使用伪造、变造的许可证件。
b. 提供虚假的财务状况或者业绩。
c. 提供虚假的项目负责人或者主要技术人员简历、劳动关系证明。
d. 提供虚假的信用状况。
e. 其他弄虚作假的行为。

 综合应用案例

【投标文件编制的实操细节】

某办公楼施工招标文件的合同条款中规定：预付款数额为合同价的25%，开工7日前支付，上部结构工程完成一半时一次性全额扣回，工程款按季度支付。某承包商通过资格预审后对该项目投标，经造价工程师估算，总价为9 000万元，总工期为24个月，其中，基础工程估价为1 200万元，工期为6个月；上部结构工程估价为4 800万元，工期为12个月；装饰和安装工程估价为3 000万元，工期为6个月。该承包商为了既不影响中标，又能在中标后取得较好的收益，决定采用不平衡报价法对造价工程师的原估价做适当调

整,基础工程调整为 1 300 万元,结构工程调整为 5 000 万元,装饰和安装工程调整为 2 700 万元。

另外,该承包商还考虑到,该工程虽然有预付款,但平时工程款按季度支付不利于资金周转,决定除按上述调整后的数额报价外,还建议业主将支付条件改为:预付款为合同价的 5%,工程款按月支付,其余条款不变。该承包商将技术标和商务标分别封装,在封口处加盖本单位公章和法定代表人签字后,在投标截止日期前 1 日上午将投标文件报送招标人。在规定的开标时间前 1 小时,该承包商又递交了一份补充材料,其中声明将原报价降低 4%。但是,招标单位的有关工作人员认为,一个承包商不得递交两份投标文件,因而拒收承包商的补充材料。

开标会由市招标办的工作人员主持,市公证处有关人员到会,各投标单位代表均到场。开标前,市公证处人员对各投标单位的资格进行审查,并对所有投标文件进行审查,确认所有投标文件均有效后,正式开标。主持人宣读投标单位名称、投标价格、投标工期和有关投标文件的重要说明。

问题:
(1) 该承包商所运用的不平衡报价法是否恰当?为什么?
(2) 除了不平衡报价法,该承包商还运用了哪些报价技巧?运用是否得当?
(3) 从所介绍的背景资料来看,在该项目招标程序中存在哪些问题?请分别做简单说明。

【案例评析】
(1) 恰当。因为该承包商是将属于前期工程的基础工程和主体结构工程的报价调高,而将属于后期工程的装饰和安装工程的报价调低,可以在施工的早期阶段收到较多的工程款,从而可以提高承包商所得工程款的现值;而且,这 3 类工程单价的调整幅度均在 ±10% 以内,属于合理范围。

(2) 该承包商运用的投标技巧还有多方案报价法和突然降价法。多方案报价法运用恰当,因为承包商的报价既适用于原付款条件也适用于建议的付款条件;突然降价法也运用得当,原投标文件的递交时间比规定的投标截止时间仅提前 1 日,这既是符合常理的,又为竞争对手调整、确定最终报价留有一定的时间,起到了迷惑竞争对手的作用。若提前时间太多,会引起竞争对手的怀疑。而其在开标前 1 小时突然递交一份补充文件,这时竞争对手已不可能再调整报价了。

(3) 该项目招标程序中存在以下问题。
① 招标单位的有关工作人员不应拒收承包商的补充文件,因为承包商在投标截止时间之前所递交的任何正式书面文件都是有效文件,都是投标文件的有效组成部分,也就是说,补充文件与原投标文件共同构成一份投标文件,而不是两份相互独立的投标文件。
② 根据《招标投标法》规定,应由招标人(招标单位)主持开标会,并宣读投标单位名称、投标价格等内容,而不应由市招标办工作人员主持和宣读。
③ 资格审查应在投标之前进行(背景资料说明了承包商已通过资格预审),公证处人员无权对承包商资格进行审查,其到场的作用在于确认开标的公正性和合法性(包括投标文件的合法性)。

第3章 工程项目投标

本章小结

本章重点讲解了投标的相关程序及内容、投标过程中的投标技巧和应注意的相关问题，主要内容如下。

(1) 投标人必须具备规定的资格条件。
(2) 投标人进行投标决策及如何进行投标；几种报价方法的特点。
(3) 投标文件的组成内容及投标人投标时应注意的问题。
(4) 投标保证金的作用和形式及其有效期。
(5) 联合体投标的特点和变更。
(6) 禁止的投标行为。

习 题

一、单选题

1. 以下关于工程量清单说法不正确的是（　　）。
   A. 工程量清单应以表格形式表现　　B. 工程量清单是招标文件的组成部分
   C. 工程量清单可由招标人编制　　　D. 工程量清单是由投标人提供的文件
2. 关于投标单位作标书阶段的操作做法不妥的是（　　）。
   A. 对招标文件进行认真透彻的分析研究
   B. 对工程量清单内所列工程量进行详细审核
   C. 对施工图进行仔细的理解
   D. 认真对待招标单位答疑会
3. 投标单位在投标报价中，对工程量清单中的每一单项均需计算填写单价和合价，在开标后，发现投标单位没有填写单价和合价的项目，则（　　）。
   A. 允许投标单位补充填写
   B. 视为废标
   C. 退回投标书
   D. 认为此项费用已包括在工程量清单的其他单价和合价中
4. 工程量清单是招标单位按国家颁布《建设工程工程量清单计价规范》的工程量计算规则，根据施工图纸计算工程量，提供给投标单位作为投标报价的基础。结算拨付工程款时以（　　）为依据。
   A. 工程量清单　　　　　　　　B. 实际工程量
   C. 承包方保送的工程量　　　　D. 合同中的工程量
5. 投标保证金一般不得超过招标项目估算价的（　　）。
   A. 1%　　　　B. 2%　　　　C. 3%　　　　D. 5%

6. 提交投标文件的投标人少于（　　）个的，招标人应当依法重新招标。
   A. 1　　　　B. 3　　　　C. 5　　　　D. 7

7. 投标预备会结束后，由招标人（招标代理人）整理会议纪要和解答的内容，以书面形式将所有问题及解答向（　　）发放。
   A. 所有潜在的投标人　　　　B. 所有获得招标文件的投标人
   C. 所有申请投标的投标人　　D. 所有资格预审合格的投标人

8. 招标文件应当载明投标有效期。投标有效期从（　　）起计算。
   A. 发布招标公告时　　　　B. 发售招标文件时
   C. 提交投标文件截止日　　D. 投标报名时

9. 由同一专业的单位组成的联合体，按照资质等级（　　）的单位确定资质等级。
   A. 较高　　　B. 较低　　　C. 最高　　　D. 中等

10. 投标人撤回已提交的投标文件，应当在投标截止时间前书面通知招标人。招标人已收取投标保证金的，应当自收到投标人书面撤回通知之日起（　　）日内退还。
    A. 1　　　　B. 3　　　　C. 5　　　　D. 7

二、多选题

1. 投标人在去现场踏勘之前，应先仔细研究招标文件中的有关概念的含义和各项要求，特别是招标文件中的（　　）。
   A. 工作范围　　　　B. 专用条款
   C. 工程地质报告　　D. 设计图纸
   E. 设计说明

2. 投标时投标人应该根据自己的经济实力和管理水平作出（　　）的选择。
   A. 投风险标　　　B. 投保险标
   C. 投盈利标　　　D. 投保本标
   E. 不定

3. 下列（　　）是投标报价的技巧。
   A. 不平衡报价法　　B. 突然袭击法
   C. 亏本报价法　　　D. 增加建议方案法
   E. 多方案报价法

4. 投标报价的编制方法有（　　）。
   A. 定额计价法　　　B. 估算法
   C. 头脑风暴法　　　D. 清单计价法
   E. 企业法

5. 下列影响投标决策的因素有（　　）。
   A. 技术方面的实力　　B. 经济
   C. 管理　　　　　　　D. 信誉
   E. 投标报价

6. 下列关于多方案报价法说法错误的有（　　）。
   A. 可以修改原设计方案
   B. 需按原工程说明书合同条款报一个价，如合同条款作某些改变时，再报一个价

C. 可以修改原设计方案，并且只报修改后方案的报价

D. 利用这种最低标价来吸引招标人，从而取得与招标人商谈的机会，再逐步进行费用最多部分的报价

E. 为了在某一地区打开局面，而采取的一种不惜代价只求中标的策略

7. 下列属于《招标投标法实施条例》规定的视为投标人相互串通投标的情形有（　　）。

A. 投标人之间协商投标报价等投标文件的实质性内容

B. 投标人之间约定中标人

C. 不同投标人的投标文件由同一单位或者个人编制

D. 不同投标人委托同一单位或者个人办理投标事宜

E. 不同投标人的投标保证金从同一单位或者个人的账户转出

三、简答题

1. 常用的投标策略有哪些？
2. 简述投标保证金及其形式和作用。
3. 简述影响投标决策的客观因素。
4. 《招标投标法》和《招标投标法实施条例》关于投标的限制性规定有哪些？具体包括哪些情形？

四、案例分析

1. 2016年5月，某污水处理厂为了进行技术改造，决定对污水设备的设计、安装、施工等一揽子工程进行招标。考虑到该项目的一些特殊专业要求，招标人决定采用邀请招标的方式，随后向具备承包条件而且施工经验丰富的A、B、C三家承包人发出投标邀请。A、B、C三家承包单位均接受了邀请并在规定的时间、地点领取了招标文件，招标文件对新型污水设备的设计要求、设计标准等基本内容都做了明确的规定。为了把项目搞好，招标人还根据项目要求的特殊性，主持了项目答疑会，对设计的技术要求做了进一步的解释说明，3家投标单位都如期参加了这次答疑会。在投标截止日期前10日，招标人书面通知各投标单位，由于某种原因，决定将安装工程从原招标范围内删除。之后3家投标单位都按规定时间提交了投标文件。但投标单位A在送出投标文件后发现由于对招标文件的技术要求理解错误造成了报价估算有较严重的失误，遂赶在投标截止时间前10分钟向招标人递交了一份书面声明，要求撤回已提交的投标文件。由于投标单位A已撤回投标文件，在剩下的B、C两家投标单位中，通过评标委员会专家的综合评价，最终选择了投标单位B为中标单位。

问题：

（1）投标单位A提出的撤回投标文件的要求是否合理？为什么？

（2）从所介绍的背景资料来看，在该项目的招投标过程中哪些方面不符合《招标投标法》的有关规定？

2. 某建设工程项目依法必须公开招标，项目初步设计及概算已经批准。资金来源尚未落实，设计图纸及技术资料已经能够满足招标需要。考虑到参加投标的施工企业来自各地，招标人委托造价咨询单位编制了两个标底，分别用于对本市和外省市投标人的评标。评标采用经评审的最低投标价法。

招标公告发布后，有10家施工企业作出响应。资格预审采用合格制。在资格预审阶

段，招标人对施工企业组织机构和概况、近3年工程完成情况、目前正在履行的合同情况、资源方面等进行了审查，认定所有单位的资格均符合条件，通过了资格审查。考虑到通过审查的施工单位数量较多，招标工作难度较大，招标人邀请了其中5家参加投标。

某投标人收到招标文件后，分别于第5日和第10日对招标文件中的几处疑问以书面形式向招标单位提出。招标人以超过了招标文件中约定的提出疑问的截止时间为由拒绝作出说明。

投标过程中，因了解到招标人对本市和外省市的投标单位区别对待，3家购买招标文件的外省市企业退出了投标。招标人经研究，决定招标继续进行。某投标人在递交投标文件后，在招标文件规定的投标截止时间前，对投标文件进行了补充、修改并送达招标人。招标人拒绝受理该投标人对其投标文件的补充、修改。

问题：
请逐一指出本案招标过程中不妥之处，并说明应如何处理。

【参考答案】

综合实训 模拟工程项目编制投标文件

【实训目标】
结合本章和第2章学习的内容，对应第2章综合实训完成的招标文件编制对应的投标文件。让学生对投标文件有一个完整的概念，同时培养学生之间的组织协调能力以及施工组织的设计和预算的编制能力。

【实训要求】
（1）给学生提供一套完整的招标文件和投标文件进行参考。
（2）将学生按照要求进行分组，对应第2章编制的招标文件完成投标文件的编制。

第4章 建设工程开标、评标、定标与签订合同

思维导图

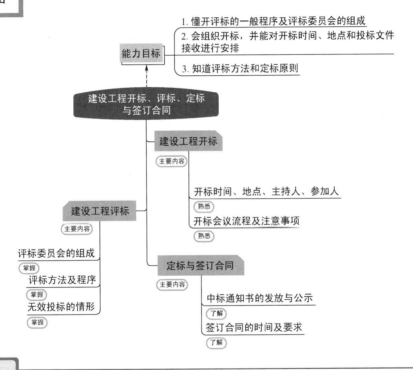

引例

某院校计划建设新校区,内有一封闭式操场,为此由后勤部门调动一名部长及四名管理人员,新组建了基建处,负责此项目的筹建工作。本工程通过公开招标和资格预审,共有 6 家承包商参与投标,各承包商均按规定的投标截止日期递交了投标文件,在投标文件未标明的情况下,在开标时发生了下列事件。

(1) 根据工程设计文件,基建处自行编制了招标文件和工程量清单。在开标时,由某地招标办公室的工作人员主持开标会议,按投标书到达的时间编写唱标顺序,以最后送达投标文件的单位为第一唱标单位,最早送达的单位为最后唱标单位。

(2) 招标文件中明确了有效的条件,即投标单位的报价在招标单位编制的标底价 $\pm 30\%$ 以内为有效标书,但是 6 家投标单位的报价均超过了上述要求。

(3) 在此情况下,招标单位通过专家对各家投标单位的经济标和技术标的综合评审打分,以低价标为原则,选择了价格最低的投标单位为中标单位。

本工程的开标、评标过程是否有不妥之处,请分别说明。

4.1 建设工程开标

【电子招标投标办法】

4.1.1 开标时间、地点

开标是指投标人提交投标文件截止后，招标人依据招标文件中投标人须知前附表规定的时间和地点，开启投标人提交的投标文件，公开宣布投标人的名称、投标价格及投标文件中的其他主要内容的活动。

公开招标和邀请招标均应举行开标会议，体现招标的公平、公正和公开原则。开标应当在招标文件确定提交投标文件截止时间的同一时间公开进行，开标地点应当为招标文件中规定的地点。有建设工程交易中心的，依法必须招标的项目应在工程交易中心举行。开标由招标人主持，邀请所有投标人参加。所有投标人均应参加开标会议，参加开标的各投标人代表应携个人身份证签名报到，以证明其出席。在投标截止期前收到的所有投标文件，开标时都应当当众予以拆封、宣读。对投标人在投标截止期前提交了合格的撤回通知书的投标书不予开封。

【关于做好《电子招标投标办法》贯彻实施工作的指导意见】

4.1.2 开标程序

开标会议由招标人主持，应按系列程序进行开标。

(1) 由主持人宣读开标大会纪律，如关闭手机等要求。

(2) 公布在投标截止时间前递交的投标文件的投标人名称，并按照签到表宣读到场的投标人。

(3) 宣读参加开标会的开标人、唱标人、记录人、监标人等有关人员的姓名。

(4) 按照投标人须知前附表规定的开标顺序，由投标人或者其推选的代表检查投标文件的密封情况，也可以由招标人委托的公证机构检查并公证。

知识链接

《工程建设项目施工招标投标办法》规定，在开标时，投标文件出现下列情形之一的，应当作为无效投标文件，不得进入评标。

(1) 投标文件未按招标文件的要求予以密封的。

(2) 投标文件中的投标函未加盖投标人的企业及企业法定代表人印章的，或者企业法定代表人委托代理人没有合法、有效的委托书（原件）及委托代理人印章的。

(3) 投标文件的关键内容字迹模糊、无法辨认的。

(4) 投标人未按招标文件的要求提供投标保函或者投标保证金的。

(5) 组成联合体投标的，投标文件未付联合体各方共同投标协议的。

特别提示

投标人对开标有异议的,应当在开标现场提出,招标人应当场作出答复,并制作记录。

【开标现场质疑】

(5) 设有标底的,当众拆封并宣读标底。

(6) 按照宣布的开标顺序当众开标,公布投标人名称、标段名称、投标价格、质量目标、工期、投标保证金的递交情况及其他主要内容,并记录在案。

(7) 参加开标会的投标人代表、招标人代表、监标人、记录人等有关人员在开标记录上签字确认。

(8) 开标结束。

知识链接

招标人在招标文件要求提交投标文件的截止时间前收到的所有投标文件,包括投标致函中提出的附加条件、补充声明、优惠条件、替代方案等,开标时都应当当众予以拆封、宣读。开标过程应当记录,并存档备查。开标后,任何投标人都不允许更改投标书的内容和报价,也不允许再增加优惠条件。

4.2 建设工程评标

4.2.1 评标委员会

【评标专家和评标专家库管理暂行办法】

一般认为,评标就是指评标委员会根据招标文件规定的评标标准和方法,对投标人递交的投标文件进行审查、比较、分析和评判,以确定中标候选人或直接确定中标人的过程。

《招标投标法》规定,评标应由招标人依法组建的评标委员会负责。依法必须进行招标的项目,其评标委员会由招标人的代表和有关经济、技术等方面的专家组成,成员人数为 5 人以上的单数,其中招标人、招标代理机构以外的技术、经济等方面专家不得少于成员总数的 2/3。专家应当从事相关领域工作满 8 年并具有高级职称或者具有同等专业水平,由招标人从国务院有关部门或者省、自治区、直辖市人民政府有关部门提供的专家名册或者招标代理机构的专家库内的相关专业的专家名单中确定;一般招标项目可以采取随机抽取的方式,特殊招标项目可以由招标人直接确定。与投标人有利害关系的人不得进入相关项目的评标委员会;已经进入的应当更换。

● 特 别 提 示

评标委员会成员有下列情形之一的,不得担任评标委员会成员。
(1) 投标人或者投标主要负责人的近亲属。
(2) 项目主管部门或者行政监督部门的人员。
(3) 与投标人有经济利益关系,可能影响对投标公正评审的。
(4) 曾因在招标、评标及其他与招投标有关活动中从事违法行为而受过行政或刑事处罚的。

如果评标委员会成员有以上情形之一的,应当主动提出回避。

任何单位或个人不得对评标委员会成员施加压力,影响评标工作的正常进行。评标委员会的成员在评标、定标过程中不得与投标人或者与招标结果有利害关系的人进行私下接触,不得收受投标人、中介人及其他利害关系人的财物或其他好处,以保证评标、定标的公正、公平。

● 知 识 链 接

在评标过程中,评标委员会发现投标人以他人的名义投标、串通投标、以行贿手段谋取中标或者以其他弄虚作假方式投标的,该投标人的投标应作废标处理。

● 特 别 提 示

评标委员会成员的名单在中标结果确定前应当保密。

4.2.2 评标方法

建设工程评标方法一般分为综合评估法和经评审的最低投标价法两大类。评标委员会应按照招标文件确定的评标标准和方法,对投标文件进行评审和比较。

【招投标中评标方式有几种?】

● 知 识 链 接

《招标投标法》第41条规定,中标人的投标应当符合下列条件之一。
(1) 能够最大限度地满足招标文件中规定的各项综合评价标准。
(2) 能够满足招标文件的实质性要求,并且经评审的投标价格最低。但是投标价格低于成本的除外。

1. 综合评估法

(1) 综合评估法是以投标文件能否最大限度地满足招标文件规定的各项综合评价标准为前提,在全面评审商务标、技术标、综合标等内容的基础上,评判投标人关于具体招标项目的技术、施工、管理难点把握的准确程度、技术措施采用的恰当和适用程度、管理资源投入的合理及充分程度等。一般采用量化评分的办法，商务部分不低于60%，技术部分不高于40%，综合投标价格、施工方案、进度安排、生产资源投入、企业实力和业绩、项目经理等各项因素的评分，按最终得分的高低确定中标候选人排序，原则上综合得分最高的投标人为中标人。

（2）综合评估法强调的是最大限度地满足招标文件的各项要求，将技术和经济因素综合在一起决定投标文件的质量优劣，不仅强调价格因素，也强调技术因素和综合实力因素。综合评估法一般适用于招标人对招标项目的技术、性能有特殊要求的招标项目，适用于建设规模较大，履约工期较长，技术复杂，质量、工期和成本受不同施工方案影响较大，工程管理要求较高的施工招标的评标。

2. 经评审的最低投标价法

（1）经评审的最低投标价法评审的内容基本上与综合评估法一致，是以投标文件是否能完全满足招标文件的实质性要求和投标报价是否低于成本价为大前提，以经评审的、不低于成本的最低投标价为标准，由低向高排序而确定中标候选人。技术部分一般采用合格制评审的方法，在技术部分满足招标文件要求的基础上，最终以投标价格作为决定中标人的唯一因素。

● 特 别 提 示

必须注意的是，投标报价不得低于成本，这里的成本应理解为投标人自己的个别成本，而不是社会平均成本。

（2）经评审的最低投标价法强调的是优惠而合理的价格。适用于具有通用技术、性能标准或者招标人对其技术、性能没有特殊要求，工期较短，质量、工期、成本受不同施工方案影响较小，工程管理要求一般的施工招标的评标。

● 特 别 提 示

《招标投标实施条例》规定，招标项目设有标底的，标底只能作为评标的参考，不得以投标报价是否接近标底作为中标条件，也不得以投标报价超过标底上下浮动范围作为否决投标的条件。

4.2.3　评标程序

1. 评标准备工作

按照要求组建评标委员会，对评标委员会成员进行分工，专家熟悉相关文件资料。如果适用"暗标"评审，对"暗标"进行编号等。如果评标办法所附的表格不能满足评标需要，还要准备相应的补充表格。

【评标流程】

● 知 识 链 接

在招标实践中为了减少人为感情因素的影响，技术标部分在隐去投标人身份的条件下进行，此种评审方法称为"暗标"评审。

2. 初步评审

初步评审也称符合性和完整性评审，主要是包括检验投标文件的符合性和核对投标报价，确保投标文件响应招标文件的要求，剔除法律、法规所提出的废标。

初审一般应包括下列内容。

（1）投标文件的装订、盖章、签字等是否符合招标文件要求。

（2）递交投标文件的投标人与通过资格预审的投标申请人是否已经发生改变，以联合体形式投标的，应复核联合体的组成单位是否发生了变化。

（3）联合体投标情况下，投标人是否已递交了联合体投标协议。

【如何在招投标中增加中标率？】

（4）投标人是否已递交了投标保证金及投标保证金是否有瑕疵。

（5）实行"暗标"评审的项目，"暗标"的编制是否复核招标文件的要求。

（6）投标人是否提出关于招标文件实质性要求的偏差声明或要求。

（7）投标文件的份数及其中的各部分内容是否完整。

（8）投标文件所涵盖的承包范围是否完整，是否存在特别说明"不包括"的项目。

（9）暂列金额、暂估价等不可竞争的费用是否已包括在投标报价中，以及是否和招标文件中规定的数额相同。

知识链接

《招标投标法实施条例》第51条规定，有下列情形之一的，评标委员会应当否决其投标。

（1）投标文件未经投标单位盖章和单位负责人签字。

（2）投标联合体没有提交共同投标协议。

（3）投标人不符合国家或者招标文件规定的资格条件。

（4）同一投标人提交两个或以上不同的投标文件或者投标报价，但招标文件要求提交备选投标的除外。

（5）投标报价低于成本或者高于招标文件设定的最高投标限价。

（6）投标文件没有对招标文件的实质性要求和条件作出响应。

（7）投标人有串通投标、弄虚作假、行贿等违法行为。

特别提示

投标报价有算术错误的，评标委员会按以下原则对投标报价进行修正，修正的价格经投标人书面确认后具有约束力。投标人不接受修正价格的，其投标作废标处理。

（1）投标文件中的大写金额与小写金额不一致的，以大写金额为准。

（2）总价金额与依据单价计算出的结果不一致的，以单价金额为准修正总价，但单价金额小数点有明显错误的除外。

（3）副本与正本不一致的，以正本为准。

3. 详细评审

详细评审是指在初步评审的基础上，对经初步评审合格的投标文件，按照招标文件确定的评标标准和方法，对其技术部分和商务部分进一步评审、比较。评标委员会对各投标书的实施方案和计划进行实质性评价与比较。评审时不应再采用招标文件中要求投标人考虑因素以外的任何条件作为标准。详细评审通常包括对各投标书进行技术和商务方面的审查，评定其合理性，以及若将合同授予该投标人在履行过程中可能给招标人带来的风险评审。评标委员会认为必要时，可以单独约请投标人对标书中含义不明确的内容做必要的澄清或说明，但澄清或说明不得超出投标文件的范围或改变投标文件的实质性内容。澄清内容也要整理成文字材料，作为投标文件的组成部分。在对投标文件审查的基础上，评标委员会比较各投标文件的优劣，并编写评标报告。

1）技术部分评审

技术评审主要是对投标人的实施方案进行评定，包括以下内容。

（1）施工总体布置。着重评审布置的合理性。对分阶段实施还应评审各阶段之间的衔接方式是否合适，以及如何避免与其他承包人之间（如果有的话）发生作业干扰。

（2）施工进度计划。首先要看进度计划是否满足招标要求，进而再评价其是否科学和严谨，以及是否切实可行。招标人有阶段工期要求的工程项目对里程碑工期的实现也要进行评价。评审时要依据施工方案中计划配置的施工设备、生产能力、材料供应、劳务安排、自然条件、工程量大小等诸因素，将重点放在审查作业循环和施工组织是否满足施工高峰月的强度要求，从而确定其总进度计划是否建立在可靠的基础上。

（3）施工方法和技术措施。主要评审各单项工程所采取的方法、程序技术与组织措施。包括所配备的施工设备性能是否合适、数量是否充分；采用的施工方法是否既能保证工程质量，又能加快进度并减少干扰；安全保证措施是否可靠等。

（4）材料和设备。规定由承包人提供或采购的材料和设备，是否在质量和性能方面满足设计要求和招标文件中的标准。必要时可要求投标人进一步报送主要材料和设备的样本，技术说明书或型号、规格、地址等资料，评审人员可以从这些材料中审查和判断其技术性能是否可靠及达到设计要求。

（5）技术建议和替代方案。对投标文件中提出的技术建议和可供选择的替代方案，评标委员会应进行认真、细致的研究，评定该方案是否会影响工程的技术性能和质量，在分析技术建议和替代方案的可行性和技术经济价值后，考虑是否可以全部采纳或部分采纳。

（6）管理和技术能力的评价。管理和技术能力的评价重点放在承包人实施工程的具体组织机构和施工鼓励的保障措施方面，即对主要施工方法、施工设备以及施工进度进行评审，对所列施工设备清单进行审核。审查投标人拟投入本工程的施工设备数是否符合施工进度要求，以及施工方法是否先进、合理，是否满足招标文件的要求，目前缺少的设备是采用购置还是租赁的方法来解决等。此外，还要对承包人拥有的施工机具在其他工程项目上的使用情况进行分析，预测能转移到本工程上的时间和数量，是否与进度计划的需求量相一致；重点审查投标人所提出的质量保证体系的方案、措施等是否能满足本工程的要求。

（7）对拟派该项目主要管理人员和技术人员的评价。要拥有一定数量有资质、有丰富工作经验的管理人员和技术人员。对投标人的经历和财力，在资格预审时已通过的，一般不作为评比条件。如果未进行资格审核，那么就要对投标人进行审核。

2）商务部分评审

（1）分析不仅要对各投标文件的报价数额进行比较，还要对主要工作内容和主要工程量的单价进行分析，并对价格组成各部分比例的合理性进行评价。分析投标价的目的在于鉴定各投标价的合理性。商务部分评审应包括的主要内容如下。

① 算术性错误的复核及修正。

② 错漏项目的分析、澄清或修正。

③ 法定税金和规费合理性（完整性）的分析和修正。

④ 利润率合理性的分析和修正。

⑤ 企业管理费合理性的分析和修正。

⑥ 措施费项目的完整性及价格合理性的分析和修正。

⑦ 分部分项工程总价合理性的分析和修正。

⑧ 清单单价合理性的分析和修正。

⑨ 关于不平衡报价的分析。

（2）无论采用综合评估法，还是经评审的最低投标价法，评标办法内均需明确规定商务部分评审的基本原则，一般适用的基本原则如下。

① 投标函中填报的投标价格，视为已包括了投标截止前所发出的所有招标修改、补充文件所规定的工作内容。

② 投标文件内大写金额和小写金额不一致时，以大写金额为准；总价金额与单价金额不一致时，以单价金额为准，但单价金额小数点有明显错误的除外；用数字表示的数额与用文字表示的数额不一致的，以文字数额为准。

③ 不同文字文本的投标文件表述不一致的，以中文文本为准。

④ 无论是否存在算术性错误，投标函内所填的投标价格维持不变。

⑤ 非竞争性价款，即暂列金额、暂估价等在招标文件中由招标人给定的、未纳入竞争性报价范畴的金额，均需从投标价格内扣除（对只给出暂估单价的材料设备的暂估价，应当视能否准确汇总出一致的总额区别处理）。扣除后的投标价格用于商务部分评分的计算（采用综合评估法时）。招标人或其委托的招标代理机构应当在招标文件中列出此类非竞争性价款的总金额。

⑥ 采用工程量清单计价的，所有子目须按工程量清单的分项分别填上单价或价款。如果工程量清单内任何项目未填报价格，则其费用视作已包括在其他项目的单价或价款内。

⑦ 若通过符合性及完整性评审、技术部分评审的投标价格明显低于其他投标人的投标价格或者在设有标底时明显低于标底的，评标委员会应当对其是否低于成本价作出分析，并启动质疑程序；若经分析后确认为低于成本价，则按废标处理。

知识链接

投标偏差分为重大偏差和细微偏差。评标委员会应当根据招标文件，审查并逐项列出投标文件的全部投标偏差。投标文件存在重大偏差时，按废标处理。一般下列情况属于重大偏差。

（1）没有按照招标文件要求提供投标担保或者所提供的投标担保有瑕疵。

（2）投标文件没有投标人授权代表签字和未加盖公章。

（3）投标文件载明的招标项目完成期限超过招标文件规定的期限。

(4) 明显不符合技术规格、技术标准的要求。
(5) 投标文件载明的货物包装方式、检验标准和方法等不符合招标文件的要求。
(6) 投标文件附有招标人不能接受的条件。
(7) 招标文件对重大偏差另有规定的，从其规定。

细微偏差，是指投标文件在实质上响应招标文件要求，但在个别地方存在漏项或者提供了不完整的技术信息和数据等情况，并且这些遗漏或者不完整不会对其他投标人造成不公平结果的投标偏差。细微偏差不影响投标文件的有效性。

4. 投标文件澄清和补正

在评标过程中，如果发现投标人在投标文件中存在没有阐述清楚的地方，评标委员会可以书面形式要求投标人进行书面澄清或说明提交书面正式答复。澄清问题的书面文件不允许对原投标书作出实质上的修改，也不允许变更报价，因为《招标投标法》第29条规定，投标人只能在提交投标文件的截止日前才可对招标文件进行修改和补充。评标委员会不接受投标人主动提出的澄清、说明或补正。

评标委员会启动质疑程序，书面要求投标人进行澄清、说明或者补正的目的主要有两个方面：一是为了澄清投标文件中存在的含义不明确、表述不一致等疑点，以便评标委员会能够对投标文件作出更为客观的评价；二是通过说明或者补正，解决投标文件中存在的细微偏差，一些偏差可能会被招标人接受，一些偏差则必须在评标结束前给予补正，从而合理规避合同双方在合同履行中的不必要的争议。

特别提示

投标人的澄清、说明或补正属于投标文件的组成部分。如果评标委员会对投标人提交的澄清、说明或补正有疑问的，可以要求投标人进一步澄清、说明或补正，直到满足评标委员会的要求。

5. 推荐中标候选人或中标人、编制并提交评标报告

评标委员会要根据投标人须知前附表的要求数量推荐中标候选人，并按照顺序来排列，如果招标人授权评标委员会直接确定中标人，那么评标委员会可以直接确定中标人。

评审结束时，评标委员会要提交评标报告，所有评标专家要在评标报告上签字。

依法必须进行招标的项目，招标人应当自收到评标报告之日起3日内公示中标候选人，公示期不得少于3日。投标人或者其他利害关系人对依法必须进行招标的项目的评标结果有异议的，应当在中标候选人公示期间提出。招标人应当自收到异议之日起3日内作出答复；作出答复前，应当暂停招标投标活动。

某大型工程，由于技术难度大，对施工单位的施工设备和同类工程施工经验要求高，而且对工期的要求也比较紧迫。建设单位在对有关单位和在建工程进行考察的基础上，仅邀请了3家国有一级施工企业参加投标，并预先与咨询单位和该3家施工单位共同研究确

定了施工方案。业主要求投标单位将技术标和商务标分别装订报送。经招标领导小组研究确定的评标规定如下。

(1) 技术标共30分，其中施工方案10分（因已确定施工方案，各投标单位均得10分）、施工总工期10分、工程质量10分。满足业主总工期要求（36个月）者得4分，每提前1个月加1分，不满足者不得分；自报工程质量合格者得4分，自报工程质量优良者得6分（若实际工程质量未达到优良将扣罚合同价的2%），近3年内获鲁班工程奖每项加2分，获省优工程奖每项加1分。

(2) 商务标共70分。以各投标人投标报价的算术平均值为基准价。报价为基准价的98%者得满分（70分）。在此基础上，报价比基准价每下降1%，扣1分，每上升1%，扣2分（计分按四舍五入取整）。各投标单位的有关情况见表4-1。

表4-1 各投标单位标书主要数据表

投标单位	报价/万元	总工期/月	自报工程质量	鲁班工程奖	省优工程奖
A	35.642	33	优良	1	1
B	34.364	31	优良	0	2
C	33.867	32	合格	0	1

问题：
1. 该工程采用邀请招标方式且仅邀请3家施工单位投标，是否违反有关规定？为什么？
2. 请按综合得分最高者中标的原则确定中标单位。
3. 若改变该工程评标的有关规定，将技术标增加到40分，其中施工方案20分（各投标单位均得20分），商务标减少为60分，是否会影响评标结果？为什么？若影响，应由哪家施工单位中标？

【案例评析】

本案例考核招标方式和评标方法的运用。要求熟悉邀请招标的运用条件及有关规定，并能根据给定的评标办法正确选择中标单位。本案例所规定的评标办法排除了主观因素，因而各投标单位的技术标和商务标的得分均为客观得分。但是，这种"客观得分"是在主观规定的评标方法的前提下得出的，实际上不是绝对客观的。因此，当各投标单位的得分较为接近时，需要慎重决策。问题3实际上是考核对评标方法的理解和灵活运用。根据本案例给定的评标方法，这样改变评标的规定并不影响各投标单位的得分，因而不会影响评标结果。若通过具体计算才得出结论，即使答案正确，也是不能令人满意的。

问题1：不违反（或符合）有关规定。因为根据有关规定，对于技术复杂的工程，允许采用邀请招标方式，且邀请参加投标的单位不得少于3家。

问题2：计算各投标单位的技术标得分见表4-2。

表4-2 各投标单位的技术标得分

投标单位	施工方案	总工期	工程质量	合计
A	10	4+（36-33）×1=7	6+2+1=9	26
B	10	4+（36-31）×1=9	6+1×2=8	27
C	10	4+（36-32）×1=8	4+1=5	23

计算各投标单位的商务标得分。

基准价＝（35.642＋34.364＋33.867）/3＝34.624（万元）

A：35.642/34.624×100％＝102.94％　（102.94－98）×2≈10　70－10＝60

B：34.364/34.624×100％＝99.24％　（99.24－98）×2≈2　70－2＝68

C：33.867/34.624×100％＝97.81％　（98－97.81）×1≈0　70－0＝70

计算各投标单位的综合得分。

A：26＋60＝86

B：27＋68＝95

C：23＋70＝93

因为B公司综合得分最高，故应选择B公司为中标单位。

问题3：这样改变评标办法不会影响评标结果，因为各投标单位的技术标得分均增加10分，而商务标得分均减少10分，综合得分不变。

引例点评

(1) 不符合法律规定。根据《招标投标法》及住房和城乡建设部有关房屋建筑工程施工招标投标管理办法规定：招标人自行办理施工招标事宜的，应当具有编制招标文件和组织评标的能力，即要有专门的施工招标组织机构；有与工程规模、复杂程度相适应并具有同类工程施工招标经验；有熟悉有关工程施工招标法律法规的工程技术、概预算及工程管理的专业人员。本工程的发包人不具备自行招标条件，所以发包人自己编制招标文件不符合法律规定，应该委托具有相应资格的招标代理机构代理施工招标。

(2) 本工程的开标过程存在下列不妥之处。

① 开标会议由招标办公室的工作人员主持不妥，应由招标人主持。

② 把投标单位的报价是否在的标底价±30％以内作为判定投标文件是否为有效不妥，因为《招标投标法实施条例》规定："标底只能作为评标的参考，不得以投标报价是否接近标底作为中标条件，也不得以投标报价超过标底上下浮动范围作为否决投标的条件。"

③ 选择了价格最低的投标单位为中标单位不妥，因为6家投标单位的报价均超过了有效标的要求，招标人应当依照招标投标法重新招标，而不应该由专家从6家投标单位中选择一家作为中标单位。

4.2.4 评标报告

【评标报告范本】

评标报告是评标委员会评标结束后提交给招标人的一份重要文件。评标委员会完成评标后，应当向招标人提出书面评标报告，并推荐合格的中标候选人。招标人也可以授权评标委员会直接确定中标人。在评标报告中，评标委员会不仅要推荐中标候选人，而且要说明这种推荐的具体理由。评标报告作为招标人定标的重要依据，一般应包括以下内容。

(1) 对投标人的技术方案评价，技术、经济风险分析。

(2) 对投标人技术力量、设施条件评价。

(3) 对满足评标标准的投标人的投标进行排序。

(4) 需进一步协商的问题及协商应达到的要求。

招标人根据评标委员会的评标报告,在推荐的中标候选人(一般为1~3个)中最后确定中标人;在某些情况下,招标人也可以授权评标委员会直接确定中标人。评标报告应当如实记载以下内容。

(1) 基本情况和数据表。
(2) 评标委员会成员名单。
(3) 开标记录。
(4) 符合要求的投标人一览表。
(5) 废标情况说明。
(6) 评标标准、评标方法或者评标因素一览表。
(7) 经评审的价格或者评分比较一览表。
(8) 经评审的投标人排序。
(9) 推荐的中标候选人名单与签订合同前要处理的事宜。
(10) 澄清、说明、补正事项纪要。

评标报告样式见表4-3。

表4-3 评标报告

工程名称			
工程编号			
评标委员会评审结果	投标人名称	排名次序	投标价格或评标得分
	……		
推荐的中标候选人	次序	中标候选人名称	
	1		
	2		
	3		
评标委员会全体成员签字	兹确认上述评标结果属实,有关评审记录见附件。 　　　　　　　　　　　　　　　　　　年　月　日		
招标人决标意见	根据招标文件中规定的评标办法和评标委员会的推荐意见,兹确定:_____为中标人。 　　招标人:(盖章)　　　　法定代表人:(签字或盖章) 　　　　　　　　　　　　　　　　　　年　月　日		
备注	本表有附件,附件包括评标委员会成员名单、开标记录、废标情况说明、评审记录、分析报告、有关澄清、说明和补正事项纪要等评标过程中形成的文件。本表与附件共同构成评标报告,附件共_____页。		
说明	本报告由评标委员会和招标人共同填写,一式3份,其中一份在备案时由招标办留存。		

评标报告由评标委员会全体成员签字。对评标结论和建议持有异议的评标委员可以书面形式阐述其不同意见和理由。评标委员会成员拒绝在评标报告上签字且不陈述其不同意见和理由的,视为同意评标结论和建议。评标委员会负责人应当对此作出书面说明并记录在案。

评标委员会推荐的中标候选人的数量要限定在3名以内,要按照投标人须知前附表的内容推荐,并要排列顺序。投标人数量少于3个或所有投标被否决的,招标人应当依法重新招标。

4.2.5 否决所有投标和重新招标

1. 废标否决所有投标

《招标投标法》第42条第1款规定:"评标委员会经评审,认为所有投标都不符合招标文件要求的,可以否决所有投标。"《评标委员会和评标方法暂行规定》规定,评标委员会否决不合格投标或者界定为废标后,因有效投标不足3个使得投标明显缺乏竞争的,评标委员会可以否决全部投标。从上述规定可以看出,否决所有投标包括两种情况:一是所有的投标都不符合招标文件要求,因每个投标均被界定为废标、被认为无效或不合格,所以,评标委员会否决了所有的投标;二是部分投标被界定为废标、被认为无效或不合格之后,仅剩余不足3个的有效投标,使得投标明显缺乏竞争的,违反了招标采购的根本目的,所以,评标委员会可以否决全部投标。对于个体投标人而言,不论其投标是否合格有效,都可能发生所有投标被否决的风险,即投标符合法律和招标文件要求,但结果是无法中标。对于招标人而言,上述两种情况下,结果都是相同的,即所有的投标被依法否决,当次招标结束。

2. 重新招标

如果出现到投标截止时间止,投标人少于3个或经评标专家评审后否决所有投标的,评标委员会可以建议重新招标。《招标投标法》第28条第1款规定:"投标人少于3个的,招标人应当依照本法重新招标。"第42条第2款规定:"依法必须进行招标的项目的所有投标被否决的,招标人应当依照本法重新招标。"

重新招标,是一个招标项目发生法定情况,无法继续进行评标、推荐中标候选人,当次招标结束后,如何开展项目采购的一种选择。所谓法定情况,包括于投标截止时间到达时投标人少于3个、评标中所有投标被否决或其他法定情况。

【工程招投标10大陷阱】

某综合楼工程采用公开招标方式招投标,于2015年3月29日上午9时按照招标文件规定的时间召开了开标会议。会议由业主代表主持,参与投标的11家单位到会,招标办监督人员和交易中心工作人员按照规定程序完成开标议程后,立即转入评标，本次采用"最低评标价法"。评标委员会采用随机抽取的方式，从省评委专家库中抽取了4名经济类、技术类评标专家和1名招标方代表共5人组成。

投标人的投标报价由低到高排前4名的分别为：A公司报价489 475.38元、B公司496 738元、C公司537 704.80元、D公司552 466元。评审过程中，评标委员会认为，这几家公司都存在个别项目报价明显低于其他投标人报价，同时发现省某公司的投标报价表中有两项是负数。为此，根据招标文件第19条规定："在评标过程中，评标委员会若发现投标人的报价明显低于其他投标报价，或者在设有标底时明显低于标底，使得其投标报价可能低于其个别成本的，将要求该投标人作出书面说明并提供相关证明材料。投标人如果不能合理说明或不能提供相关证明材料，由评标委员会认定该投标人以低于成本报价竞标，其投标将作废标处理。"

评标委员会要求这4家公司对相关问题进行澄清。A公司委托代理人对其投标文件中综合单价和合计金额均为负数的问题解释不清。评标委员会以投标文件中部分为负数，做投标无效处理。B公司在澄清他们本次投标是否低于成本的问题时，以书面形式做了承诺"保证响应招标文件，按图施工，其中，钢材价格不变、中标价不变、保证质量"。经过评审，评标委员会推荐B公司、C公司和D公司作为第一、第二、第三中标候选人。

招标人代表将要宣布中标结果时，A公司以评标结果不公平为由，到招标办吵闹。理由是其投标价与第一中标人相差7 000多元，几十万元的工程项目相差几千元，第一中标人并未低于成本，自己也不应低于成本；两项负数总额为1 512元，影响不大。招标办立即召开有关会议，对反映的问题进行了认真研究。第二天上午，评委会对评标过程进行了复审，评委会形成一致意见，要求A公司对投标文件中负数部分和主要材料价格来源以书面形式提供相关证明后，再进行复审。

4月12日下午，根据A公司提供的相关材料，评委会再次进行了复审。评委会的意见为：提供的补充材料中，无法澄清有关事项，是无效材料，维持第一次评审结果。评审结束后，招标办将有关部门情况向A公司法人委托人代表进行了通报。当日下午2时，招标人向各投标单位通报了评审结果，同时在相关媒体上进行了公示。4月15日下午2时，公示结束。在公示期间，招标办未接到任何形式的投诉。按照招投标程序，招标单位于4月16日与中标方签订了合同。

【案例评析】

从工程招标、评标过程看，最终仍是坚持了原来的评标结果。但是，造成该工程招投诉的直接原因是最低价没有中标，评委的理由是投标文件中"分部分项工程量清单计价表"中某项综合单价和合计金额均为负数。出现负数叫细微偏差还是重大偏差，我们结合前面知识，应不能界定为重大偏差，因此不能界定为废标。但评标委员会可以以书面方式要求投标人对投标文件中含义不明确、对同类问题表述不一致或者有明显文字和计算错误的内容做必要的澄清、说明或补正，"评标委员会在对实质上响应招标文件要求的投标进行报价评估时，除招标文件另有约定外，应当按下述原则进行修正：（一）用数字表示的数额与用文字表示的数额不一致时，以文字数额为准；（二）单价与工程量的乘积与总价之间不一致时，以单价为准。若单价有明显的小数点错位，应以总价为准，并修改单价。按前款规定调整后的报价经投标人确认后产生约束力。"所以，评标委员会应该以书面形式要求投标人作出书面说明和澄清。

综上所述，废标的理由一定要充分、慎重。从该项目中可以看出，如果理由不充分，很可能引起投诉，造成评标反复，既延误工期、牵扯人力、浪费物力，又会形成不好的影响。

4.3 定标与签订合同

4.3.1 定标

定标即通过评标确定最佳中标人，并授予合同的过程，是招标人决定中标人的行为。在这一阶段，招标单位所要进行的工作有：决定中标人；通知中标人其投标已经被接受；向中标人发放中标通知书；通知所有未中标的投标人，并向他们退还投标保证金等。

【电子招标投标系统技术规范】

确定中标人前，招标人不得与投标人就投标价格、投标方案等实质性内容进行谈判。招标人应该根据评标委员会提出的评标报告和推荐的中标候选人确定中标人，也可以授权评标委员会直接确定中标人。

● 特 别 提 示

评标结束应当产生出定标结果。定标应当择优，在招标人授权下能当场定标的，应当场宣布中标人；不能当场定标的，中小型项目应在开标之后 7 日内定标，大型项目应在开标之后 14 日内定标；特殊情况需要延长定标期限的，应经招投标管理机构同意。招标人应当自定标之日起 15 日内向招投标管理机构提交招投标情况的书面报告。

中标通知书发出后的 30 日内，双方应按照招标文件和投标文件订立书面合同，不得做实质性修改。招标人不得向中标人提出任何不合理要求作为订立合同的条件，双方也不得私下订立背离合同实质性内容的协议。

招标人或者招投标中介机构应当将中标结果书面通知所有投标人。招标人与中标人应当按照招标文件的规定和中标结果签订书面合同。

授予合同习惯上也称签订合同，因为实际上它是由招标人将合同授予中标人并由双方签署的行为。在这一阶段，双方通常对标书中的内容进行确认，并依据标书签订正式合同。为保证合同履行，签订合同后，中标的供应商或承包人还应向采购人或发包人提交一定形式的担保书或担保金。

4.3.2 中标通知书

中标人确定后，招标人应当向中标人发出中标通知书，并同时将中标结果通知所有未中标的投标人。发中标通知书属于承诺，对招标人和中标人均具有法律效力。中标通知书发出后，招标人改变中标结果，或者中标人拒绝签订合同，都应当依法承担法律责任。

4.3.3 签订合同

在签订合同前，中标人应按投标人须知前附表规定的金额、担保形式和招标文件规定的履约担保格式向招标人提交履约保证金。联合体中标的，其履约担保由牵头人递交。中标人不能按要求提交履约担保的，视为放弃中标，其投标保证金不予退还，给招标人造成的损失超过投标保证金数额的，中标人还应当对超过部分予以赔偿。

《招标投标法实施条例》规定，履约保证金不得超过中标合同金额的10%。

招标人和中标人应当自中标通知书发出之日起30日内，根据招标文件和中标人的投标文件订立书面合同。招标人和中标人不得再行签订背离合同实质性内容的其他协议。中标人无正当理由拒签合同的，招标人取消其中标资格，其投标保证金不予退还；给招标人造成的损失超过投标保证金数额的，中标人还应当对超过部分予以赔偿。

招标人与中标人签订合同后5日内，退还投标保证金及银行同期存款利息。

中标人应当按照合同约定履行义务，完成中标项目。中标人不得向他人转让中标项目，也不得将中标项目肢解后分别向他人转让。中标人按照合同约定或者经招标人同意，可以将中标项目的部分非主体、非关键性工作分包给他人完成。接受分包的人应当具备相应的资格条件，并不得再次分包。中标人与分包人就分包项目向招标人承担连带责任。

某办公楼的招标人于2015年10月11日向具备承担该项目能力的A、B、C、D、E这5家承包人发出投标邀请书，其中说明，10月17—18日9：00—16：00在该招标人总工程师室领取招标文件，11月8日14：00为投标截止时间。该5家承包人均接受邀请，并按规定时间提交了投标文件。但承包人A在送出投标文件后发现报价估算有严重的失误，故赶在投标截止时间前10分钟递交了一份书面声明，撤回已提交的投标文件。

开标时，由招标人委托的公证处人员检查投标文件的密封情况，确认无误后，由工作人员当众拆封。由于承包人A已撤回投标文件，故招标人宣布有B、C、D、E共4家承包人投标，并公布该4家承包人的投标价格、工期和其他主要内容。

评标委员会委员由招标人直接确定，共由7人组成，其中招标人代表3人，当地招投标办公室主任1人，本系统技术专家2人，经济专家1人。

在评标过程中，评标委员会要求B、D两投标人分别对其施工方案做详细说明，并对若干技术要点和难点提出问题,要求其提出具体、可靠的实施措施。评标委员会中的招标人代表希望承包人 B 再适当考虑一下降低报价的可能性。

按照招标文件确定承包人 B 为中标人。由于承包人 B 为外地企业,招标人于 11 月 10 日将中标通知书以挂号方式寄出,承包人 B 于 11 月 14 日收到中标通知书。

由于从报价情况来看,4 个投标人的报价从低到高的顺序为 D、C、B、E,因此从 11 月 16 日—12 月 11 日招标人又与承包人 B 就合同价格进行了多次谈判,结果承包人 B 将价格降到略低于承包人 C 的报价水平,最终双方于 12 月 12 日签订了书面合同。

从所介绍的背景资料来看,逐一说明该项目的招投标程序中在哪些方面不符合《招标投标法》的有关规定。

【案例评析】

本案例考核招投标程序从发出投标邀请书到中标之间的若干问题,主要涉及招投标的性质、投标文件的递交和撤回、投标文件的拆封和宣读、评标委员会的组成及其确定、评标过程中评标委员会的行为、中标通知书的生效时间、中标通知书发出后招标人的行为以及招标人和投标人订立书面合同的时间等。其中,特别要注意中标通知书的生效时间。根据《合同法》第 20 条规定,承诺通知到达要约人时生效,这就是承诺生效的"达到主义"。然而,中标通知书作为《招标投标法》规定的承诺行为,与《合同法》规定的一般性承诺不同,它的生效不是采取"到达主义",而是采取"投邮主义",即中标通知书一经发出就生效,就对招标人和投标人产生约束力。

某省中央财政投资的大型基础设施建设项目,总投资超过 10 亿元,该项目法人委托一家符合资质条件的工程招标代理公司全程代理招标事宜。

事件 1:在评标过程中,发现投标人 D 的投标文件中没有投标人授权代表签字;投标人 H 的单价与总价不一致,单价与工程量乘积大于投标文件的总价,招标文件中没有约定此类情况为重大偏差。

事件 2:在评标过程中,评标委员会发现其中投标人 C 的投标报价低于原标底的 30%。询标时,投标人 C 发来书面更改函,承认原报价存在遗漏,将报价整体上调至接近于标底的 99%。

事件 3:在评标过程中,投标人 A 发来书面更改函,对施工组织设计中存在的笔误进行了勘误,同时对其投标文件中,超过招标文件计划工期的投标工期调整为在招标文件约定计划工期基础上提前 10 日竣工。

事件 4:经评审,各投标人综合得分的排序依次是 H、E、G、A、F、C、B、D,评标委员会某委员对此结果有异议,拒绝在评标报告上签字,但又不提出书面意见。

事件 5:确定中标人 H 后,中标人 H 认为工程施工合同过分袒护招标人,需要对招标文件中的合同条件进行调整,特别是当事人双方的权利与义务;招标人同时提出在中标价的基础上降低 10% 的要求,否则招标人不签订施工合同。

以上事件应该如何处理?请简要陈述理由。评标委员会应推荐哪 3 个投标人为中标候选人?

【案例评析】

《招标投标法》《工程建设项目施工招标投标办法》(30号令)和《评标委员会和评标方法暂行规定》(12号令)对评标委员会评标、招标人定标及合同签订的规定，招标人组织上述活动时必须遵守。

(1) 各事件处理及理由如下。

事件1：投标人D的投标文件中没有投标人授权代表签字，此类情况属于投标人对招标文件规定要求发生了重大偏差，属于废标情况。投标人H的投标总价与其报价文件中总价不一致，招标文件约定此类情形属于细微偏差，故应以投标函中的投标报价为其中标价，但在评标过程中，应对报价文件中的偏差，按照"大写金额与小写金额不一致时，以大写金额为准，总价与单价金额不一致时，以单价金额为准修改总价"的原则确定投标人H的评标价，进行评标。

事件2：该投标人的投标报价明显低于合理报价或标底，使得其投标报价可能低于个别成本，评标人在询标时应要求该单位作出书面说明并提供相关证明材料。投标人如果不能合理说明或不能提供相关证明材料，由评标委员会认定该投标人的投标报价低于成本报价竞标，其投标应作废标处理。但投标人C在应标时，不但没有提供相应的证明材料和合理说明，反而对其报价做了修改，这种做法是不可以的。根据评标规定，投标人可以对投标文件中含义不明确，对同类问题表述不一致或者文字和计算错误的内容做必要的澄清、说明或补正，但不能超出投标文件的范围或者改变投标文件的实质性内容。投标人C的做法实际上是二次报价，明显地改变了原投标文件的实质内容，而没能解释报价低的原因，并提供相应的证明资料，故投标人C的投标文件应为废标。

事件3：在评标过程中，投标人A发来书面更改函，对施工组织设计中存在的笔误进行了勘误，同时对超过招标规定的施工期限调整至低于规定的期限。询标时，投标人A对施工设计中存在的笔误进行勘误是可行的，但提出投标工期的修改，属于对实质性的内容进行修改。由于该投标人投标文件载明的招标项目完成期限超过了招标文件规定的期限，属于重大偏差，投标人A的投标文件为废标。

事件4：评标报告应由评标委员会全体成员签字，对评标结果持有异议的评标委员会成员可以以书面方式阐述其不同意见和理由，评标委员会成员拒绝在评标报告上签字且不陈述其不同意见或理由的，视为同意评标结论。评标委员会应当对此作出书面说明并记录在案。

事件5：中标人在接到中标通知书后，应在规定的时间内按照招标文件和其投标文件与招标人签订施工承包合同，在这一过程中，招标人和中标人只能就招投标过程中的一些细微偏差进行谈判，对招标文件中合同条款进行细化，但不得做实质性修改。中标人认为合同条件过分袒护招标人，提出需要修改招标文件主要合同条款违反法律规定。如果中标人H坚持修改合同主要条款，否则不与招标人签订合同，招标人可以视其行为为放弃中标合同，没收其投标保证金，并申请解除与H的合同关系，并重新确定中标人。

在合同谈判过程中，招标人提出在中标价的基础上再次降价10%的做法是不正确的，违反了法律规定。如果招标人坚持降低中标价10%的话，中标人可以拒绝签订合同，并要求招标人承担由此造成的损失及其他违约责任，退还投标保证金。

(2) 评标委员会应推荐H、E、G分别为第一中标、第二中标、第三中标候选人。评标委员会根据招标文件中的评标办法，经过对投标申请文件进行全面、认真、系统的评审、比较后，确定能够最大限度满足招标文件的实质性要求，不超过3名的有排序的合格中标候选人，供招标人最终确定中标人。

综合应用案例

在施工公开招标中，有A、B、C、D、E、F、G、H共8家施工单位报名投标，经资格预审均符合要求，但建设单位以A施工单位是外地企业为由不同意其参加投标。

评标委员会由5人组成，其中当地建设行政管理部门的招标投标管理办公室主任1人、建设单位代表1人、政府提供的专家库中抽取的技术经济专家3人。

评标时发现，B施工单位投标报价明显低于其他投标单位报价且未能合理说明理由；D施工单位投标报价大写金额小于小写金额；F施工单位投标文件提供的检验标准和方法不符合招标文件的要求；H施工单位投标文件中某分项工程的报价有个别漏项；其他施工单位的投标文件均符合招标文件要求。

问题：

1. 在施工招标资格预审中，建设单位认为A施工单位没有资格参加投标是否正确？说明理由。

2. 指出施工招标评标委员会组成的不妥之处，说明理由，并写出正确做法。

3. 判别B、D、F、H这4家施工单位的投标是否为有效标？说明理由。

【案例评析】

1. A施工单位没有资格参加投标是不正确的。

理由：《招标投标法》规定，招标人不得以不合理的条件限制和排斥潜在投标人，不得对潜在投标人实行歧视待遇，所以招标人以投标人是外地企业的理由排斥潜在投标人是不合理的。

2. 施工招标评标委员会组成的不妥之处如下。

（1）建设行政管理部门的招标投标管理办公室主任参加不妥。理由：评标委员会由招标人的代表和有关技术、经济方面的专家组成。正确做法：投标管理办公室主任不能成为评标委员会成员。

（2）政府提供的专家库中抽取的技术经济专家3人。理由：评标委员会中的技术、经济等方面的专家不得少于成员总数的2/3。正确做法：应至少有4人是技术、经济专家。

3. B施工单位的投标不是有效标。

理由：评标委员会发现投标人的报价明显低于其他报价时，应当要求该投标人作出书面说明并提供相关证明材料，投标人不能合理说明的应作废标处理。

D施工单位的投标是有效标。理由：投标报价大写与小写不符属细微偏差，细微偏差修正后仍属有效投标书。

F施工单位的投标书不是有效标。理由：检验标准与方法不符合招标文件的要求，属未做实质性响应的重大偏差。

H施工单位的投标书是有效标。理由：某分部工程的报价有个别漏项属细微偏差，应为有效标书。

本章小结

本章介绍了开标的时间、地点,评标的过程及评审过程中应该注意的问题。

(1) 评标就是指评标委员会根据招标文件规定的评标标准和方法,对投标人递交的投标文件进行审查、比较、分析和评判,以确定中标候选人或直接确定中标人的过程,评标活动依法进行,任何单位和个人不得非法干预或者影响评标过程和结果。

(2) 依法必须进行施工招标的工程,其评标委员会由招标人代表和有关技术、经济等方面的专家组成,成员人数为5人以上的单数,其中招标人、招标代理机构以外的技术、经济等方面专家不得少于成员总数的2/3。专家成员的确定一般应当采取随机抽取的方式,特殊招标项目可以由招标人直接确定。与投标人有利害关系的人不得进入相关工程的评标委员会。

(3) 评标方法一般分为综合评估法和经评审的最低投标价法两类。

(4) 评标的程序包括初步评审和详细评审两部分。

(5) 确定中标人前,招标人不得与投标人就投标价格、投标方案等实质性内容进行谈判。

(6) 中标通知书发出后的30日内,双方应按照招标文件和投标文件订立书面合同,不得作实质性修改。

习 题

一、单选题

1. 评标工作一般按( )程序进行。
   A. 详细评审—评标报告   B. 初步评审—详细评审
   C. 工作准备—评审   D. 工作准备—评标报告

2. 招标人可以( )评标委员会直接确定中标人。
   A. 批准   B. 委托   C. 授权   D. 指定

3. 中标通知书由( )发出。
   A. 招标代理机构   B. 招标人
   C. 招标投标管理处   D. 评标委员会

4. 没有按照招标文件要求提供投标担保或者所提供的投标担保有瑕疵,属( )。
   A. 重大偏差   B. 严重偏差   C. 细微偏差   D. 细小偏差

5. 开标的时间应当在招标文件确定的提交投标文件截止时间的( )公开进行。
   A. 前一时间   B. 后一时间
   C. 同一时间   D. 没有任何规定

6. 中标人应当就分包项目向招标人负责,接受分包的人就分包项目承担( )。
   A. 法律责任   B. 民事责任

C. 单位责任　　　　　　　　D. 连带责任

7. 资格后审是指在（　　）后对投标人进行的资格审查。

A. 投标　　　　　　　　　　B. 开标

C. 中标　　　　　　　　　　D. 评标

8. 招标人应当采取必要的措施，保证评标在（　　）的情况下进行。

A. 公正　　　　　　　　　　B. 公开

C. 公平　　　　　　　　　　D. 严格保密

9. 评标委员会在对实质上响应招标文件要求的投标进行报价评估时，除招标文件另有约定外，应当按下述原则进行修正：用数字表示的金额与用文字表示的金额不一致时，以（　　）为准。

A. 数字金额　　　　　　　　B. 文字金额

C. 数字金额与文字金额中小的　D. 数字金额与文字金额中大的

10. 采用经评审的最低投标价法的，应当在投标文件能够满足招标文件实质性要求的投标人中，评审出投标价格最低的投标人，但投标价格低于（　　）的除外。

A. 标底合理幅度　　　　　　B. 社会平均成本

C. 企业成本　　　　　　　　D. 同行约定成本

二、多选题

1. 《招标投标法实施条例》中规定的评标委员会应当否决其投标的情形有（　　）。

A. 投标文件未经投标单位盖章和单位负责人签字

B. 投标联合体没有提交共同投标协议

C. 投标人未提供投标保函或者投标保证金

D. 投标报价低于成本或者高于招标文件设定的最高投标限价

E. 投标人有串通投标、弄虚作假、行贿等违法行为

2. 评标委员会负责人可以由（　　）。

A. 政府指定　　　　　　　　B. 评标委员会成员推举产生

C. 投标人推举产生　　　　　D. 招标人确定

E. 中介机构推荐

3. 《评标委员会和评标方法暂行规定》中规定的投标文件重大偏差包括（　　）。

A. 没有按照招标文件要求提供投标担保

B. 投标文件没有投标人授权代表签字和加盖公章

C. 投标文件载明的招标项目完成期限超过招标文件规定的期限

D. 提供了不完整的技术信息和数据

E. 投标文件附有招标人不能接受的条件

4. 关于细微偏差的说法，正确的选项包括（　　）。

A. 在实质上响应了招标文件要求，但在个别地方存在漏项

B. 在实质上响应了招标文件要求，但提供了不完整的技术信息和数据

C. 补正遗漏会对其他投标人造成不公平的结果

D. 细微偏差不影响投标文件的有效性

E. 细微偏差将导致投标文件成为废标

5. 下列有关招投标签订合同的说明，正确的是（　　）。
   A. 应当在中标通知书发出之日起 30 日内签订合同
   B. 招标人和中标人不得再订立背离合同实质性内容的其他协议
   C. 招标人和中标人可以通过合同谈判对原招标文件、投标文件的实质性内容作出修改
   D. 如果招标文件要求中标人提交履约担保，招标人应向中标人提供同等数额的工程款支付担保
   E. 中标人不与招标人订立合同的，应取消其中标资格，但投标保证金应予退还
6. 《招标投标法》规定，开标时由（　　）检查投标文件密封情况，确认无误后当众拆封。
   A. 招标人   B. 投标人或投标人推选的代表
   C. 评标委员会   D. 地方政府相关行政主管部门
   E. 公证机构
7. （　　）不得担任评标委员会成员。
   A. 投标人或者投标主要负责人的近亲属
   B. 项目主管部门或者行政监督部门的人员
   C. 与投标人有经济利益关系，可能影响对投标公正评审的人员
   D. 未拥有注册造价师证书的人员
   E. 曾因在招标、评标及其他与招投标有关活动中从事违法行为而受过行政或刑事处罚的人员
8. 评标的程序是（　　）。
   A. 评标准备工作   B. 初步评审
   C. 详细评审   D. 评标后续工作
   E. 提交评标报告
9. 评标活动应遵循（　　）的原则。
   A. 公正   B. 公平
   C. 科学   D. 发展
   E. 择优
10. 招标人应当重新招标的情形有（　　）。
    A. 投标人少于 5 个
    B. 至投标截止时间止，投标人少于 3 个
    C. 投标人相互串通
    D. 招标人被投诉
    E. 经评标委员会评审后否决所有投标

三、简答题

1. 简述两种施工评标办法的适用范围和特征。
2. 简述开标的程序。
3. 什么情况下，可界定投标文件存在重大偏差？
4. 评标委员会是如何组成的？评标报告包括哪些内容？
5. 在开标会议上发现哪些情况，应宣布投标书为废标？

四、案例分析

1. 某建设单位准备建一座图书馆，建筑面积5 000m²，预算投资400万元，建设工期为10个月。该工程采用公开招标的方式确定承包商。依据《招标投标法》和《建筑法》的规定，建设单位编制了招标文件，并向当地的建设行政管理部门提出了招标申请书，得到了批准。但在招标之前，该建设单位就已经与甲公司进行了工程招标沟通，对投标价格、投标方案等实质性内容达成了一致的意向。招标公告发布后，来参加投标的公司有甲、乙、丙3家。按照招标文件规定的时间、地点及投标程序，3家施工单位向建设单位递交了标书。在公开开标的过程中，甲和乙承包单位在施工技术、施工方案、施工力量及投标报价上相差不大，乙公司在总体技术和实力上较甲公司好一些。但定标的结果是甲公司。乙公司很不满意，但最终接受了这个竞标结果。20多天后，一个偶然的机会，乙公司通过甲公司的一名中层管理人员得知该建设单位在招标之前和甲公司已经进行了多次接触，中标条件和标底是双方议定的，参加投标的其他人都蒙在鼓里。对此情节，乙公司认为该建设单位严重违反了法律的有关规定，遂向当地建设行政管理部门举报，要求建设行政管理部门依照职权宣布该招标结果无效。经建设行政管理部门审查，乙公司所陈述事实属实，遂宣布本次招标结果无效。

甲公司认为，建设行政管理部门的行为侵犯了甲公司的合法权益，遂起诉至法院，请求法院依法判令被告承担侵权的民事责任，并确认招标结果有效。

问题：

(1) 简述建设单位进行施工招标的程序。

(2) 通常情况下，招标人和投标人串通投标的行为有哪些表现形式？

(3) 按照《招标投标法》的规定，该建设单位应对本次招标承担什么法律责任？

2. 某工程项目决定进行公开招标。招标人在公开的报纸和网络上发布了招标公告，并于7月1日进行了资格预审，通过预审的共有A、B、C、D、E共5家企业。7月5—6日该招标人在指定地点发放招标文件，7月25日上午9：00为投标截止时间。这5家企业均按照规定的时间提交了投标文件。

开标时，招标人邀请了本企业的行政主管部门领导主持，由招标人代表检查标书的密封情况，并在记录表上签字确认，评标专家共7人，其中招标人代表1人、行政主管部门领导2人、评标专家4人。

在评标时发现，A企业的投标文件没有投标人授权代表签字且没有加盖公章；B企业的正、副本报价不一致。

经过评审，招标人最终确定D企业为中标人，并于7月28日发出中标通知书，最终双方于9月10日签订了书面合同。

问题：

(1) 该项目的招标过程中哪些方面不符合招投标的相关规定？并说明理由。

(2) 判断A、B两家企业的投标是否有效，并说明理由。

【参考答案】

综合实训　模拟工程项目开标、评标和定标

【实训目标】

结合本书的内容，模拟一个完整的开标、评标、定标过程，让学生对整个过程有一个初步的认识，同时培养学生之间的组织协调能力以及语言表达能力。

【实训要求】

（1）给学生提供一套完整的招标文件和投标文件。

（2）将学生按照要求进行分组，一共分为三大类，即招标人、投标人、评标专家。

（3）要求各小组按照各自的实训任务进行组织。

招标人根据招标文件负责开标会、评标会的流程安排；投标人根据投标文件进行投标过程的组织；评标专家按照我国相关法律规定进行评标。

第二部分

合同管理基础知识与实务

第 5 章 工程施工合同

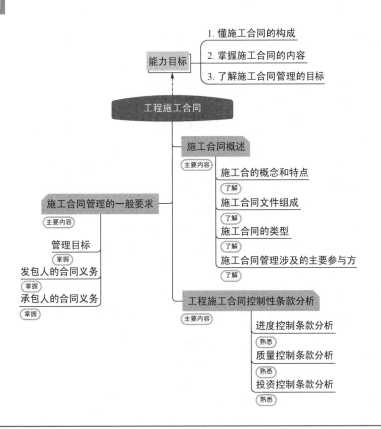

> **引例**

某商场为了扩大营业范围,准备建设分店。商场通过招投标的方式与一家建筑工程公司签订了建设工程施工合同。之后,承包人将各种设备、材料运抵工地现场开始施工。施工过程中,城市规划行政管理部门指出该工程不符合城市建设规划,未领取建筑工程规划许可证,属于非法建筑,必须停止施工。最后,城市规划行政管理部门对发包人作出行政处罚,罚款 2 万元,勒令停止施工,拆除已建部分。承包人因此而蒙受损失。承包人向法院起诉,要求发包人予以赔偿。发包人与承包人签订的是建设工程合同,属于施工合同类别。在本例中,承包人的请求会得到法院的支持吗?

5.1 施工合同概述

5.1.1 施工合同的概念和特点

建设工程合同是指承包人进行工程建设,发包人支付价款的合同。建设工程合同包括工程勘察、设计、施工合同等。建设工程施工合同(以下简称"施工合同")是比较传统的也是最为常见的工程承包合同。了解和学习施工合同是学习、掌握其他工程合同的基础。

施工合同是发包人与承包人就完成具体工程项目的建筑施工、设备安装、设备调试、工程保修等工作内容,确定双方权利和义务的协议。施工合同是建设工程合同的一种,也是一种双务有偿合同,在订立时应遵守自愿、公平、诚实、信用等原则。

施工合同是建设工程的主要合同之一,其标的是将设计图纸变为满足功能、质量、进度、投资等发包人投资预期目的的建筑产品。

施工合同具有以下特点。

1. 合同标的的特殊性

施工合同的标的是各类建筑产品。建筑产品是不动产,建造过程中往往受到自然条件、地质水文条件、社会条件、人为条件等因素的影响。这就决定了每个施工合同的标的物不同于工厂批量生产的产品,具有单件性的特点。

2. 合同履行期限的长期性

建筑物的施工由于结构复杂、体积大、建筑材料类型多、工作量大,使得工期都较长(与一般工业产品的生产相比)。在较长的合同期内,双方在履行过程中往往会受到不可抗力、法律法规政策的变化、市场价格的波动等因素的影响。在这种情况下,就必然要求合同内容约定完备、管理到位,否则将引起不必要的争议。

3. 合同关系的复杂性

虽然施工合同当事人只有两方,但履行过程中涉及许多其他的项目关系人。施工合同内容的约定还需与其他相关合同相协调,如设计合同、供应合同、分包合同以及本工程的其他标段的施工合同等。

5.1.2 施工合同文件的组成

【建设工程施工合同(示范文本)GF—2013—0201】

施工合同文件的组成部分一般包括合同协议书、中标通知书、投标函及投标函附录、专用合同条款、通用合同条款、技术标准和要求、图纸、已标价工程量清单和合同双方认可的其他合同文件。组成合同的各项文件应互相解释，互为说明。除专用合同条款另有约定外，解释合同文件的优先顺序一般如下。

（1）合同协议书。合同协议书是施工合同的总纲性法律文件，经过双方当事人签字盖章后合同即成立，具有最高的合同解释的顺序。

（2）中标函。在经过评标，确定承包商中标后，由业主（或授权代理人）向承包商（或授权代理人）发送中标通知。

（3）投标函及投标函附录。投标函是由承包商或其授权代表所签署的一份要约文件。投标函附录是指附在投标函后构成合同文件的投标函附录。

（4）专用合同条款。专用条款是结合具体工程实际，对通用条款相关内容的具体化、补充、修改，或按照通用条件要求提出的限制条款。通常专用条款号与通用条款号相对应。

（5）通用合同条款。通用条款是合同最主要的内容，它代表着工程惯例，是标准化的通用合同条件。

（6）技术标准和要求。技术标准和要求是业主对承包商的工程和工作范围、质量、工艺（工作方法）要求、计量方式的说明文件。

（7）图纸。图纸指由业主或承包商提供，经工程师批准，具有合同地位，满足承包商施工需要的一种技术文件，包括图纸、计算书、样品、图样、操作手册以及其他配套说明和有关技术资料。合同条款、技术标准和图纸是相辅相成、相互说明的。

（8）已标价工程量清单。已标价工程量清单指构成合同文件组成部分的由承包人按照规定的格式和要求填写并标明价格的工程量清单。

（9）其他合同文件。其他合同文件是由合同双方当事人确认，作为合同文件的组成部分，如廉政协议书、委托监理合同、承包人的履约保函、承包人的预付款保函、承包人的联营体协议（如采用联营体形式）、工程质量保修书、查询专用银行账户授权书等。

施工合同不同于其他一般的民事合同。施工合同除合同条件（合同专用条款和合同通用条款）以外，还包括技术规范、图纸、工程量清单等其他组成文件。而这些文件对于明确工程发承包范围、工程质量标准、计价方法、合同价款的调整方法、合同价款的支付方式的作用是合同条件本身不能替代的。合同条件完备，而技术规范、图纸、工程量清单等其他合同组成文件不完善，是不可能构成一份"好"的施工合同的。

应用案例

某房产开发公司（发包人）与某建筑公司（承包人）签订了一份施工合同，修建某住宅小区。小区建成后，经验收质量合格。验收后1个月，发包人发现楼房屋顶漏水，遂要求承包人负责无偿修理，并赔偿损失，承包人则以施工合同中并未规定质量保证期限，且工程已经验收合格为由，拒绝无偿修理要求。发包人遂诉至法院。法院判决施工合同有效，认为合同中虽然并没有约定工程质量保证期限，但依《建设工程质量管理条例》的规定，屋面防水工程保修期限为5年，因此本案工程交工后2个月内出现的质量问题，应由施工单位承担无偿修理并赔偿损失的责任。故判令建筑公司应当承担无偿修理的责任。

【案例评析】

《合同法》第275条关于施工合同所应包含的11项主要条款的规定是明确合同当事人

各自的权利和义务，进而构成该类合同的主要内容。签订施工合同应当具备上述11项条款，保证合同内容明晰，以免因双方权利和义务划分不清而引起争议。至于欠缺上述一项或某几项条款的施工合同，其效力应视所欠缺条款对合同的重要程度，以及根据《合同法》第61条和第60条的规定能否具体明确双方主要权利、义务而定。如果欠缺的条款根据本法第61条方能够重新达成新的协议，则按新的协议执行；如果达不成新的协议，根据行业和合同的其他条款也无法明确双方的权利、义务，则应当按照《合同法》第62条规定确定双方的主要权利、义务；如果按照第62条仍然无法明确双方的主要权利、义务的，则应当视为双方还没有协商一致，合同没有成立。由此产生的损失，根据在缔约过程中各自的过错，各自承担自己的缔约过错责任。

《合同法》第275条规定：施工合同的内容包括工程范围、建设工期、中间交工工程的开工和竣工时间、工程质量、工程造价、技术资料交付时间、材料和设备供应责任、拨款和结算、竣工验收、质量保修范围和质量保证期、双方相互协作等条款。

5.1.3 施工合同的类型

按照工程结算方式的不同，施工合同可以划分为总价合同、单价合同和成本加酬金合同3种类型。

1. 总价合同

总价合同是指承包人在投标时，确定一个总价，据此完成项目全部承包内容的合同（一口价）。对于总价合同，完成承包范围内的全部工程内容，承包人是"一口价"包死的。工程量清单配合图纸、技术规范及合同条款等共同明确承包范围，工程量清单只是提供了报价格式要求，即通过清单标示投标人（承包人）的投标总价。清单报价中的总价优先于单价，单价仅仅是为工程变更与结算时提供价格参考。如果不存在变更，总价合同的工程量清单中的每一个分项工程项目，在合同履行过程中都是不再一一计量，工程量清单报价的总价也就作为最后工程结算价格。

总价合同适用于工程量不大、技术不复杂、风险不大，并且有详细而全面的设计图纸和各项说明的工程。

2. 单价合同

单价合同指承包人在投标时，按估计的工程量清单确定合同价的合同。对于单价合同，清单工程量仅作为投标报价的基础，并不作为工程结算的依据，工程结算是以经监理工程师审核的实际工程量为依据。具体来说，即招标人招标时按分项工程列出工程量清单及估算工程量，投标人投标时在工程量清单中填入分项工程单价，据此计算出"名义合同总价"，作为投标报价。在施工过程中，双方每月按实际完成的工程量结算，工程竣工时，双方按实际工程量进行竣工结算。

单价合同适用于工程内容和设计不十分确定，或工程量出入较大的项目。

第5章 工程施工合同

特别提示

一般来说，采用单价合同有利于业主得到具有竞争力的报价，但总价合同有利于"固化"建设期支出，这对于经营性项目的投资决策是十分重要的。

知识链接

请查阅《建设工程项目管理规范》有关项目合同管理部分的内容。

3. 成本加酬金合同

成本加酬金合同是与总价合同截然相反的合同类型。工程最终结算价按照承包人的实际发生成本加一定比率的酬金结算。由于成本加酬金合同在签订时不能确定具体的合同价格，只能确定酬金的比率，在此类合同的招标文件中需详细说明成本组成的各项费用。

成本加酬金合同适用于工程特别复杂，工程技术、结构方案不能预先确定的项目，或抢险、应急工程。

应用案例

某港口的码头工程，在施工设计图纸没有完成前，发包人通过招标选择了一家总承包单位承包该工程的施工任务。由于设计尚未完成，承包范围内待实施的工程虽明确，但工程量还难以确定，双方协商拟采用总价合同形式签订施工合同，以减少双方的风险。

【案例评析】

由于该项目工程量难以确定，采取总价合同形式，在合同履行中易发生合同争议，是不恰当的。

5.1.4 施工合同管理涉及的主要参与方

施工合同管理涉及的主要参与方包括合同当事人、监理人和分包人。

1. 合同当事人

1）发包人

发包人指专用合同条款中指明并与承包人在合同协议书中签字的当事人，以及取得该当事人资格的合法继承人。

2）承包人

承包人指与发包人签订合同协议书的当事人，以及取得该当事人资格的合法继承人。

从以上两个定义可以看出，施工合同签订后，任何一方当事人均不允许转让合同。因为承包人是发包人通过复杂的招标选中的实施者；发包人则是承包人在投标前出于对其信誉和支付能力的信任才参与竞争取得合同。因此，按照诚实、信用原则，订立合同后，任

【丰城电厂警示片】

何一方都不能将合同转让给第三者。所谓合法继承人是指因资产重组后,合并或分立后的法人或组织可以作为合同的当事人。

2. 监理人

监理人指在专用合同条款中指明的,受发包人委托对合同履行实施管理的法人或其他组织。

监理人作为发包人委托的合同管理人,其职责主要有两个方面:一是作为发包人的代理人,负责发出指示、检查工程质量、进度等现场管理工作;二是作为公正的第三方,负责商定或确定有关事项,如合理调整单价、变更估价、索赔等。

当监理人角色不同,对于发包人而言,其在合同管理中发挥的作用就不同,这也确定了其合同管理的方式。

3. 分包人

分包人指从承包人处分包合同中的某一部分工程,并与其签订分包合同的分包人。

在现代工程中,由于工程总承包商通常是技术密集型和管理型的,而专业工程施工往往由分包人完成,所以分包人在工程中起重要作用。

应用案例

某公司(发包人)因新建办公楼与某建设工程总公司(承包人)签订了工程承包合同。其后,经发包人同意,承包人分别与一家建筑设计院和另一家施工企业签订了勘察设计合同和施工合同。勘察设计合同约定由设计院进行办公楼水房、化粪池、给排水、空调及煤气外管线的勘察、设计服务,制作出相应的施工图纸和资料。施工合同约定施工企业根据设计院提供的设计图纸进行施工。合同签订后,建筑设计院按时提交了设计图纸和资料,施工企业依据图纸进行施工。工程竣工后,发包人会同有关质量监督部门对工程进行验收,发现工程存在严重质量问题。造成质量问题的主要原因是设计不符合规范所致。由于建筑设计院拒绝承担责任,建设工程总公司又以自己不是设计人为由推卸责任,发包人遂以建筑设计院为被告向法院起诉。法院受理后,追加建设工程总公司为共同被告,让其与建筑设计院对工程建设质量问题承担连带责任。

【案例评析】

由于建设工程总公司是总承包人,建筑设计院和施工企业是分包人。对工程质量问题,建设工程总公司作为总承包人应承担责任。而建筑设计院和施工企业也应该依法分别向发包人承担责任。总承包人以不是自己勘察、设计和建筑安装的理由企图不对发包人承担责任,以及分包人与发包人没有合同关系为由不向发包人承担责任是没有法律依据的。

特别提示

《合同法》第272条规定:发包人可以与总承包人订立建设工程合同,也可以分别与勘察人、设计人、施工人订立勘察、设计、施工承包合同。发包人不得将应当由一个承包人完成的建设工程肢解成若干部分发包给几个承包人。总承包人或者勘察、设计、施工承包人经发包人同意，可以将自己承包的部分工作交由第三人完成。第三人就其完成的工作成果与总承包人或者勘察、设计、施工承包人向发包人承担连带责任。承包人不得将其承包的全部建设工程转包给第三人或者将其承包的全部建设工程肢解以后以分包的名义分别转包给第三人。禁止承包人将工程分包给不具备相应资质条件的单位。禁止分包单位将其承包的工程再分包。建设工程主体结构的施工必须由承包人自行完成。

5.2 施工合同管理的一般要求

5.2.1 施工合同管理的目标

由于合同在工程中的特殊作用，项目的参加者以及与项目有关的组织都有合同管理工作。对于施工合同来说，发包人、承包人和监理人根据在工程项目中角色的不同，有不同角度、不同性质、不同内容和不同侧重点的合同管理工作。本书主要以发包人和监理人的合同管理作为论述对象，其中也会涉及其他方的合同管理工作。

施工合同管理是对施工合同的策划、签订、履行、变更、索赔和争议解决的管理，是施工项目管理的重要组成部分。施工合同管理是为项目目标和企业目标服务的，以保证项目目标和企业目标的实现。具体来说，施工合同管理的目标包括以下内容。

（1）使整个施工项目在预定的成本、预定的工期范围内完成，达到预定的质量和功能要求，实现项目的三大目标。

（2）使施工项目的实施过程顺利，合同争议较少，合同双方当事人能够圆满地履行合同义务。

（3）保证整个施工合同的签订和实施过程符合法律、行政法规的要求。

（4）一个成功的施工合同管理，还要在工程竣工时使双方都感到满意，最终发包人按计划获得一个合格的工程，达到投资目的，对工程、承包人以及双方的合作感到满意；承包人不但获得合理的价格和利润，还赢得了信誉，建立起双方友好合作的关系。这也是企业发展战略和经营管理对合同管理的要求。

● 特 别 提 示

施工合同管理成功的基础是发包人和承包人按照合同约定，履行各自的合同义务。了解和掌握发包人和承包人应履行的合同工作和应承担的合同义务可以有助于明确施工合同管理的要求，也是施工合同管理的起点工作。

5.2.2 发包人的合同义务

1. 遵守法律

《合同法》第 7 条规定:"当事人订立、履行合同,应当遵守法律、行政法规,尊重社会公德,不得扰乱社会经济秩序,损害社会公共利益。"合同有效的前提是当事人的意思不与强制性规范、社会公共利益和社会公德相抵触。发包人在履行合同过程中应遵守法律,并保证承包人免于承担因发包人违反法律而引起的任何责任。

2. 发出开工通知

发包人应及时向承包人发出开工通知,若延误发出开工通知,将可能使承包人失去开工的最佳时机,打乱工作计划,影响工程工期,并可能形成索赔。开工日期是计算工期的起点。开工日期可由合同双方当事人在专用条款、合同协议书、投标函附录中予以约定。

在工程施工准备阶段,如果合同双方同意对开工时间作出调整,在计算竣工日期时应以监理人发布的开工通知上注明的时间为计算基础。

3. 提供施工场地

及时向承包人提供施工场地是工程顺利开工的关键。发包人应在合同约定的时间内,按专用合同条款约定向承包人提供施工场地以及施工场地内地下管线和地下设施等有关资料,并保证资料的真实、准确和完整。

> **特别提示**
>
> 《建设工程安全生产管理条例》第 6 条规定,建设单位应当向施工单位提供施工现场及毗邻区域内供水、排水、供电、供气、供热、通信、广播电视等地下管线资料,气象和水文观测资料,相邻建筑物和构筑物、地下工程的有关资料,并保证资料的真实、准确和完整。但是承包人自行承担据此资料作出判断、推论和决策的后果。

4. 协助承包人办理证件和批件

承包人在办理相关证件和批件过程中可能需要获得发包人的协助,如提供相关证明文件等。发包人应及时提供这些协助,以便承包人顺利开展施工。

5. 组织设计交底

根据《建设工程质量管理条例》第 23 条规定,设计单位应当就审查合格的施工图设计文件,向施工单位作出详细说明。设计单位向承包人进行设计交底是其法定义务,但设计单位与承包人之间没有合同关系,发包人应根据合同进度计划,组织设计单位向承包人进行设计交底。对于发包人和承包人而言,这也是保证工程质量和施工质量的有效措施。

6. 支付合同价款

建设工程合同是指承包人进行工程建设,发包人支付价款的合同。按合同约定及时支付合同价款是发包人的核心义务,也是工程顺利完工的重要保障。值得注意的是,根据住房和城乡建设部、国家发展和改革委员会、财政部、中国人民银行联合发布的《关于严

【关于严禁政府投资项目使用带资承包方式进行建设的通知】

禁政府投资项目使用带资承包方式进行建设的通知》（建市〔2006〕6号）的相关规定，政府投资项目不得使用带资承包方式进行建设。

7. 组织竣工验收

工程项目的竣工验收是施工全过程的最后一道程序，是建设投资成果转入生产或使用的标志，也是全面考核投资效益、检验设计和施工质量的重要环节。发包人收到承包人提交的竣工验收报告后，应及时组织有设计、施工、工程监理单位参加的竣工验收，检查整个建设项目是否已按设计要求和合同约定全部建设完成，以及是否符合竣工验收条件。实际竣工日期应经工程验收后确定，并在工程接收证书中写明。接收证书上的日期将作为衡量工期延误或提前的依据。

8. 其他义务

上述7项是发包人的一般义务。从广义上讲，合同条款中涉及发包人应做的工作，均属发包人义务。发包人应完成的各项工作和应承担的各种合同义务均应在合同中予以明确约定。

某市一家房地产开发公司（发包人）与一家建筑工程公司（承包人）签订了一份工程施工合同。合同约定，由房地产开发公司完成"三通一平"工作，提供施工水电，并在合同约定的开工日期前7日，将施工场地交给承包人。在合同履行过程中，由于拆迁等问题，导致发包人不能按合同约定将施工场地移交给承包人。承包人以发包人没有按合同约定提供施工场地为由，向发包人提出顺延工期，补偿窝工损失的请求。

【案例评析】

按照合同的相关约定，发包人按时向承包人提供施工场地是发包人的合同义务。由于发包人没有恰当履行合同义务，工期应予以顺延，相关损失应予以补偿。

5.2.3 承包人的合同义务

1. 承包人的一般合同义务

1) 遵守法律

承包人在履行合同过程中应遵守法律，并保证发包人免于承担因承包人违反法律而引起的任何责任。

2) 依法纳税

承包人应按有关法律规定纳税，应缴纳的税金包括在合同价格内。按照税法等有关法律规定，增值税、城建税、教育费附加包括在合同价格内。

3) 完成各项承包工作

承包人应按合同协议书、合同条件、技术标准和要求、图纸、已标价工程量清单等合同文件约定及监理人指示，完成全部工程，修补工程中的任何缺陷，并负责提供合同工作所需的劳务、材料、施工设备、工程设备和其他物品，并按合同约定负责临时设施的设计、建造、运行、维护、管理和拆除。

4）对施工作业和施工方法的完备性负责

承包人应按合同约定的工作内容和施工进度要求，编制施工组织设计和施工措施计划，并对所有施工作业和施工方法的完备性和安全可靠性负责，包括合同没有约定的具体施工作业和施工方法，承包人也要对其完备性和安全可靠性负责。

5）保证工程施工和人员安全

承包人应按约定采取施工安全措施，确保工程及其人员、材料、设备和设施的安全，防止因工程施工造成的人身伤害和财产损失。

除由发包人原因造成承包人人员工伤事故的，由发包人承担责任外，承包人应对其履行合同所雇用的全部人员，包括分包人人员的工伤事故承担责任。由于承包人原因在施工场地内及其毗邻地带造成的第三者人员伤亡和财产损失，也由承包人负责赔偿。

6）负责施工场地及其周围环境与生态保护工作

承包人在施工过程中，应遵守有关环境保护的法律，履行合同约定的环境保护义务，并对违反法律和合同约定义务所造成的环境破坏、人身伤害和财产损失负责。

7）避免施工对公众与他人的利益造成损害

承包人在进行合同约定的各项工作时，不得侵害发包人与他人使用公用道路、水源、市政管网等公共设施的权利，避免对邻近的公共设施产生干扰。承包人占用或使用他人的施工场地，影响他人作业或生活的，应承担相应责任。

8）为他人提供方便

承包人应按合同约定或监理人的指示为其他承包商在施工场地或附近实施与工程有关的其他各项工作提供可能的条件，履行管理、协调、配合、照管或服务的合同义务。由此发生的相关费用由工程师按合同约定商定或确定，或根据招标文件的要求，已包含在签约合同价中。

9）工程的围护和照管

工程竣工验收前，承包人应负责照管和维护工程。当整个工程尚有部分未竣工的，承包人还应负责该未竣工工程的照管和维护工作，直至竣工后移交发包人为止。

2. 履约担保

承包人应按合同规定的格式和专用合同条款规定的金额，在正式签订协议书前向发包人提交经发包人同意的银行或其他金融机构出具的履约保函或经发包人同意的具有担保资格的企业出具的履约担保，并应保证其履约担保在发包人颁发工程接收证书前一直有效。发包人应按照合同约定，在工程接收证书颁发后一定时间内把履约担保退还给承包人。

3. 分包

根据《合同法》和《招标投标法》的相关规定，承包人不得将其承包的全部工程转包给第三人，或将其承包的全部工程肢解后以分包的名义转包给第三人。承包人不得将工程主体、关键性工作分包给第三人。除专用合同条款另有约定外，未经发包人同意，承包人不得将工程的其他部分或工作分包给第三人。承包人应与分包人就分包工程向发包人承担连带责任。

4. 联合体

联合体各方应共同与发包人签订合同协议书。联合体各方应为履行合同承担连带责任。联合体协议经发包人确认后作为合同附件。在履行合同过程中，未经发包人同意，不得修改联合体协议。联合体牵头人负责与发包人和监理人联系，并接受指示，负责组织联合体各成员全面履行合同。

5. 承包人项目经理

承包人应按合同约定指派项目经理，并在约定的期限内到职。承包人更换项目经理应事先征得发包人同意，并按照合同约定的时间通知发包人和监理人。承包人项目经理短期离开施工场地，应事先征得监理人同意，并委派代表代行其职责。

承包人为履行合同发出的一切函件均应盖有承包人授权的施工场地管理机构章，并由承包人项目经理或其授权代表签字。

承包人项目经理的姓名、职称、身份证号、执业资格证书号、注册证书号、执业印章号、安全生产考核合格证书号等细节资料应当在合同协议书中载明。

6. 承包人人员管理

承包人应在接到开工通知后，按合同约定向监理人提交承包人在施工场地的管理机构以及人员安排的报告，其内容应包括管理机构的设置、各主要岗位的技术和管理人员名单及其资格，以及各工种技术工人的安排状况。承包人应向监理人提交施工场地人员变动情况的报告。

承包人安排在施工场地的主要管理人员和技术骨干应相对稳定。承包人更换主要管理人员和技术骨干时，应取得监理人的同意。

7. 撤换承包人项目经理和其他人员

承包人应对其项目经理和其他人员进行有效管理。监理人要求撤换不能胜任本职工作、行为不端或玩忽职守的承包人项目经理和其他人员的，承包人应予以撤换。

8. 保障承包人人员的合法权益

承包人应与其雇佣的人员签订劳动合同，按时发放工资，为其雇佣人员办理保险，并按《中华人民共和国劳动法》的规定安排工作时间，保证其雇佣人员享有休息和休假的权利。因工程施工的特殊需要占用休假日或延长工作时间的，应不超过法律规定的限度，并按法律规定给予补休或付酬。

承包人应为其雇佣人员提供必要的食宿条件以及符合环境保护和卫生要求的生活环境，在远离城镇的施工场地，还应配备必要的伤病防治和急救医务人员与医疗设施。

承包人应按国家有关劳动保护的规定，采取有效的防止粉尘、降低噪声、控制有害气体和保障高温、高寒、高空作业安全等劳动保护措施。其雇佣人员在施工中受到伤害的，承包人应立即采取有效措施进行抢救和治疗，负责处理其雇佣人员因工伤亡事故的善后事宜。

9. 工程价款专款专用

工程价款专款专用是保证工程顺利进行的重要条件。发包人支付的预付款、进度款为工程的专款专用资金，不得转移或用于其他工程。在工程实务中，发包人付款将转入承包人指定并经业主批准的银行所设的专门账户，发包人及其派出机构有权不定期对承包人工程价款的使用情况进行检查，发现问题及时责令承包人限期改正，否则将终止按月支付，直至承包人改正为止。

10. 承包人现场查勘

承包人应对施工场地和周围环境进行查勘，并收集有关地质、水文、气象条件，交通条件，风俗习惯，以及其他为完成合同工作有关的当地资料。在全部合同工作中，应视为承包人已充分估计了应承担的责任和风险。

发包人将其持有的现场地质勘探资料、水文气象资料提供给承包人，并对其准确性负责，但承包人应对其阅读上述有关资料后所作出的解释和推断负责。

根据《中华人民共和国城乡规划法》的相关规定，建筑工程规划许可证应由建设单位，即发包人办理，是发包人的法定义务。所以，本案中的过错在发包人。发包人应赔偿给承包人造成的先期投入、设备、材料运送费用以及耗用人工费用损失。

5.3 工程施工合同控制性条款分析

合同管理是为实现项目管理目标服务的。施工合同管理是通过合同来确立一些有关工程施工中的重大管理程序和制度，如计量支付程序、工程结算程序、变更制度与程序、索赔程序等。因此，为使施工合同管理具有可操作性，应根据项目管理实施规划，在合同中设置进度控制条款、质量控制条款和投资控制条款等合同管理的程序性条款。

5.3.1 进度控制条款分析

对于发包人而言，工程能否按期竣工有时关系到项目能否按计划时间投入运营，关系到预期的经济利益能否实现。而对于承包人来说，按期竣工是承包人的主要合同义务，并且能否达到合同约定的进度要求，关系到工程款的支付。例如，在有些合同中约定为控制工程进度而提出一个每月最低付款额，不足最低付款额的已完工程价款会延至下月支付。

工程进度控制程序如图5.1所示。

在合同中，发包人可要求承包人按约定的内容与期限，按投标阶段承诺的总进度计划关键线路目标以及施工顺序和方法要点，向监理人提交更准确、更详细的施工进度计划和施工方案，经监理人批准的施工进度计划称为合同进度计划，具有合同地位，是控制合同工程进度的依据。为了便于进行工程进度控制，发包人还可以在合同专用条款中要求承包人编制更为详细的分阶段或分项进度计划，特别是合同进度计划关键线路上的单位工程或分包工程，并提交监理人审批。监理人应在合同约定的期限内批复或提出修改意见，否则该进度计划视为已得到批准。

在履行施工合同的过程中，由于种种原因造成工程的实际进度与合同计划进度不符时，承包人需在合同约定的期限内向监理人提交修订合同进度计划的申请报告，并附有关

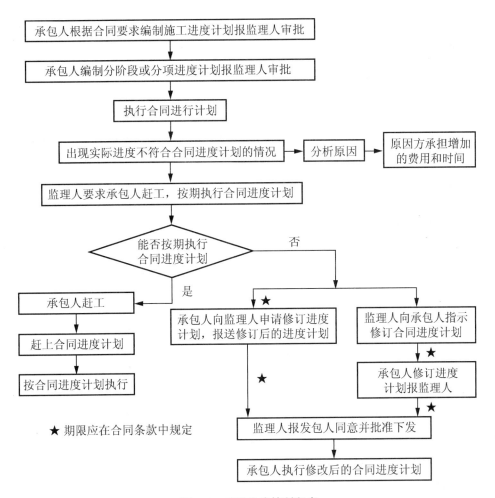

图 5.1 工程进度控制程序

措施和相关资料,报监理人审批。在这种情况下,监理人也可直接要求承包人采取有效措施,赶上计划进度。如果采取赶工措施后仍不能按期竣工,应由承包人报送修订后的进度计划,报监理人批准并获得发包人同意后作为合同进度计划的补充文件。承包人报送修订合同进度计划的时限和监理人批复的时限应在专用合同条款中约定。

● 特 别 提 示

开工是工程实施的重要里程碑,开工日期是计算合同工期的起算点。监理人应在合同约定的时间内向承包人发出开工通知。监理人在发出开工通知前应获得发包人的同意。承包人应按合同进度计划,向监理人提交工程开工报审表,经监理人审批后按约定的开工日期开工。开工报审表应详细说明按合同进度计划正常施工所需的施工道路、临时设施、材料设备、施工人员等施工组织措施的落实情况以及工程的进度安排。承包人应在开工日期后尽快施工。

应用案例

某发包人欲扩建厂房，遂与某建筑公司（承包人）签订建设工程合同。关于施工进度，合同规定：2月1日—2月20日，地基完工；2月21日—4月30日，主体工程竣工；5月1—10日，封顶，全部工程竣工。2月初，工程开工，为尽早使建设厂房使用投产，发包人便派专人检查监督施工进度，检查人员曾多次要求建筑公司缩短工期，均被承包人以质量无法保证为由拒绝。为使工程尽早完工，检查人员以承包人名义要求材料供应商提货至目的地，造成材料堆积过多，管理困难，部分材料损坏。承包人遂起诉，要求发包人承担赔偿责任。发包人以检查作业进度，督促承包人完工为由抗辩，法院判决发包人抗辩不成立，应承担赔偿责任。

【案例评析】

本案涉及发包方如何行使检查监督权问题。《合同法》第277条规定："发包人在不妨碍承包人正常作业的情况下，可以随时对作业进度、质量进行检查。"这说明检查、监督为发包人的权利，接受检查、监督为承包人的义务。对于发包人不影响其工作的必要监督、检查，承包人应予以支持和协助，不得拒绝。发包人有权随时对承包人作业的进度和质量进行检查，但这一权利的行使不得妨碍承包人的正常作业。本案例中发包人妨碍了承包人的正常施工作业，故应承担相应的赔偿责任。

5.3.2 质量控制条款分析

为了保证工程项目达到投资建设的预期目的，确保工程的质量至关重要。

1. 工程质量要求

工程质量验收按合同约定的验收标准执行。因承包人原因造成工程质量达不到合同约定验收标准的，监理人有权要求承包人返工直至符合合同要求为止，由此造成的费用增加和（或）工期延误由承包人承担。因发包人原因造成工程质量达不到合同约定验收标准的，发包人应承担由于承包人返工造成的费用增加和（或）工期延误，并支付承包人合理利润。

监理人有权对工程的所有部位及其施工工艺、材料、构配件和工程设备进行检查和检验。承包人应为监理人的检查和检验提供方便。监理人的检查和检验，不免除承包人按合同约定应负的责任。

2. 材料、构配件、工程设备到货验收

工程项目所用的材料、构配件和工程设备按照专用合同条款的约定，可由承包人采购，也可由发包人采购供应全部或部分的主要材料、构配件、工程设备。合同双方当事人对自己所供应的材料和设备的质量承担全部责任。

1）承包人供应的材料、构配件和工程设备

除专用合同条款另有约定外，承包人提供的材料、构配件和工程设备均由承包人负责采购、运输和保管。承包人应对其采购的材料、构配件和工程设备负责。

承包人应按合同条款的约定，将各项材料、构配件和工程设备的供货人及品种、规格、数量和供货时间等报送监理人审批。承包人应向监理人提交其负责提供的材料、构配件和工程设备的质量证明文件，并满足合同约定的质量标准。

对承包人供应的材料、构配件和工程设备，承包人应会同监理人进行检验和交货验收，查验材料合格证明和产品合格证书，并按合同约定和监理人指示，进行材料的抽样检验和工程设备的检验测试，检验测试结果应提交监理人，所需费用由承包人承担。

2）发包人供应的材料、构配件和工程设备

发包人提供的材料、构配件和工程设备，应在专用合同条款和发包人供应材料设备一览表中写明材料、构配件和工程设备的名称、规格、数量、价格、交货方式、交货地点和计划交货日期等。承包人应根据合同进度计划的安排，向监理人报送要求发包人交货的日期计划。发包人应按照监理人与合同双方当事人商定的交货日期，向承包人提交材料、构配件和工程设备。

发包人应在材料、构配件和工程设备到货前7日通知承包人，承包人应会同监理人在约定的时间内，赴交货地点共同进行验收。除专用合同条款另有约定外，发包人提供的材料、构配件和工程设备验收后，由承包人负责接收、运输和保管。

发包人要求向承包人提前交货的，承包人不得拒绝，但发包人应承担承包人由此增加的费用。

承包人要求更改交货日期或地点的，应事先报请监理人批准。由于承包人要求更改交货时间或地点所增加的费用和（或）工期延误由承包人承担。

发包人提供的材料、构配件和工程设备的规格、数量或质量不符合合同要求，或由于发包人原因发生交货日期延误及交货地点变更等情况的，发包人应承担由此增加的费用和（或）工期延误，并向承包人支付合理的利润。

3. 试验和检验

为了防止材料、构配件和工程设备在现场储存时间或保管不善而导致质量降低，应在用于永久工程施工前进行必要的试验和检验。对于已施工工程，监理人应按合同约定进行检验。经验收合格的工程，才能支付工程款。

1）材料、构配件、工程设备和工程的试验和检验

承包人应按合同约定进行材料、构配件、工程设备和工程的试验和检验，并为监理人对上述材料、构配件、工程设备和工程的质量检查提供必要的试验资料和原始记录。按合同约定应由监理人与承包人共同进行试验和检验的，由承包人负责提供必要的试验资料和原始记录。

监理人未按合同约定派人员参加试验和检验的，除监理人另有指示外，承包人可自行试验和检验，并应立即将试验和检验结果报送监理人，监理人应签字确认。

监理人对承包人的试验和检验结果有疑问的，或为查清承包人试验和检验成果的可靠性要求承包人重新试验和检验的，可按合同约定由监理人与承包人共同进行。重新试验和检验的结果证明该项材料、构配件、工程设备和工程的质量不符合合同要求，由此增加的费用和（或）工期延误由承包人承担；重新试验和检验的结果证明该项材料、构配件、工程设备和工程符合合同要求，由发包人承担由此增加的费用和（或）工期延误，并支付承包人合理利润。

2) 现场材料试验

在一些项目中,需要承包人在工地现场自建完备的试验室,提供现场材料试验所需的一切试验条件。试验事项是指承包人按照合同约定设置的试验项目,主要是对工程用的水泥、钢材、土料和石料以及混凝土材料等进行常规性抽检和试验。承包人的试验室自身不能承担重要原材料的试验,如钢绞线等材料的化学分析。较复杂的试验及标准试验可委托具有相应资质等级并经监理人批准的试验室进行。

监理人在必要时可以使用承包人的试验室、试验设备器材以及其他试验条件,进行以工程质量检查为目的的复核性材料试验,承包人应予以协助。

3) 现场工艺试验

现场工艺试验是指已在国家或行业的规程、规范中规定的常规工艺试验或为进行某项成熟的工艺所必须进行的试验。承包人应按合同约定或监理人指示进行现场工艺试验。对大型的现场工艺试验,监理人认为必要时,应由承包人根据监理人提出的工艺试验要求,编制工艺试验措施计划,报监理人审批。

现场工艺试验所需的费用通常可计入所属的分部分项工程项目内,不需要在工程量清单中单独列项。对于特殊的、规模较大的新工艺试验,往往需编制专项试验计划,通常应单独列项,采用总价包干,并应在技术标准和要求中详细说明其试验工作内容,以供承包人准确报价。

4. 隐蔽工程的检查

工程隐蔽部位是指工作面经覆盖后将无法直接查看的工程部位,对于隐蔽工程的检查关系到整个工程质量控制,也对施工进度有影响。没有监理人的批准,工程的任何部分均不能覆盖或隐蔽,不能进行下一道工序的施工。

隐蔽工程的检查程序如图 5.2 所示。

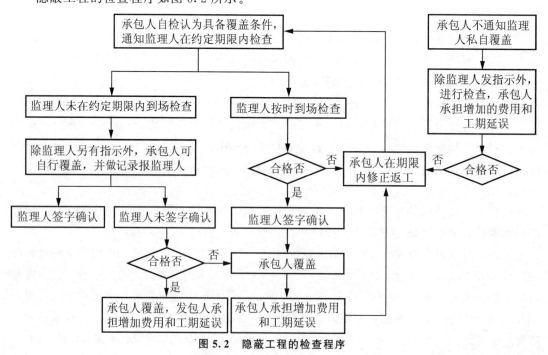

图 5.2 隐蔽工程的检查程序

1）通知监理人检查

经承包人自检确认的工程隐蔽部位具备覆盖条件后,承包人应通知监理人在约定的期限内检查。承包人的通知应附有自检记录和必要的检查资料,监理人应按时到场检查。经监理人检查确认质量符合隐蔽要求,并在检查记录上签字后,承包人才能进行覆盖。监理人检查确认质量不合格的,承包人应在监理人指示的时间内修整返工后,由监理人重新检查。

2）监理人未到场检查

监理人未按约定的时间进行检查的,除监理人另有指示外,承包人可自行完成覆盖工作,并做相应记录报送监理人,监理人应签字确认。监理人事后对检查记录有疑问的,可进行重新检查。

3）监理人重新检查

承包人对工程隐蔽部位覆盖后,监理人对质量有疑问的,可要求承包人对已覆盖的部位进行钻孔探测或揭开重新检验,承包人应遵照执行,并在检验后重新覆盖,恢复原状。经检验证明工程质量符合合同要求的,由发包人承担由此增加的费用和(或)工期延误,并支付承包人合理利润;经检验证明工程质量不符合合同要求的,由此增加的费用和(或)工期延误由承包人承担。

4）承包人私自覆盖

承包人未通知监理人到场检查,私自将工程隐蔽部位覆盖的,监理人有权指示承包人钻孔探测或揭开检查,由此增加的费用和(或)工期延误由承包人承担。

5. 竣工验收

竣工验收是指承包人完成合同工程后移交给发包人接收前,由发包人组织进行的验收,在实际工作中也称为"完工验收"和"交工验收"。工程竣工必须经验收合格后,才能交付使用,未经验收或验收不合格的,不得交付使用,不得办理产权登记。工程竣工验收是体现工程已经基本完成的一个里程碑,也是控制质量的一个十分关键的手段。

工程竣工验收的程序如图 5.3 所示。

1）竣工验收申请

当工程具备以下条件时,承包人即可向监理人报送竣工验收申请报告。

(1) 除监理人同意列入缺陷责任期内完成的尾工(甩项)工程和缺陷修补工作外,合同范围内的全部单位工程以及有关工作,包括合同要求的试验、试运行以及检验和验收均已完成,并符合合同要求。

(2) 已按合同约定的内容和份数备齐了符合要求的竣工资料。

(3) 已按监理人的要求编制了在缺陷责任期内完成的尾工(甩项)工程和缺陷修补工作清单,以及相应的施工计划。

(4) 监理人要求在竣工验收前应完成的其他工作。

(5) 监理人要求提交的竣工验收资料清单。

2）验收

监理人收到承包人按合同约定提交的竣工验收申请报告后,应审查申请报告的各项内容,并按以下不同情况进行处理。

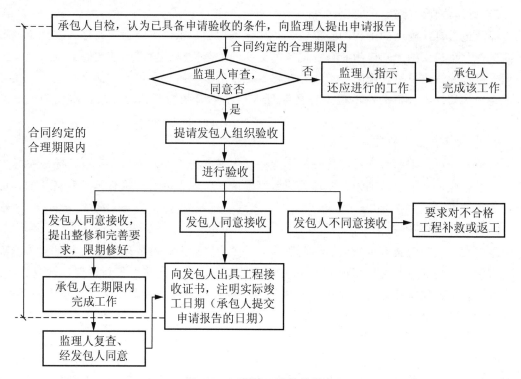

图 5.3　工程竣工验收的程序

（1）监理人审查后认为尚不具备竣工验收条件的，应在收到竣工验收申请报告后的约定期限内通知承包人，指出在颁发接收证书前承包人还需进行的工作内容。承包人完成监理人通知的全部工作内容后，应再次提交竣工验收申请报告，直至监理人同意为止。

（2）监理人审查后认为已具备竣工验收条件的，应在收到竣工验收申请报告后的约定期限内提请发包人进行工程验收。

（3）发包人经过验收后同意接受工程的，应在监理人收到竣工验收申请报告后的约定期限内，由监理人向承包人出具经发包人签认的工程接收证书。发包人验收后同意接收工程但提出整修和完善要求的，限期修好，并缓发工程接收证书。整修和完善工作完成后，监理人复查达到要求的，经发包人同意后，再向承包人出具工程接收证书。

（4）发包人验收后不同意接收工程的，监理人应按照发包人的验收意见发出指示，要求承包人对不合格工程认真返工重作或进行补救处理，并承担此产生的费用。承包人在完成不合格工程的返工重作或补救工作后，应重新提交竣工验收申请报告，按约定程序进行竣工验收。

（5）除专用合同条款另有约定外，经验收合格工程的实际竣工日期，以提交竣工验收申请报告的日期为准，并在工程接收证书中写明。

（6）发包人在收到承包人竣工验收申请报告后的约定期限内未进行验收的，视为验收合格，实际竣工日期以提交竣工验收申请报告的日期为准，但发包人由于不可抗力不能进行验收的除外。

工程项目经过竣工验收后，虽然通过了交工前的各种检验，但仍可能存在质量缺陷，直到使用过程中才能初步暴露出来。因此，为了保证发包人的权益，一般会在合同中约定工程竣工验收后进入缺陷责任期。缺陷责任期一般为 6 个月、12 个月或 24 个月。在缺陷责任期内，承包人对已交付使用的工程承担缺陷责任。缺陷责任期自实际竣工日期起计算。

特 别 提 示

在《建设工程施工合同（示范文本）》（GF—2013—0201）中约定：发包人收到承包人送交的竣工验收申请报告后 28 日内不组织验收，或验收后 14 日内不提出修改意见，视为竣工验收报告已被认可。而在《标准施工招标文件》中约定：发包人经过验收后同意接收工程的，应在监理人收到竣工验收申请报告后的 56 日内，由监理人向承包人出具经发包人签认的工程接收证书。

5.3.3 投资控制条款分析

当承包人按照合同进度计划完成工程，经监理人验收合格，发包人应按照合同的约定支付工程款。支付条款是施工合同中的核心条款。工程项目的特点决定工程款的支付方式与一般的其他民事合同不同。这主要表现在工程完成之前合同价格的不确定性与支付程序的复杂性。合理的支付规定，清晰而完整的支付程序，是合同条件高水平的体现。

同时值得注意的是，发包人支付工程款的前提是承包人按照合同进度计划完成工程，并经监理人验收合格。因此，合同的投资控制条款是与进度控制条款和质量控制条款紧密联系的。

1. 费用项目性质

合同类型的约定体现合同双方的风险分担方式和价款支付方式等基本合同特征，但实际工程中很少有纯粹的单价合同或总价合同。在工程实践中，需要监理人在技术标准中对工程所涉及的每一个费用项目的性质进行界定，有利于承包商按照业主要求合理计价。

按照费用项目性质的不同，可以将所有的费用项目划分为两类，一类是单价子目，另一类是总价子目。

单价子目是指可以按合同约定的工程量计算规则确定数量，以单价计价的子目。总价子目是指以总额或项为计量单位，以总价计价的子目。一般来说，单价子目的工程量具备合同约束力，工程进度款结算按承包商实际完成的工程量计量支付。而总价子目的工程量往往是参考性的，是进度款支付的参照内容，不构成决定最终结算的约束力，总价子目的支付一般按照工程实际完成进度，根据合同约定数额支付或以百分比方式分摊支付。

2. 计量

1）单价子目的计量

（1）已标价工程量清单中的单价子目工程量为估算工程量。结算工程量是承包人实际完成的，并按合同约定的计量方法进行计量的工程量。

（2）承包人按照合同约定的计量周期对已完成的工程进行计量，向监理人提交进度付款申请单、已完成工程量报表和有关计量资料。

（3）监理人对承包人提交的工程量报表进行复核，以确定实际完成的工程量。监理人对数量有异议的，可要求承包人按合同约定进行共同复核和抽样复测。承包人应协助监理人进行复核并按监理人要求提供补充计量资料。承包人未按监理人要求参加复核，监理人复核或修正的工程量视为承包人实际完成的工程量。

（4）监理人认为有必要时，可通知承包人共同进行联合测量、计量，承包人应遵照执行。

（5）承包人完成工程量清单中每个子目的工程量后，监理人应要求承包人派人员共同对每个子目的历次计量报表进行汇总，以核实最终结算工程量。监理人可要求承包人提供补充计量资料，以确定最后一次进度付款的准确工程量。承包人未按监理人要求派人员参加的，监理人最终核实的工程量视为承包人完成该子目的准确工程量。

（6）监理人应在收到承包人提交的工程量报表后的约定期限内进行复核，监理人未在约定时间内复核的，承包人提交的工程量报表中的工程量视为承包人实际完成的工程量，据此计算工程价款。

2）总价子目的计量

（1）总价子目的计量和支付应以总价为基础，一般不进行调整，总价子目的工程量是承包人用于结算的最终工程量。承包人实际完成的工程量，是进行工程目标管理和控制进度支付的依据。

（2）承包人在合同约定的每个计量周期内，对已完成的工程进行计量，并向监理人提交进度付款申请单，专用合同条款约定的合同总价支付分解表所表示的阶段性或分项计量的支持性资料，以及所达到的工程形象目标或分阶段需完成的工程量和有关计量资料。

总价子目支付分解表的形成一般有3种方式：一是对于工程较短的项目，将各个总价子目的价格按合同约定的计量周期平均；二是对于合同价格不大的项目，可按照总价子目的价格占签约合同价的百分比，以及各个支付周期内完成的单价子目的总价值，以固定百分比的方式均摊支付；三是根据有合同约束力的进度计划、预先确定的里程碑形象进度节点（或支付周期）、将总价子目的价格分解到各个形象进度节点（或支付周期中），汇总形成支付表。

支付分解表经监理人审核批准后，产生合同约束力。实际支付时，监理人应检查核实总价子目是否达到支付分解表的要求，若达到即可支付经批准的每阶段总价支付金额。

（3）监理人对承包人提交的上述资料进行复核，以确定分阶段实际完成的工程量和工程形象目标。对其有异议的，可要求承包人按合同约定进行共同复核和抽样复测。

3. 预付款

预付款是施工合同订立后由发包人按合同约定，在正式开工前预先支付给承包人的工程价款，用于一定数量的备料和资金周转。预付款只能专用于本合同工程。

除合同另有约定外，承包人应在收到预付款的同时向发包人提交预付款保函，预付款保函的担保金额应与预付款金额相同。保函的担保金额可根据预付款扣回的金额相应递减。

预付款的总金额、分期拨付次数、拨付金额、付款时间、扣回办法以及预付款担保手续，应视工程规模、工期长短、工程类型和工程量清单子目内容等具体情况，由发包人通过编制合同资金流，以及参考类似工程经验估算确定，并在合同条款中予以约定。在颁发工程接收证书前，由于不可抗力或其他原因解除合同时，预付款尚未扣清的，尚未扣清的预付款余额应作为承包人的到期应付款。

4. 工程进度付款

工程进度款结算是工程价款结算的一个重要的内容，做好工程进度款结算工作是做好竣工结算的基础。按照合同约定支付工程款，是发包人应当履行的一项基本合同义务，违反约定应承担相应的违约责任。

有关工程进度付款的合同约定包括4个方面的内容：对于进度付款申请单的要求、进度付款证书与支付时间、工程进度款的修正和临时付款证书。工程进度付款及修正程序如图5.4所示。

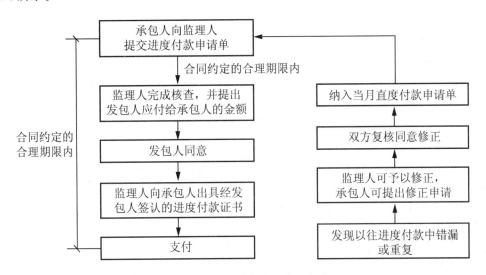

图 5.4　工程进度付款及修正程序

1）进度付款申请单的要求

承包人应在每个付款周期末，按监理人批准的格式和专用合同条款约定的份数，向监理人提交进度付款申请单，并附相应的支持性证明文件。除专用合同条款另有约定外，进度付款申请单包括下列内容。

(1) 截至本次付款周期末已实施工程的价款。

(2) 应增加和扣减的变更金额。

(3) 应增加和扣减的索赔金额。

(4) 应支付的预付款和扣减的返还预付款。

(5) 约定应扣减的质量保证金。

(6) 根据合同应增加和扣减的其他金额。

2）进度付款证书与支付时间

(1) 监理人在收到承包人进度付款申请单以及相应的支持性证明文件后，于约定期限内完成核查，提出发包人到期应支付给承包人的金额以及相应的支持性材料，经发包人审查同意后，由监理人向承包人出具经发包人签认的进度付款证书。监理人有权扣发承包人未能按照合同要求履行任何工作或义务的相应金额。

(2) 发包人应在监理人收到进度付款申请单后的约定期限内，将进度应付款支付给承包人。发包人不按期支付的，按专用合同条款的约定支付逾期付款违约金。

(3) 监理人出具进度付款证书，不应视为监理人已同意、批准或接受了承包人完成的该部分工作。

(4) 进度付款涉及政府投资资金的，按照国库集中支付等国家相关规定和专用合同条款的约定办理。

3) 工程进度付款的修正

在对以往历次已签发的进度付款证书进行汇总和复核中发现错漏或重复的，监理人有权予以修正，承包人也有权提出修正申请。经双方复核同意的修正，应在本次进度付款中支付或扣除。

4) 临时付款证书

在合同约定的期限内，承包人和监理人有时无法对当期已完工程量和按合同约定应当支付的其他款项达成一致，为避免争议，可在专用合同条款内约定监理人就承包人没有异议的金额准备临时付款证书，报发包人审查。临时付款证书中应当说明承包人有异议部分金额及其原因，经发包人签认后，由监理人向承包人出具临时付款证书，发包人按合同约定的期限将临时付款证书中确定的应付金额支付给承包人。

对临时付款证书中列明的承包人有异议部分的金额，承包人应当按照监理人要求，提交进一步的支持文件和（或）与监理人做进一步共同复核工作，经监理人进一步审核并认可的应付金额，可按合同约定进度付款支付程序纳入到下一期进度付款证书中。经过上述程序，承包人仍有异议的，可按合同约定的争议解决程序办理。

5. 质量保证金

【质量保证金-建质〔2017〕138号】

质量保证金用于保证承包人履行属于自身责任的工程缺陷修补。质量保证金总额通常为合同价格的3%，可视项目的具体情况而定。质量保证金的扣留比例和方法应在专用条款或技术标准中约定。

监理人应在合同约定的支付周期开始，在发包人的进度付款中，按专用合同条款的约定扣留质量保证金，直至扣留的质量保证金总额达到专用合同条款约定的金额或比例为止。

在缺陷责任期满时，承包人向发包人申请到期应返还承包人剩余的质量保证金，发包人应在约定的期限内会同承包人按照合同约定的内容核实承包人是否完成缺陷责任。如无异议，发包人应当在核实后将剩余保证金返还承包人。在约定的缺陷责任期满时，承包人没有完成缺陷责任的，发包人有权扣留与未履行责任剩余工作所需金额相应的质量保证金余额，并有权根据合同约定要求延长缺陷责任期，直至完成剩余工作为止。

6. 竣工结算

按照国家法律法规相关的规定。工程竣工验收后，发包人与承包人双方应及时办理工程竣工结算，否则工程不得交付使用，政府有关部门不予办理权属登记。

在实际工作中，当年开工、当年竣工的工程，只需办理一次性结算。跨年度的工程，根据企业财务工作的要求，可在年终办理一次年终结算，将未完工程转结到下一年度，此时竣工结算等于各年结算的总和。

有关竣工结算的合同约定一般包括3个方面的内容：对于竣工付款申请单的要求、竣工付款证书、支付时间。竣工结算程序如图5.5所示。

第5章 工程施工合同

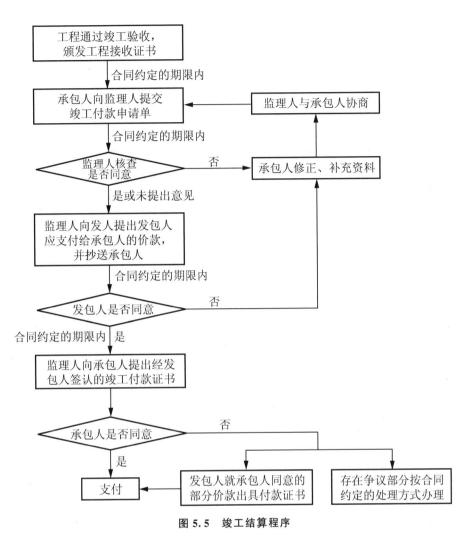

图 5.5 竣工结算程序

1) 竣工付款申请要求

(1) 工程接收证书颁发后,承包人应按专用合同条款约定的份数和期限向监理人提交竣工付款申请单,并提供相关证明材料。除专用合同条款另有约定外,竣工付款申请单应包括:竣工结算合同总价、发包人已支付承包人的工程价款、应扣留的质量保证金、应支付的竣工付款金额。

(2) 监理人对竣工付款申请单有异议的,有权要求承包人进行修正和提供补充资料。经监理人和承包人协商后,由承包人向监理人提交修正后的竣工付款申请单。

2) 进度付款证书和支付时间

(1) 监理人在收到承包人提交的竣工付款申请单后,于约定期限内完成核查,提出发包人到期应支付给承包人的价款送发包人审核并抄送承包人。发包人应在收到后,应按合同约定的期限内审核完毕,由监理人向承包人出具经发包人签认的竣工付款证书。监理人未在约定时间内核查,又未提出具体意见的,视为承包人提交的竣工付款申请单已经监理人核查同意;发包人未在约定时间内审核又未提出具体意见的,监理人提出发包人到期应支付给承包人的价款视为已经发包人同意。

（2）发包人应在监理人出具竣工付款证书后，应按合同约定期限将支付款支付给承包人。发包人不按期支付的，按合同约定，将逾期付款违约金支付给承包人。

（3）承包人对发包人签认的竣工付款证书有异议的，发包人可出具竣工付款申请单中承包人已同意部分的临时付款证书。存在争议的部分，按合同约定的争议解决办法办理。

7. 最终结清

当缺陷责任终止证书颁发后，承包人已履行完其全部合同义务，但合同价款尚未结清，因此承包人需提交最终结清的申请单，说明未结清的名目和金额，并附有关的证明材料。

最终结清时，如果发包人扣留的质量保证金不足以补偿发包人损失的，承包人应承担不足部分的赔偿责任。

有关最终结清的合同约定包括 3 个方面的内容：对于最终付款申请单的要求、最终付款证书和支付时间。最终结清程序如图 5.6 所示。

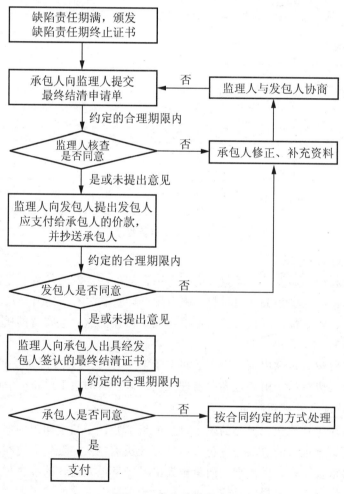

图 5.6 最终结清程序

1) 最终付款申请单的要求

（1）缺陷责任期终止证书签发后，承包人可按专用合同条款约定的份数和期限向监理人提交最终结清申请单，并提供相关证明材料。

（2）发包人对最终结清申请单内容有异议的，有权要求承包人进行修正和提供补充资料，由承包人向监理人提交修正后的最终结清申请单。

2) 最终付款证书和支付时间

（1）监理人收到承包人提交的最终结清申请单后，按合同约定的期限提出发包人应支付给承包人的价款送发包人审核并抄送承包人。发包人应在收到后，应按约定的期限审核完毕，由监理人向承包人出具经发包人签认的最终结清证书。监理人未在约定时间内核查，又未提出具体意见的，视为承包人提交的最终结清申请已经监理人核查同意；发包人未在约定时间内审核又未提出具体意见的，监理人提出应支付给承包人的价款视为已经发包人同意。

（2）发包人应在监理人出具最终结清证书后，按合同约定的期限将应支付款支付给承包人。发包人不按期支付的，应按合同约定承担违约责任，将逾期付款违约金支付给承包人。

（3）承包人对发包人签认的最终结清证书有异议的，应按合同约定的争议解决办法办理。

本章小结

本章对建设工程施工合同进行了详细的阐述。主要介绍了合同的概念、特征、内容和参与方；建设工程施工合同管理的目标、合同双方的权利和义务；工程进度控制、质量控制、投资控制条款的解释。

习　题

一、单选题

1. 按照《标准施工招标文件》的约定，当组成施工合同的各文件出现含糊不清或矛盾时，应按（　　）顺序解释。

　　A. 合同协议书、已标价的工程量清单、中标通知书

　　B. 中标通知书、投标函、合同履行中的变更协议

　　C. 合同履行中的补充协议、中标通知书、已标价的工程量清单

　　D. 合同专用条款、合同通用条款、中标通知书

2. 施工合同的组成文件中，结合项目特点针对通用条款内容进行补充或修正，使之与通用条款共同构成对某一方面问题内容完备约定的文件是（　　）。

　　A. 协议书　　　　B. 专用条款　　　　C. 标准条款　　　　D. 质量保修书

3. 按照《建设施工合同示范文本》的规定，承包人的义务包括（　　）。

　　A. 协调处理施工现场周围地下管线保护工作

　　B. 按工程需要提供非夜间施工使用的照明

C. 办理临时停电、停水、中断道路申报批准手续

D. 组织设计交底

4. 按照《建设施工合同示范文本》的约定，工程师接到承包人提交的进度计划后，应在合同约定的时间内予以确认或提出修改意见。如果工程师没有在约定时间内予以确认或提出修改意见，则视为（   ）。

　　A. 工程师已经确认，承包人不再承担计划的缺陷责任

　　B. 工程师已经确认，承包人仍应承担计划的缺陷责任

　　C. 工程师未确认，承包人应修改进度计划

　　D. 工程师未确认，承包人应等待工程师的进一步指示

5. 按照《标准施工招标文件》的约定，监理人接到承包人提交的进度计划后，应在合同约定的时间内予以批复或提出修改意见。如果监理人没有在约定时间内予以确认或提出修改意见，则视为（   ）。

　　A. 进度计划已批准，承包人不再承担计划的缺陷责任

　　B. 进度计划已批准，承包人仍应承担计划的缺陷责任

　　C. 进度计划未批准，承包人应修改进度计划

　　D. 进度计划未批准，承包人应等待工程师的进一步指示

6. 在施工中，承包人按照经过监理人批准的施工方案施工导致事故，所发生的费用应由（   ）承担。

　　A. 发包人　　　　　　　　　　　　B. 承包人

　　C. 监理人　　　　　　　　　　　　D. 发包人和承包人共同

7. 某工程项目施工中，发包人供应的材料经过承包人检验通过后用于工程。后来发现部分工程存在缺陷，原因为材料质量问题，该部分工程需拆除重建，则（   ）。

　　A. 承包人承担返工费用，工期不予顺延

　　B. 承包人承担返工费用，工期给予顺延

　　C. 发包人承担追加合同价款，工期不予顺延

　　D. 发包人承担追加合同价款，工期给予顺延

8. 某施工合同约定，建筑材料由发包人供应。材料使用前需要进行检验时，检验由（   ）。

　　A. 发包人负责，并承担检验费用

　　B. 发包人负责，检验费用由承包人承担

　　C. 承包人负责，并承担检验费用

　　D. 承包人负责，检验费用由发包人承担

9. 某工程项目缺陷责任期内发现存在质量缺陷，监理人出具了鉴定结论。发包人认为承包人不具有维修能力，直接联系维修公司进行了维修，则维修费用应由（   ）承担。

　　A. 发包人　　B. 监理人　　C. 承包人　　D. 维修公司

10. 采用工程量清单计价的承包合同中的综合单价，如果由于设计变更引起工程增减，对其超过合同约定幅度部分的工程量，除合同另有约定外，其综合单价的调整办法是（   ）。

　　A. 由承包人提出，经监理人确认后作为结算依据

　　B. 由发包人提出，经承包人同意后作为结算依据

C. 由承包人提出，报工程造价管理机构备案后作为结算依据

D. 由承包人提出，经发包人确认后作为结算依据

二、多选题

1. 施工合同的当事人包括（　　）。
   A. 发包人　　　　　　　　　　B. 发包人的法定代表人
   C. 工程师　　　　　　　　　　D. 承包人
   E. 承包人的法定代表人

2. 在施工合同中，发包人的义务通常包括（　　）。
   A. 提供施工场地　　　　　　　B. 确保施工所需水电供应
   C. 提供工程进度计划　　　　　D. 负责施工现场的安全保卫
   E. 办理施工临时用地的批准手续

3. 在施工合同中，承包人的义务通常包括（　　）。
   A. 承担白天施工噪声扰民的赔偿费用
   B. 开通施工场地与城乡公共道路的通道
   C. 因承包人原因导致的夜间施工噪声罚款
   D. 施工现场古树名木的保护工作
   E. 办理施工许可证

4. 在施工合同履行过程中，如果发包人不按合同规定及时向承包人支付工程进度款，则承包人有权（　　）。
   A. 立即停止施工
   B. 要求签订延期付款协议
   C. 在未达成付款协议且施工无法进行时停止施工
   D. 追究违约责任
   E. 立即解除合同

5. 下列有关确定变更价款的做法，正确的有（　　）。
   A. 变更确定后承包人及时提出追加价款要求的报告
   B. 工程师在规定时间内对承包人的要求作出答复
   C. 确定的价款报送造价管理部门备案
   D. 工程师未在规定时间内作出答复，视为承包人的要求已批准
   E. 承包人未提出追加价款报告，工程师可单独决定补偿额

三、案例分析

某工程项目采用工程量清单计价法，合同文件中有关资料如下。

（1）分部分项工程量清单中含有甲、乙两个分项，工程量分别为 4 500 m^3 和 3 200 m^3。清单报价中甲项综合单价为 1 240 元/m^3，乙项综合单价为 985 元/m^3。

（2）措施项目清单中环境保护、文明施工、安全施工、临时设施等四项费用以分部分项工程量清单计价合计为基数，费率为 3.8%。

（3）其他项目清单中包含零星工作费一项，暂定费用为 3 万元。

（4）规费以分部分项工程量清单计价合计、措施项目清单计价合计和其他项目清单计价合计之和为基数，规费费率为 4%，税率为 3.41%。

合同有关条款如下。

(1) 施工工期自 2006 年 3 月 1 日开始，工期 4 个月。

(2) 材料预付款按分部分项工程量清单计价合计的 20% 计，于开工前 7 日支付，在最后 2 个月平均扣回。

(3) 措施费（含规费和税金）在开工前 7 日支付 50%，其余部分在各月工程款支付时平均支付。

(4) 零星工作费于最后 1 个月按实结算。

(5) 当某一分项工程实际工程量比清单工程量增加 10% 以上时，超出部分的工程量单价调价系数为 0.9；当实际工程量比清单工程量减少 10% 以上时，全部工程量的单价调价系数为 1.08。

(6) 质量保证金从承包商每月的工程款中按 3% 比例扣留。

承包商各月实际完成（经业主确认）的工程量见表 5-1。

表 5-1 各月实际完成工程量表   单位：m³

分项工程（月份）	3	4	5	6
甲	900	1 200	1 100	850
乙	700	1 000	1 100	1 000

施工过程中发生了以下事件。

(1) 5 月份由于不可抗力影响，现场材料（乙方供应）损失 1 万元；施工机械被损坏，损失 1.5 万元。

(2) 实际发生零星工作费用 3.5 万元。

问题：

(1) 计算材料预付款。

(2) 计算措施项目清单计价合计和预付措施费金额。

(3) 列式计算 5 月份应支付给承包商的工程款。

【参考答案】

综合实训 模拟施工合同的签订

【实训目标】

结合施工合同的示范文本，模拟进行工程的谈判和签订，让学生对整个合同的谈判和签订有一个初步的认识，同时培养学生之间的组织协调能力以及语言表达能力。

【实训要求】

(1) 结合学生前面练习的招标文件和投标文件。

(2) 将学生按照要求进行分组，一共分为两类，即发包人和承包人。

(3) 要求各小组按照各自的实训任务进行谈判，最后上交一组撰写好的施工合同。

第 6 章 工程施工合同的履行与索赔

思维导图

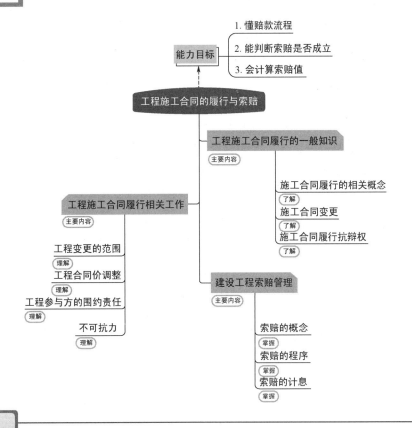

引例

某工程，发包人按照《建设工程施工合同（示范文本）》（GF—2013—0201）与承包人签订了施工总承包合同。合同约定，开工日期为 2006 年 3 月 1 日，工期为 302 天；建设单位负责设备采购；设备安装工程可以分包。工程实施中发生了下列事件：土方开挖时遇到了难以预料的暴雨天气，工程出现重大安全事故隐患，可能危及作业人员安全，承包人及时报告了监理人。为处理安全事故隐患，导致工期延长了 12 天。承包人向监理人申请顺延工期 12 天、补偿直接经济损失 10 万元。

收到承包人报告后，监理人应采取什么措施？应要求承包人采取什么措施？对于承包人顺延工期及补偿经济损失的请求如何答复？

6.1 工程施工合同履行的一般知识

合同履行是指合同各方当事人按照合同的规定，全面履行各自的义务，实现各自的权利。签订合同的目的在于履行，使得财产得以流转或取得某种权益。合同履行是以合同有效为前提和依据的。签订工程施工合同的目的也是履行。因此，施工合同签订后，合同双方当事人应该严格履行各自的合同义务。

6.1.1 施工合同履行的一般原则

【最高人民法院关于审理建设工程施工合同纠纷案件适用法律问题的解释】

1. 全面履行原则

当事人应当按照约定全面履行自己的义务，即按合同约定的标的、价款、数量、质量、地点、期限、方式等，全面履行各自的义务。按照约定履行的义务，既包括全面履行合同义务，也包括正确、适当地履行合同义务。工程施工合同生效后，双方应当严格履行各自的义务，发包人不按合同约定支付预付款、工程款，承包人不按照合同约定的工期、质量标准完成工程，都是违约行为。

合同有明确约定的，应当依约定履行。但是，合同约定不明确并不意味着合同无须全面履行，不意味着约定不明确部分可以不履行。

合同生效后，当事人就质量、价款或者报酬、履行地点等内容没有约定或者约定不明的，可以协议补充，不能达成补充协议的，可按照合同有关条款或者交易习惯确定。按照合同有关条款或者交易习惯确定，一般只能适用于部分常见条款欠缺或者不明确的情况，因为只有这些内容才能形成一定的交易习惯。如果按照上述办法仍不能确定合同如何履行的，依照《合同法》第 62 条的规定适用下列规定进行履行。

（1）质量要求不明确的，按国家标准、行业标准履行；没有国家标准、行业标准的，按照通常标准或者符合合同目的的特定标准履行。对于建设工程质量要求，国家颁布了大量的强制性标准。因此，双方的约定不能低于国家强制性标准。

（2）价款或者报酬不明确的，按订立合同时履行地的市场价格履行；依法应当执行政府定价或者政府指导价的，按照规定履行。在《最高人民法院关于审理建设工程施工合同纠纷案件适用法律问题的解释》中第 16 条规定："因设计变更导致建设工程的工程量或者质量标准发生变化，当事人对该部分工程价款不能协商一致的，可以参照签订建设工程施工合同时当地建设行政主管部门发布的计价方法或者计价标准结算工程价款。"

（3）履行地点不明确的，给付货币的，在接受货币一方所在地履行；交付不动产的，在不动产所在地履行；交付其他标的物的，在履行义务一方所在地履行。

（4）履行期限不明确的，债务人可以随时履行，债权人也可以随时要求履行，但应当给对方必要的准备时间。

（5）履行方式不明确的，按照有利于实现合同目的的方式履行。

(6) 履行费用的负担不明确的，由履行义务一方承担。

合同在履行中既可能是按照市场行情约定价格，也可能执行政府定价或政府指导价。如果是按照市场行情约定价格履行，则市场行情的波动不应影响合同价，合同仍执行原价格。如果执行政府定价或政府指导价的，在合同约定的交付期限内政府价格调整时，按照交付时的价格计价。逾期交付标的物的，遇价格上涨时按照原价格执行；遇价格下降时，按新价格执行。逾期提取标的物或者逾期付款的，遇价格上涨时，按新价格执行；价格下降时，按原价格执行。

2. 诚实信用原则

当事人应当遵循诚实信用原则，根据合同性质、目的和交易习惯履行通知、协助和保密的义务。当事人首先要保证自己全面履行合同约定的义务，并为对方履行创造条件。当事人双方应关心合同履行情况，发现问题应及时协商解决。一方当事人在履行过程中发生困难，另一方当事人应在法律允许的范围内给予帮助。在合同履行过程中应信守商业道德，保守商业秘密。

6.1.2 施工合同履行抗辩权

【合同履行抗辩权】

1. 同时履行抗辩权

当事人互负债务，没有先后履行顺序的，应当同时履行。同时履行抗辩权包括：一方在对方履行之前有权拒绝其履行要求；另一方在对方履行债务不符合约定时，有权拒绝其相应的履行要求。同时履行抗辩权的适用条件如下。

(1) 由同一双务合同产生互负的对价给付债务。

(2) 合同中未约定履行程序。

(3) 对方当事人没有履行债务或者没有正确履行债务。

(4) 对方的对价给付是可能履行的义务。

所谓对价给付是指一方履行的义务和对方履行的义务之间互为条件、互为牵连的关系并且在价格上基本相等。

在某些工程中，由于发包人为解决承包人在施工准备阶段资金周转问题，会在工程开工前支付给承包人一笔预付款。为使承包人将发包人支付的预付款专用于工程，发包人往往会要求承包人提交预付款保函。若承包人不提交预付款保函，发包人可以行使同时履行抗辩权，拒绝支付预付款。

2. 后履行抗辩权

后履行抗辩权包括两种情况：当事人互负债务，有先后履行顺序，先履行一方未履行的，后履行一方有权拒绝其履行要求；先履行一方履行债务不符合约定的，后履行一方有权拒绝相应的履行要求。后履行抗辩权的适用条件如下。

(1) 由同一双务合同产生互负的对价给付债务。

(2) 合同中约定了履行的顺序。

(3) 应当先履行的合同当事人没有履行债务或没有正确履行。

(4) 应当先履行的对价给付是可能履行的义务。

在工程施工合同履行过程中，若经检验或试验，发现承包人交付的材料、构配件、工程设备和工程质量不合格，承包人要求支付工程价款，发包人可以行使后履行抗辩权，拒绝支付工程价款。

特别提示

后履行抗辩权和先履行抗辩权其实是同一个概念，只是法理上的叫法不同而已，还有一种叫法为顺序履行抗辩权。先（后）履行抗辩权基本跟同时履行抗辩权是一样的，唯一的不同是先（后）履行抗辩权的债务履行有先后顺序；同时履行抗辩权的债务履行，没有先后顺序。

3. 不安抗辩权

不安抗辩权，指双务合同成立后，应当先履行的当事人有证据证明对方不能履行义务，或者有不能履行合同义务的可能时，在对方没有履行或者提供担保之前，有权终止履行合同义务。在双务合同中，应当先履行的当事人没有后履行抗辩权，故设立不安抗辩权，使其在对方无力履行的情况下享有拒绝履行合同义务的权利。

《合同法》第 68 条规定，应当先履行债务的当事人，有确切证据证明对方有下列情形之一的，可以中止履行。

（1）经营状况严重恶化。
（2）转移财产、抽逃资金，以逃避债务。
（3）丧失商业信誉。
（4）有丧失或者可能丧失履行债务能力的其他情形。

当事人没有确切证据中止履行的，应当承担违约责任。

特别提示

在一些国际工程合同范本中，为获得工程款支付的保证，承包人可以要求发包人提供其资金安排计划，若发包人不能提出合理证据，使承包人相信在完成合同约定的工程时能够获得相应的支付，承包人可以行使不安抗辩权，如暂停施工或提出合同终止。

6.1.3 施工合同变更

合同的变更是指合同成立后，当事人在原合同的基础上对合同的内容进行修改或者补充。合同变更有广义和狭义两种含义。广义的合同变更是指合同内容和主体发生变化；狭义的合同变更仅指合同内容的变更（以下讨论的合同变更主要是合同内容的变更）。《合同法》第 77 条第 1 款规定，当事人协商一致，可以变更合同。

合同变更必须针对有效的合同。一般来说，协商一致是合同变更的必要条件，任何一方都不得擅自变更合同。但由于工程建设有其特殊性，如出现设计图纸错误、地质条件变化或发包人建设要求变化，一般在合同中赋予发包人单方变更合同的权利。合同变更后，当事人不得再按原合同履行，而需按变更后的合同履行。

6.2 工程施工合同履行相关工作

6.2.1 变更

由于施工条件变化、发包人要求的改变、图纸错误等原因，往往会发生合同约定的材料质量和品种、工程基线、标高、施工工艺和方法等的变动，这时必须变更合同才能维护合同当事人之间的公平。在履行合同过程中，只有发包人（或通过监理人）才能发出变更指示，承包人只有向发包人和监理人的变更建议权。对于工程变更，要建立严格的管理程序和管理制度，遵循"先算账，后变更"的原则。实施变更必须按合同约定的变更程序进行。

1. 变更的范围和内容

工程变更具有广泛的含义。全部合同文件的任何部分的改变，不论是形式的、质量的或数量的变化，都称之为变更。除设计图纸变更外，合同条件、技术标准、施工顺序和时间的变化也属于变更。值得注意的是，在单价合同中，与业主提供的工程量清单中的工程量相比，实际完成的工程量会有偏差，这种偏差的工程量不构成变更。一般来说，典型的变更包括以下几种情形。

(1) 取消合同中任何一项工作，但被取消的工作不能转由发包人或其他人实施。

(2) 改变合同中任何一项工作的质量或其他特性。

(3) 改变合同工程的基线、标高、位置或尺寸。

(4) 改变合同中任何一项工作的施工时间或改变已批准的施工工艺或顺序。

(5) 为完成工程需要追加的额外工作。

发包人将被取消的合同中的工作转由发包人或其他人实施的，构成违约。承包人可向监理人发出通知，要求发包人采取有效措施纠正违约行为，发包人在监理人收到承包人通知后一定期限内仍不纠正违约行为的，应当赔偿承包人损失并承担由此引起的其他责任。发包人支付给承包人的损失赔偿金额应当包括被取消工程的合同价格中所包含的承包人管理费、利润以及相应的税金和规费。

在合同履行过程中，承包人根据自身的施工经验可以对发包人提供的图纸、技术要求及其他方面提出合理化建议。合理化建议以书面形式提交给监理人。合理化建议书的内容包括建议工作的详细说明、进度计划和效益及与其他工作的协调等，并附必要的设计文件。合理化建议采纳并构成变更的，监理人应按合同约定向承包人发出变更指示。承包人提出的合理化建议降低了合同价格、缩短工期或者提供工程经济效益的，发包人可按专用合同条款约定给予奖励。

在工程施工过程中，常常会出现增加的零星工作。发包人认为有必要时，由监理人通知承包人以计日工的方式实施变更的零星工作，其价款按列入已标价工程量清单中计日工计价子目及单价进行结算。

2. 变更程序

在合同履行过程中，发生变更时，监理人可向承包人发出变更意向书。变更意向书应说明变更的具体内容和发包人对变更的时间要求，并附必要的图纸和相关资料。变更意向书应要求承包人提交包括拟实施变更工作的计划、措施和竣工时间等内容的实施方案。发包人同意承包人根据变更意向书要求提交的变更实施方案的，由发包人或监理人发出变更指示。变更指示应说明变更的目的、范围、变更内容以及变更的工程量及其进度和技术要求，并附有关图纸和文件。承包人收到变更指示后，应按变更指示进行变更工作。

在合同履行过程中，若承包人发现图纸错误、发包人没有按合同约定提供施工条件等情况，可向监理人提出书面变更建议。变更建议应阐明要求变更的依据，并附必要的图纸和说明。监理人收到承包人书面建议后，应与发包人共同研究，确认存在变更的，应在收到承包人书面建议后的合理期限内作出变更指示。经研究后不同意作为变更的，应由监理人书面答复承包人。

若承包人收到监理人的变更意向书后认为难以实施此项变更，应立即通知监理人，说明原因并附详细依据。监理人与承包人和发包人协商后确定撤销、改变或不改变原变更意向书。典型的变更程序如图 6.1 所示。

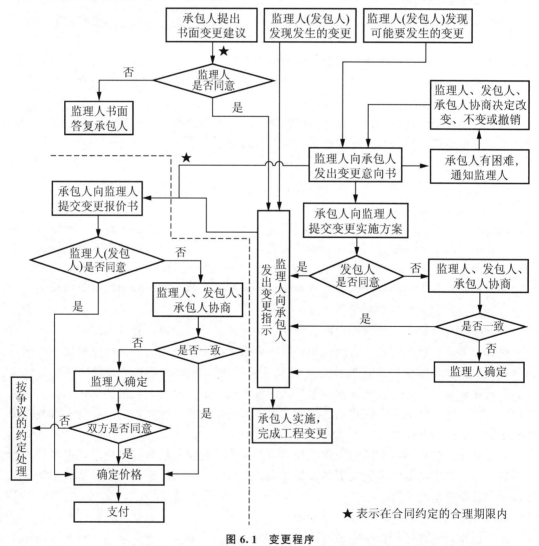

★ 表示在合同约定的合理期限内

图 6.1 变更程序

第6章 工程施工合同的履行与索赔

某发包人与承包人依据《建设工程施工合同（示范文本）》（GF—2013—0201）签订了施工合同。在合同履行过程中，主体结构工程发生了多次设计变更，承包人在编制竣工结算书中提出由于设计变更增加的合同价款共计70万元，但发包人不同意该设计变更增加费。

【案例评析】

按照《建设工程施工合同（示范文本）》（GF—2013—0201）的相关约定，承包方应在收到设计变更后14天内提出变更报价。本例是在主体结构施工过程中发生的设计变更，但承包人却是在竣工结算时才提出报价，已超出合同约定的提出报价的时限，发包人可按合同约定视为承包人同意设计变更但不涉及合同价款调整，因此发包人有权拒绝承包人的增加合同价款的请求。

施工合同中各种时限，对于承发包双方来说是一种合同管理要求。

3. 变更估价

（1）已标价工程量清单中有适用于变更工作子目的，采用该子目的单价。当变更项目和内容直接适用于已标价工程量清单中已有的项目时，由于综合单价是由承包人投标时提供的，用于变更工程，容易被发包人、承包人及监理人所接受，从合同意义上说也比较公平。

（2）已标价工程量清单中无适用于变更工作的子目，但有类似子目的，可在合理范围内参照类似子目的单价。当变更项目和内容类似已标价工程量清单中已有的项目时，可以将已标价工程量清单中类似子目的单价拿来间接套用，即依据类似子目的单价，通过换算后采用；或者是部分套用，即依据类似子目的单价，取其价格中的某一部分使用。

（3）已标价工程量清单中无适用或类似子目的单价，可按照成本加利润的原则确定。即按照已标价工程量清单中的人工工资单价、材料价格和施工机械台班单价以及承包人投标时所报的平均管理费费率和利润率，重新确定单价。

某工程由于项目用途发生变化，发包人要求设计人编制设计变更文件，并授权监理人就设计变更引起的有关问题与总承包单位进行协商。在协商变更单价过程中，监理人未能与承包人达成一致意见，总监理工程师决定以双方提出的变更单价的均值作为最终的结算单价。

【案例评析】

按照《建设工程监理规范》（GB/T 50319—2013），总监理工程师作为以双方提出的变更费用价格的均值作为最终的结算单价，是不妥的。监理人应提出一个暂定价格，作为临时支付工程进度款的依据。变更费用价格在工程最终结算时以发包人和承包人达成的协议为依据。

● 知 识 链 接

请学习《建设工程监理规范》的有关变更管理部分的条文。

4. 暂列金额

按有关部门的规定，经项目审批部门批复的设计概算是工程投资控制的刚性指标，即使是商业开发项目也有成本控制问题。在工程建设过程中，设计常常需要按工程进展不断地进行变更调整，发包人的需求也可能随着工程建设进展出现变化，同时还存在诸如价格波动、法律变化的风险。消化这些因素必然会导致合同价格的调整，暂列金额正是应这类不可避免的调整而设立的，以满足投资控制的需要。

尽管暂列金额包含在合同价格中，但并不属于承包人所有，也不必然发生。只有按照合同约定实际发生以后，才成为承包人应得金额，纳入合同结算价款中。扣除实际发生金额后的暂列金额仍归发包人所有。

6.2.2 价格调整

一般来说，工程施工合同的履行期都比较长。在较长的合同期内，可能会出现物价波动和法律变化，从而影响合同价格。若发包人在招标文件中要求承包人考虑合同履行期中的价格波动，在合同履行过程中不调整价格，那么理性承包人投标报价时应考虑物价上涨等风险因素造成费用的增加。若发包人在合同履行的过程中，能随时补偿物价波动或法律变化给承包人带来的损失，可以避免承包人将全部风险预先折算到投标报价中，以获得更有竞争力的投标报价。这对于发包人降低工程造价也有好处。

1. 物价波动

在工程合同履行过程中，当出现物价波动时，一般可以采取两种方法进行调整。

1）价格调整公式

$$\Delta P = P_0 \left[A + \left(B_1 \times \frac{F_{t1}}{F_{01}} + B_2 \times \frac{F_{t2}}{F_{02}} + B_3 \times \frac{F_{t3}}{F_{03}} + \cdots + B_n \times \frac{F_{tn}}{F_{0n}} \right) - 1 \right]$$

式中　　ΔP——需调整的价格差额。

P_0——承包人应得到的已完成工程量的金额。此项金额应不包括价格调整、变更款项、索赔款项，不计质量保证金的扣留和支付、预付款的支付和扣回。

A——定值权重（即不调部分的权重）。

$B_1, B_2, B_3 \cdots B_n$——各可调因子的变值权重（即可调部分的权重）为各可调因子在投标函投标报价中所占的比例，变值权重由发包人给定范围，由承包人在给定范围内填写。

$F_{t1}, F_{t2}, F_{t3} \cdots F_{tn}$——各可调因子的现行价格指数，一般为付款证书相关周期最后1天的前42天的各可调因子的价格指数。

F_{01}，F_{02}，F_{03}…F_{0n}——各可调因子的基本价格指数，指基准日期的各可调因子的价格指数。

以上价格调整公式中的各可调因子、定值和变值权重，以及基本价格指数及其来源在投标函附录价格指数和权重表中约定（权重系数表见表6-1）。价格指数应首先采用由工程造价管理部门提供的价格指数，缺乏上述价格指数时，可采用其他有关部门提供的价格指数代替。若在计算调整差额时，得不到现行价格指数的，可暂用上一次价格指数计算，并在以后的付款中再按实际价格指数进行调整。

表6-1 权重系数表

指 标	权重系数/%	
	招标人估算值范围	投标人建议值
定值权重（A）		
人工（B_1）		
钢材（B_2）		
水泥（B_3）		
燃料（B_4）		
合 计	100	100

若发生工程变更导致原定合同中的权重不合理时，可由监理人与承包人和发包人协商后进行调整权重系数。

由于承包人原因未在约定的工期内竣工的，则对原约定竣工日期后继续施工的工程，在使用价格调整公式时，应采用原约定竣工日期与实际竣工日期的两个价格指数中较低的一个作为现行价格指数。

2）采用造价信息调整

在合同履行过程中，当出现人工、材料、机械台班价格波动影响合同价格时，人工、机械使用费按照国家或省、自治区、直辖市建设行政管理部门、行业建设管理部门或其授权的工程造价管理机构发布的人工成本信息、机械台班单价或机械使用费系数进行调整；需要进行价格调整的材料，其单价和采购数应由监理人复核，监理人确认需调整的材料单价及数量，作为调整工程合同价格差额的依据。

2. 法律变化

法律变化是一个有经验的承包人无法预料到的，当出现这种情况且导致承包人费用增减时，应该调整合同价格。法律变化是指基准日期之后国家的法律、行政法规或国务院有关部门的规章或工程所在地的省、自治区、直辖市的地方法规和规章发生变化的情况，包括执行新的法律，废除或修改现有法律或对此类法律的司法解释改变。

法律变化导致承包人在合同履行中所需要的工程费用增减，应按实际发生情况调整。

某房地产开发公司（发包人）和某建筑工程公司（承包人）签订了某小区工程的建筑工程承包合同。合同约定工程造价由承包人先行作出竣工结算报告，以发包人审定为准。

工程于2001年年末全部竣工,经发包人和有关部门验收合格并交付使用。虽然合同双方当事人按合同进行了工程结算,但承包人认为材料涨价属于变更,仍按合同约定进行结算不合理,故而自行委托别人进行了鉴定,要求发包人按鉴定价格结算工程款。发包人认为由于工程中未发生增项,承包人要求以鉴定价格结算付其工程款的请求没有合同依据。由此,双方当事人产生争议。

【案例评析】

承包合同约定以甲方审定的预算为准。发包人与承包人签订的合同,是在双方自愿、平等、意思表示真实的情况下签订的,是合法、有效的,应受法律的保护。承包人提出其自行进行了委托鉴定,要求发包人按鉴定价格给付其工程款的请求,既无事实根据又无法律依据。承包人在订立合同之前应当预见到原材料涨价的风险。

特 别 提 示

根据财政部、国家发展与改革委员会下发的《关于公布取消和停止征收100项行政事业性收费项目的通知》的精神,"工程定额测定费"被列入取消收费项目之中,自2009年1月1日起停止收取。以上情况属于法律变化。因此,在2009年1月1日前未履行完毕的施工合同,应调整合同价格。

6.2.3 不可抗力

不可抗力是指承包人和发包人在订立合同时不可预见,在工程施工过程中不可避免发生,并且不能克服的自然灾害和社会性突发事件,如地震、海啸、瘟疫、水灾、骚乱、暴动、战争等。当不可抗力事件发生后,合同双方当事人应及时认真统计所造成的损失,并收集不可抗力造成损失的证明材料。若承包人和发包人对不可抗力的认定,或对其损害程度的调查意见不一致时,监理人可以同合同双方当事人协商,尽量达成一致。若合同双方当事人对监理人商定或确定的事项有异议,发生争议的,按合同约定的争议解决方式处理。

合同一方当事人遇到不可抗力事件,使其履行合同义务受到阻碍时,应立即通知合同另一方当事人和监理人,使合同双方当事人均能迅速采取措施,减轻损失,并书面向监理人说明不可抗力和其造成损失的详细情况以及提供必要的有关不可抗力的证明材料。

如不可抗力事件持续发生,合同一方当事人应及时向合同另一方当事人和监理人提交中间报告,说明不可抗力和履行合同受阻的情况,并于不可抗力事件结束后28日内提交最终报告及有关资料。

不可抗力事件结束或即将结束时,受不可抗力事件严重影响的一方应尽快通知合同另一方当事人和监理人,并在可能的情况下共同采取措施,尽快恢复合同义务履行。

由于不可抗力是由合同双方当事人不能预见、不能避免、不能克服的客观原因引起的,其后果应由承发包双方按照公平原则合理分担。不可抗力事件导致的人员伤亡、财产损失、费用增加和(或)工期延误等后果,由合同双方当事人一般按以下原则承担。

(1)永久工程,包括已运至施工场地的材料和工程设备的损害,以及因工程损害造成的第三者人员伤亡和财产损失由发包人承担。

（2）承包人设备的损坏由承包人承担。

（3）发包人和承包人各自承担其人员伤亡和其他财产损失及其相关费用。

（4）承包人的停工损失由承包人承担，但停工期间应监理人要求照管工程和清理、修复工程的金额由发包人承担。

（5）不能按期竣工的，应合理延长工期，承包人无须支付逾期竣工违约金。发包人要求赶工的，承包人应采取赶工措施，赶工费用由发包人承担。

不可抗力事件发生后，发包人和承包人均应采取措施尽量避免和减少损失的扩大，任何一方没有采取有效措施导致损失扩大的，应对扩大的损失承担责任。

合同一方当事人延迟履行，在延迟履行期间发生不可抗力的，不免除其责任。

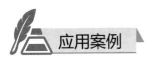

某工程，发包人和承包人按《标准施工招标文件》签订了承包合同。在施工合同履行过程中发生如下事件：主体结构施工时，由于发生不可抗力事件，造成施工现场用于工程的材料损坏，以及工地围墙倒塌，导致经济损失和工期拖延，施工单位按程序提出了工期延期和费用索赔。

【案例评析】

发生上述情况，按照双方当事人的合同约定，工期索赔成立，不可抗力导致工期延误可给予延期。不可抗力导致施工现场用于工程的材料损坏，所造成的损失由发包人承担。但工地围墙不属于永久工程，而属于临时设施，其损失应由承包人承担。

请比较《标准施工招标文件》与《建设工程施工合同（示范文本）》（GF—2013—0201）关于"不可抗力"条款约定的差异。

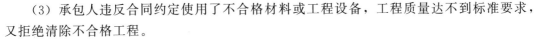

6.2.4 违约

1. 承包人违约

在履行合同过程中发生的下列情况属承包人违约。

（1）承包人私自将合同的全部或部分权利转让给其他人，或私自将合同的全部或部分义务转移给其他人。

（2）承包人违反合同的约定，未经监理人批准，私自将已按合同约定进入施工场地的施工设备、临时设施或材料撤离施工场地。

【施工企业建设工程合同履行阶段法律风险防范】

（3）承包人违反合同约定使用了不合格材料或工程设备，工程质量达不到标准要求，又拒绝清除不合格工程。

（4）承包人未能按合同进度计划及时完成合同约定的工作，已造成或预期造成工期延误。

(5) 承包人在缺陷责任期内,未能对工程接收证书所列的缺陷清单的内容或缺陷责任期内发生的缺陷进行修复,而又拒绝按监理人指示再进行修补。

(6) 承包人无法继续履行或明确表示不履行或实质上已停止履行合同。

从广义上讲,承包人不履行合同约定的任何一项义务均属承包人违约。以上所列举的是可能造成发包人重大损失的承包人违约行为,也可以称之为根本性违约或重大违约行为。在某些情况下,发包人可以直接通知承包人立即解除合同,并向承包人提出违约损害赔偿的请求。

在工程实务中,有时尽管发生了上述所列举的承包人违约事件,发包人为避免造成工程的更大损失,一般不愿意为此立即中断施工和解除合同,总是希望承包人迅速改正违约行为,继续将工程进行下去。因此,除了个别确实无法继续履行合同的违约行为,发包人可立即通知承包人解除合同外,对于承包人的其他违约行为,监理人应及时向承包人发出书面整改通知,要求其延期改正。若承包人收到整改通知后的一定期限内,仍不采取措施纠正违约行为,发包人可以通知承包人解除合同。

合同解除后,发包人应尽快派员进驻工地,接管工程。发包人为了减少合同解除造成的损失,可在合同中约定,因承包人违约解除合同,发包人有权扣留使用承包人在现场的材料、设备和临时设施,并可以进一步约定发包人的这一行动不免除承包人应承担的违约责任,也不影响发包人根据合同约定享有的索赔权利。

在工程实务中,对于那些承包人为履行工程施工合同义务而签订的材料和设备的采购协议或服务协议,发包人为了保证因承包人原因解除合同后,能尽快恢复施工,可在合同中约定,因承包人违约解除合同的,发包人有权要求承包人将其为实施合同而签订的材料和设备的订货协议或任何服务协议利益转让给发包人。

2. 发包人违约

在履行合同过程中发生的下列情况属发包人违约。

(1) 发包人未能按合同约定支付预付款或合同价款,或拖延、拒绝批准付款申请和支付凭证,导致付款延误的。

(2) 由于发包人原因造成停工的。

(3) 监理人无正当理由没有在约定期限内发出复工指示,导致承包人无法复工的。

(4) 发包人无法继续履行或明确表示不履行或实质上已停止履行合同的。

从广义上讲,发包人违反了合同约定任何一项义务均属发包人违约。在工程施工合同履行过程中,发包人最重大违约行为是不按合同规定向承包人支付合同价款。当发包人无法继续履行合同或明确表示不履行或实质上已停止履行合同的情况下,承包人可以向发包人发出书面通知,解除合同。在一般情况下,出现发包人违约行为,承包人可向发包人发出通知,要求发包人采取有效措施纠正违约行为。若发包人收到承包人通知的一定期限内,发包人仍不纠正违约行为的,承包人可暂停施工,并通知监理人,发包人应承担由此增加的费用和(或)工期延误,并支付承包人合理利润。

当承包人暂停施工的一段期限内,发包人可纠正其违约行为,并通知监理人向承包人发出复工通知。若发包人仍不纠正其违约行为,承包人可向发包人发出解除合同通知。承包人解除合同的行为,不免除发包人承担的违约责任,也不影响承包人根据合同约定享有的索赔权利。

3. 解除合同后的结算

1) 承包人违约的情形

(1) 合同解除后,监理人应合理确定承包人实际完成工作的价值,以及承包人已提供的材料、施工设备、工程设备和临时工程等的价值。

(2) 合同解除后,发包人应暂停对承包人的一切付款,查清各项付款和已扣款金额,包括承包人应支付的违约金。

(3) 合同解除后,发包人可向承包人索赔由于解除合同给发包人造成的损失。

(4) 合同双方确认上述往来款项后,出具最终结清付款证书,结清全部合同款项。

(5) 发包人和承包人未能就解除合同后的结清达成一致而形成争议的,可按争议解决的约定办理。

2) 发包人违约的情形

因发包人违约解除合同的,承包人有权获得下列金额。

(1) 合同解除日以前所完成工作的价款。

(2) 承包人为该工程施工订购并已付款的材料、工程设备和其他物品的金额。发包人付还后,该材料、工程设备和其他物品归发包人所有。

(3) 承包人为完成工程所发生的,而发包人未支付的金额。

(4) 承包人撤离施工场地以及遣散承包人人员的金额。

(5) 由于解除合同应赔偿的承包人损失。

(6) 按合同约定在合同解除日前应支付给承包人的其他金额。

除以上所列金额项目外,发包人应退还履约担保和扣减的质量保证金,但发包人也有权要求承包人支付应偿还给发包人的各项金额。

应用案例

某工业厂房工程于 1998 年 3 月 12 日开工,1998 年 10 月 27 日竣工验收合格。该厂房供热系统于 2001 年 2 月出现部分管道漏水,业主检查发现原承包人所用管材与其向监理人报验的不符。更换厂房全部供热管道需人民币 30 万元,将造成该厂部分车间停产损失人民币 20 万元。

【案例评析】

因承包人故意违约,造成工程质量不合格,依据现行法律、法规,承包人应承担全部责任。

6.2.5 暂停施工

除了发生不可抗力事件、安全生产事故或其他客观原因造成必要的暂停施工外,工程施工过程中,当一方违约使另一方遭受重大损失,受害方有权提出暂停施工(见 6.2.4 节),其目的是保护受害方,减少损失。在工程施工过程中,不能持续的情况时有发生,因此,合同中应详细约定合同双方当事人暂停施工的责任,这无论对于发包人还是承包人都是极为重要的。但也应认识到暂停施工将会影响工程进度，影响合同的正常履行。为此，合同双方都应尽量避免采取暂停施工的手段，而应通过协商，共同采取紧急措施，消除可能发生的暂停施工的因素。暂停施工的程序如图 6.2 所示。

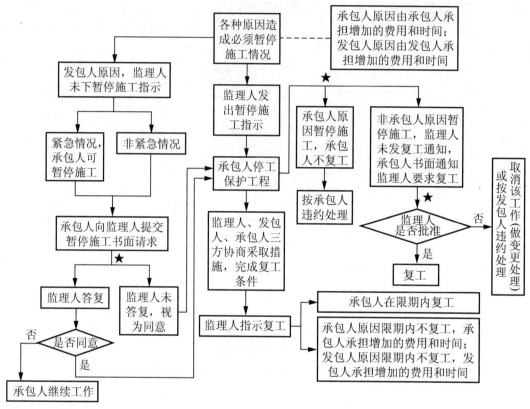

★ 表示在合同约定的合理期限内

图 6.2　暂停施工程序

1. 暂停施工

1）承包人暂停施工

因下列暂停施工增加的费用和（或）工期延误由承包人承担。

(1) 承包人违约引起的暂停施工。

(2) 由于承包人原因为工程合理施工和安全保障所必需的暂停施工。

(3) 承包人擅自暂停施工。

(4) 承包人其他原因引起的暂停施工。

(5) 其他由承包人承担的其他暂停施工的情况。

2）发包人和监理人的暂停施工

在工程施工过程中，由于发包人未能按时提供图纸、供应材料或发包人违约等发包人原因引起暂停施工的情况，承包人有权向发包人提出延长工期和（或）增加费用，并支付合理利润的要求。在施工过程中，监理人认为有必要时，如发现工地现场存在较大的安全隐患、发生不可抗力事件等情况，可向承包人作出暂停施工的指示（监理人发布停工令应得到发包人的授权,否则监理人无权下达停工令)。

若在施工过程中发生由于发包人原因发生暂停施工的紧急情况,且监理人未及时下达暂停施工指示的,承包人可先暂停施工,并及时向监理人提出暂停施工的书面请求。监理人应在接到书面请求后的一定期限内应给予答复,逾期未答复的,视为同意承包人的暂停施工请求。

在一般情况下,不论由于何种原因引起的暂停施工,暂停施工期间承包人应负责妥善保护工程并提供安全保障。因承包人未能尽到照管、保护的责任,造成工程损坏,使发包人的费用增加或(和)工期的延误,由承包人承担责任。

2. 暂停施工后的复工

暂停施工后,监理人应与发包人和承包人协商,采取有效措施积极消除暂停施工的影响。当工程具备复工条件时,监理人应立即向承包人发出复工通知。承包人收到复工通知后,应在监理人指定的期限内复工。

承包人接到复工通知后,仍无故拖延和拒绝复工的,由此增加的费用和工期延误由承包人承担;因发包人原因无法按时复工的,承包人有权要求发包人延长工期和(或)增加费用,并支付合理利润。

除了由承包人造成暂停施工的情况外,监理人发出暂停施工指示后一定期限内(如56天内)未向承包人发出复工通知,承包人可向监理人提交书面通知,要求监理人在收到书面通知后一定期限内准许已暂停施工的工程或其中一部分工程继续施工。如监理人逾期不予批准,则承包人可以通知监理人,将工程受影响的部分视为可取消的工作。如暂停施工影响到整个工程,可视为发包人违约,应按有关发包人违约的条款的约定办理。

由于承包人责任引起的暂停工作,如承包人在收到监理人暂停施工指示后的合理期限内不认真采取有效的复工措施,造成工期延误,可视为承包人违约,应按承包人违约的条款约定办理。

应用案例

某建设项目,公开招标选定甲施工单位作为施工总承包单位,桩基工程分包给乙施工单位。在桩基施工过程中,出现了断桩事故。经调查分析,此次断桩事故是因为分包人抢进度,擅自改变施工方案引起的。对此事件监理人应如何处理?

【案例评析】

在此情况下,监理人应及时下达《工程暂停令》,责令甲施工单位报送断桩事故调查报告,审查甲施工单位报送的施工处理方案、措施;审查同意后签发《工程复工令》。

6.2.6 争议解决

工程施工合同对于争议解决的约定,是合同不可缺少的一部分。一般解决争议的方式有友好协商、提请建设主管部门的专门机构进行调解、提请仲裁或向有管辖权的法院提起诉讼。合同双方当事人可在合同专用条款中约定仲裁地、仲裁机构以及向工程所在地的何级法院提起诉讼。

一般来说，当争议事件出现时，合同双方当事人首先应共同努力采取友好协商的方式解决争议。若通过友好协商不能解决，再提请调解、仲裁或诉讼。

近年来，由于监理人角色的变化，在国际工程和国内工程中，开始采用争议评审的方式解决双方当事人的合同争议。

争议评审是指通过成立一个完全独立于合同双方当事人的专家组对合同争议进行评审和调解，使得争议能够尽量在合同层面上公正解决的方式。

当采用争议评审的方式解决争议时，首先应成立一个争议评审的小组。在工程开工后的一定期限内，发包人和承包人应各自向监理人推荐1~2名有合同管理和工程实践经验的专家，并由上述专家推荐1名得到发包人和承包人共同认可的专家作为争议评审组的组长，组成争议评审组。

当合同双方发生争议时，在不能通过友好协商解决的情况下，争议评审的申请人可向争议评审组提交一份详细的评审申请报告，并附必要的文件、图纸和证明材料，申请人还应将上述报告的副本同时提交给被申请人和监理人。被申请人在收到申请人评审申请报告副本后的一定期限内，应向争议评审组提交一份答辩报告，并附证明材料。被申请人应将答辩报告的副本同时提交给申请人和监理人。

争议评审组在收到合同双方当事人报告后的一定期限内，邀请双方代表和有关人员举行调查会，向双方调查争议细节。必要时争议评审组可要求双方进一步提供补充材料。在调查会结束后的一定期限内，争议评审组应进行独立、公正的评审，作出书面评审意见，并说明理由。

当发包人和承包人接受争议评审组作出评审意见时，监理人应根据评审意见拟定补充协议，经争议双方当事人签字后作为合同的补充文件，并遵照执行。若发包人或承包人不接受争议评审组作出评审意见时，可要求提请仲裁或提起诉讼。

在争议评审期间或仲裁或诉讼结束前，有关合同争议的处理尚未取得一致时，合同双方应暂按总监理工程师的决定执行。

6.3 建设工程索赔管理

6.3.1 建设工程索赔概述

1. 索赔的概念

【FIDIC国际工程索赔要点】

索赔是指在合同履行过程中，由于一方不履行或不完全履行合同义务而使另一方遭受损失时，向对方提出补偿要求的行为。工程实施过程中，承包人可以向发包人提出索赔，发包人也可以向承包人提出索赔，一般把承包人提起的索赔称施工索赔，而把发包人提起的索赔称为反索赔（也称业主索赔）。

2. 索赔的特征

从索赔的基本含义，可以看出索赔具有以下基本特征。

(1) 索赔是双向的。只是发包人始终处理主动和有利地位，他可以通过直接从应付工程款中扣除或没收履约保函、扣留保证金甚至留置承包商的材料设备作为抵押等手段来轻易实现自己的索赔要求。本章的索赔问题主要是指承包人向发包人的索赔。

(2) 只有实际发生了经济损失或权利损害，一方才能向对方索赔。经济损失是指因对方因素造成合同外的额外支出，如人工费、材料费、机械费、管理费等额外开支；权利损害是指虽然没有经济上的损失，但造成了一方权利上的损害，如由于恶劣气候条件对工程进度的不利影响，承包人有权要求工期延长等。

(3) 索赔是一种未经对方确认的单方行为，它与我们通常所说的签证不同。在施工过程中，签证是承发包双方就额外费用补偿或工期延长等达成一致的书面确认、证明材料或补充协议。它可以直接作为工程款结算或最终增减工程造价的依据，而索赔则是单方面行为，对对方尚未形成约束力，这种索赔要求能否得到最终实现，必须要通过确认。

索赔是一种正当的权利或要求，是合情、合理、合法的行为，它是在正确履行合同的基础上争取合理的补偿，并非无中生有、无理争利，不具有惩罚性质。

知识链接

索赔与违约是两个不同的概念，主要区别如下。

(1) 索赔事件的发生，不一定在合同文件中有约定；而工程合同的违约责任一般是合同中所约定的。

(2) 索赔事件的发生，可以是一定行为造成，也可以是不可抗力事件引起的；而追究违约责任，必须要有合同不能履行或不能完全履行的违约事实的存在，发生不可抗力可以免除或部分免除当事人的违约责任。

(3) 一定要有造成损失的后果才能提出索赔，索赔具有补偿性；而合同的违约不一定要造成损害后果。

(4) 索赔的损失与被索赔人的行为不一定存在法律上的因果关系，如物价上涨造成承包人损失的，承包人可以向发包人索赔等；而违约行为与违约事实之间存在因果关系。

3. 施工索赔的分类

1) 按索赔的合同依据分类

(1) 合同中明示的索赔。合同中明示的索赔是指承包人所提出的索赔要求在该工程项目的合同文件中有文字依据，承包人可以据此提出索赔要求，并取得经济补偿。这些在合同文件中有文字规定的合同条款，称为明示条款。

(2) 合同中默示的索赔。合同中默示的索赔，即承包人的该项索赔要求，虽然在工程项目的合同条款中没有专门的文字叙述，但可以根据该合同的某些条款的含义，推论出承包人有获得索赔的权利。这种索赔要求，有权得到相应的补偿。这种有隐含含义的条款，在合同管理工作中被称为"默示条款"或"隐含条款"。

默示条款是一个广泛的合同概念，它包含合同明示条款中没有写入但符合双方签订合同时设想的愿望和当时环境条件的一切条款。这些默示条款，或者从明示条款所表述的设想愿望中引申出来，或者从合同双方在法律上的合同关系中引申出来，经合同双方协商一致，或被法律和法规所指明，都成为合同文件的有效条款，要求合同双方遵照执行。

2) 按索赔目的分类

（1）工期索赔。由于非承包人责任的原因而导致施工进程延误，要求批准顺延合同工期的索赔，称之为工期索赔。工期索赔形式上是对权利的要求，以避免在原定合同竣工日不能完工时，被发包人追究拖期违约责任。一旦获得批准合同工期顺延后，承包人不仅免除了承担拖期违约赔偿费的严重风险，而且可能因工期提前得到奖励，最终仍反映在经济收益上。

（2）费用索赔。费用索赔的目的是要求经济补偿。当施工的客观条件改变导致承包人增加开支，要求对超出计划成本的附加开支给予补偿，以挽回不应由他承担的经济损失。费用索赔是整个工程合同索赔的重点和最终目标，工期索赔在很大程度上也是为了费用索赔。

3) 按索赔的处理方式分类

（1）单项索赔。单项索赔是指当事人针对某一干扰事件的发生而及时地进行索赔，也就是一件索赔事件发生就处理一件。单项索赔原因单一、责任清楚，证据好整理，容易处理，并且涉及金额一般比较小，发包人较易接受。例如，监理工程师指令将某分项工程素混凝土改为钢筋混凝土，对此只需提出与钢筋有关的费用索赔即可（如果该项变更没有其他影响的话）。一般情况下承包人应采用单项索赔的方式。

（2）总索赔（一揽子索赔）。总索赔是指在工程竣工前，承包人将施工过程中已经提出但尚未解决的索赔问题汇总，向发包人提出总索赔。总索赔中，索赔事件多，牵涉的因素多，佐证资料要求多，责任不好界定，补充额度计算较困难，而且补偿金额大，索赔谈判和处理比较难，成功率低，一般情况下不宜用此种方法。

特别提示

一般情况下通常在如下几种情况下采用总索赔。

（1）有些单项索赔原因和影响都很复杂，不能立即解决，或双方对合同解释有争议，但合同双方都要忙于合同实施，可协商将单项索赔留到工程后期解决。

（2）业主拖延答复单项索赔，使工程过程中的单项索赔得不到及时解决，最终不得已提出一揽子索赔。在国际工程中，许多业主就以拖的办法对待承包人的索赔要求，常常使索赔和索赔谈判旷日持久，使许多单项索赔要求集中起来。

（3）在一些复杂的工程中，当干扰事件多，几个干扰事件一齐发生，或有一定的连贯性、互相影响大，难以一一分清，则可以综合在一起提出索赔。

（4）工期索赔一般都在工程后期一揽子解决。

4. 索赔的起因

施工合同是在招投标过程中、工程施工前签订的。合同确定的工期和合同价款是依据于合同签订时的合同条件、施工条件、施工方案的状态而确定的。在施工过程中，由于干扰事件的发生，就必然使在签订合同状态下所确定的合同价款不再合适，打破原有的平衡状态，合同双方必须根据新的状态调整原合同工期和价款，形成新的平衡。

1) 工程范围变更索赔

工程范围变更索赔是指发包人和工程师指令承包人完成某项工作，而承包人认为该工作已超出原合同的承包范围，或超出其投标时估计的施工条件，因而要求补偿其额外开支。工程范围变更索赔是施工过程中最常见的情况，也是承包人进行施工索赔最多的机会。

2) 施工条件的变化索赔

施工条件变化的含义是，在施工过程中，承包人"遇到了一个有经验的承包人不可能预见到的不利的自然条件或人为障碍"，因而导致承包人为履行合同要花费计划外的额外开支。按照工程承包惯例，这些额外的开支应该得到发包人的补偿。

3) 工程拖期索赔

工程拖期索赔是指承包人为了完成合同规定的工程花费了较原计划更长的时间和更大的开支，而工程拖期的责任不在承包人。工程拖期索赔的前提是由于发包人或工程师的责任，或客观影响，而不是承包人的责任，是属于可原谅的拖期。

4) 加速施工的索赔

当工程项目的施工遇到可原谅的拖期时，采用什么措施则属于发包人的决策。一般有两种选择：延长承包人工期，容许整个工程项目竣工日期相应拖后，或者要求承包人采取加速施工的措施，使工程按计划工期建成投产。

当发包人决定采取加速施工时，应向承包人发出加速施工指令，并对承包人拟采取的加速施工措施进行审核批准，并明确加速施工费用的支付问题。承包人为加速施工增加的成本，将提出书面索赔文件，这就是加速施工索赔。

可推定加速施工

在有些情况下，虽然工程师没有发布专门的加速指令，但客观条件或工程师的行为已经使承包人合理意识到工程施工必须加速，这就是推定加速施工。推定加速与指令加速在合同实施中的意义是一样的，只是在确定是否存在推定指令时，双方比较容易产生分歧，不像直接指令加速那样明确。为了证明推定加速已经发生，承包人必须从以下几个方面来证明自己被迫比原计划更快地进行了施工。

(1) 工程施工遇到了可原谅延误，按合同规定应该获准延长工期。

(2) 承包人已经特别提出了要求延长工期的索赔申请。

(3) 工程师拒绝或未能及时批准延长工期。

(4) 工程师已以某种方式表明工程必须按合同时间完成。

(5) 承包人已经及时通知工程师，工程师的行为已构成了要求加速施工的推定指令。

(6) 这种推定加速实际上造成了施工成本的增加。

5) 其他的施工索赔

如发生不可抗力事件、设计错误、发包人或工程师错误的指令或提供错误的资料、数据引起的索赔。

6.3.2 索赔程序和时限

1. 承包人的索赔

1) 承包人索赔的提出

根据合同约定，承包人认为有权得到追加付款和（或）延长工期的，应按以下程序向发包人提出索赔。

（1）承包人应在知道或应当知道索赔事件发生后 28 天内，向监理人递交索赔意向通知书，并说明发生索赔事件的事由。承包人未在前述 28 天内发出索赔意向通知书的，丧失要求追加付款和（或）延长工期的权利。

（2）承包人应在发出索赔意向通知书后 28 天内，向监理人正式递交索赔通知书。索赔通知书应详细说明索赔理由以及要求追加的付款金额和（或）延长的工期，并附必要的记录和证明材料。

（3）索赔事件具有连续影响的，承包人应按合理时间间隔继续递交延续索赔通知，说明连续影响的实际情况和记录，列出累计的追加付款金额和（或）工期延长天数。

（4）在索赔事件影响结束后的 28 天内，承包人应向监理人递交最终索赔通知书，说明最终要求索赔的追加付款金额和延长的工期，并附必要的记录和证明材料。

有些索赔事件影响延续时间较长，承包人应按合理时间间隔提交延续索赔通知和延续记录，以便发包人和监理人及时了解情况，有所准备，妥善处理。当索赔事件涉及金额较大时，在索赔事件影响结束后提交最终索赔申请报告外，承包人在索赔事件延续期间应定期提交中期索赔申请报告，有利于分阶段解决索赔。

2) 承包人索赔处理程序

（1）监理人收到承包人提交的索赔通知书后，应及时审查索赔通知书的内容、查验承包人的记录和证明材料，必要时监理人还可要求承包人提交全部原始记录副本。同时，监理人建立索赔项目的档案，收集有关证据。监理人根据承包人提出证据情况并向承包人提出质疑，要求承包人限期答复。

知识链接

【建筑工程索赔报告怎么写】

索赔证据是当事人用来支持其索赔成立和索赔有关的证明文件和资料。索赔证据作为索赔文件的组成部分，在很大程度上关系到索赔的成功与否。证据不全、不足或没有证据，索赔是很难获得成功的。

在工程项目的实施过程中，会产生大量的工程信息和资料，这些信息和资料是进行索赔的重要依据。在施工过程中应做好资料积累工作，建立完善的资料记录和科学管理制度，认真、系统地积累和管理合同文件、质量、进度及财务收支等方面的资料，有利于索赔工作的开展。常见的索赔证据主要有如下几种。

（1）各种合同文件。包括工程合同及附件、中标通知书、投标书、标准和技术规范、图纸、工程量清单、工程报价单或预算书、有关技术资料和要求等。

（2）经工程师批准的承包人施工进度计划、施工方案、施工组织设计和具体的现场实施情况记录。

（3）施工日志及工长工作日志、备忘录等。施工中发生的影响工期或工程资金的所有重大事件均应写入备忘录存档。

（4）工程有关施工部位的照片及录像等。

（5）工程各项往来信件、电话记录、指令、信函、通知、答复等。

（6）工程各项会议纪要、协议及其他各种签约、定期与业主雇员谈话的资料等。

（7）发包人或工程师发布的各种书面指令书和确认书，以及承包人要求、请求和通知书。

（8）气象报告和资料。如有关天气的温度、风力、雨雪的资料等。

（9）投标前业主提供的参考资料和现场资料。

（10）施工现场记录。工程各项有关设计交底记录、变更图纸、变更施工指令等。

（11）工程各项经业主或工程师签认的签证。

（12）工程结算资料和有关财务报告。

（13）各种检查验收报告和技术鉴定报告。

（14）各类财务凭证。

（15）其他。包括分包合同、官方的物价指数、汇率变化表，以及国家、省、市有关影响工程造价和工期的文件、规定等。

索赔证据的基本要求：真实性，及时性，全面性，关联性。

（2）监理人处理索赔事件，应分清合同双方各自的责任，根据承包人提供的索赔资料，认真研究、分析双方记录和证明材料、提出初步处理意见，与发包人、承包人商定或确定追加的付款和（或）延长的工期，并在收到上述索赔通知书或有关索赔的进一步证明材料后的一定期限内，将索赔处理结果答复承包人。

（3）承包人接受索赔处理结果的，发包人应在作出索赔处理结果答复后的双方合同约定期限内完成赔付。承包人不接受索赔处理结果的，按双方解决争议的约定办理。

3）承包人提出索赔的时限

承包人按合同约定接受了竣工付款证书后，应被认为已无权再提出在合同工程接收证书颁发前所发生的任何索赔。

承包人按合同约定提交的最终结清申请单中，只限于提出工程接收证书颁发后发生的索赔。提出索赔的期限自接受最终结清证书时终止。

施工合同约定的索赔期限并不影响通过法律诉讼程序提出争议和索赔权利。

2. 发包人的索赔

发生索赔事件后，监理人应及时书面通知承包人，详细说明发包人有权得到的索赔金额和（或）延长缺陷责任期的细节和依据。根据合同的对等原则，发包人提出索赔的期限和要求应与合同中约定的承包人索赔的程序、时限相同。发包人提出延长缺陷责任期的通知应在缺陷责任期届满前发出。

监理人按照发包人与承包人商定或确定的发包人应从承包人处得到赔付的金额和（或）缺陷责任期的延长期来处理索赔。承包人应付给发包人的金额可从拟支付给承包人的合同价款中扣除，或由承包人以其他方式支付给发包人。

特别提示

一般在施工合同中，通常不约定发包人的索赔，因为发包人具有支付工程款的主动权，其遭受的损失可从支付给承包人的工程款中扣除，但发包人的扣款行为可能未经双方协商一致，是无效的法律行为。为公平地处理合同双方之间的争议，约定发包人与承包人拥有平等的索赔权利，有利于合同争议解决和工程的顺利实施。

6.3.3 索赔值计算

【工程索赔案例分析】

1. 索赔值计算原则

1）实际损失原则

索赔都是以补偿实际损失为原则，承包人不能通过索赔事件来获得额外的收益。在施工过程中，出现干扰事件时，承包人的实际损失包括两个方面。

（1）直接损失。该损失主要表现为承包人财产的减少，通常为工程的直接成本增加或者实际费用的超支。

（2）间接损失。即可能获得的利益的减少。如在发包人拖欠工程款的情况下，使承包人失去这笔款项的存款利息收入等。当然所有这些损失都必须有具体而可信的证明，一般这些证据通常有：各种费用支出的账单，工资表，现场用工、用料、用机的证明，财务报表，工程成本核算资料，甚至包括承包人同期企业经营和成本核算资料等。

2）合同原则

发承包合同是双方对自己行为的承诺，在合同履行过程中，双方都必须遵循合同的约定。上述的赔偿实际损失原则，并不能理解为赔偿承包人的全部实际费用超支和成本的增加，而是根据合同约定以及合同文件，由于干扰事件的干扰而导致承包人的成本增加和费用超支，而承包人投标时所应该包含的风险而导致的费用增加或成本增加是不能够获得补偿的。而在实际工程中，许多承包人往往会以自己的实际生产值、实际施工效率、工资水平和费用开支来计算索赔款额，这种做法是对以实际损失为原则的误解。在索赔款额的计算时，必须考虑以下几个因素的影响。

（1）应该考虑由于管理不善、组织失误等承包人自身责任而造成的损失，对于该部分损失，承包人应该自己承担。

（2）应该考虑合同中约定的有承包人自己承担的风险。任何一份合同，发承包双方对于工程的各种风险是分担的，属于承包人风险范围内的，承包人必须自己承担。

（3）合同是索赔的依据，也就是说索赔款额计算必须根据合同文件来确定，如果合同约定了索赔款额的计算方法、计算公式等，都必须执行。

3) 合理性原则

该原则包括两个方面：一是指索赔值的计算应符合工程的惯例，能够为发包人、工程师、调解人、仲裁人认可；二是指符合规定的会计核算原则。索赔款额的计算是在计划成本和成本核算基础上，通过计划成本与实际成本对比进行的。实际成本的核算必须与计划成本的核算有一致性，而且符合通用的会计核算原则。

2. 工期索赔的计算

1) 工期索赔的分析

工期索赔的分析流程包括工期延误原因分析、网络计划分析、业主责任分析和索赔结果分析等步骤。

（1）原因分析。分析引起工期延误是哪一方的原因，如果某一干扰事件是由于承包人自身原因造成的或是承包人应承担的风险，则不能索赔，反之则可索赔。

（2）网络计划分析。运用网络计划方法分析延误事件是否发生在关键线路上，以决定延误是否可索赔。在施工索赔中，一般考虑关键线路上的延误，或者一条非关键线路因延误已变成关键线路。

（3）业主责任分析。结合网络计划分析结果，进行业主责任分析。若发生在关键线路上的延误是由于业主原因造成的，则这种延误不仅可索赔工期，而且还可索赔因延误而发生的费用。若由于业主原因造成的延误发生在非关键线路上，且非关键线路未转变为关键线路，则只可能索赔费用。

（4）索赔结果分析。在承包人索赔已经成立的情况下，根据业主是否对工期有特殊要求，分析工期索赔的可能结果。如果由于某种特殊原因，工程竣工日期客观上不能改变，即对工期延误的索赔，业主也可以不给予工期延长。这时，业主的行为已实质上构成隐含指令加速施工。因而，业主应当支付承包人采取加速施工措施而额外增加的费用，即加速费用补偿。此费用补偿是指因业主原因引起的延误时间因素造成承包人负担了额外的费用而得到的合理补偿。

◎ 特 别 提 示

关键线路并不是固定的，随着工程进展，关键线路也在变化，而且是动态变化。关键线路的确定，必须依据最新批准的合同进度计划。

2) 工期索赔的计算方法

（1）网络分析法。

承包人提出工期索赔，必须确定干扰事件对工期的影响值，即工期索赔值。工期索赔分析的一般思路：假设工程一直按原网络计划确定的施工顺序和时间施工，当一个或一些业主原因导致的或应有业主承担风险的干扰事件发生后，使网络中的某个或某些活动受到干扰而延长施工持续时间。将这些活动受干扰后的新的持续时间代入网络中，重新进行网络分析和计算，即会得到一个新工期。新工期与原工期之差即为干扰事件对总工期的影响，即为承包人的工期索赔值。

已知某工程网络计划如图 6.3 所示。总工期 16 天,关键工作为 A、B、E、F。

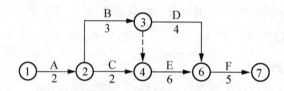

图 6.3 某工程网络图

若由于业主原因造成工作 B 延误 2 天,由于 B 为关键工作,对总工期将造成延误 2 天,故向业主索赔 2 天。

若因业主原因造成工作 C 延误 1 天,承包商是否可以向业主提出 1 天的工期补偿?

若因业主原因造成工作 C 延误 3 天,承包商是否可以向业主提出 3 天的工期补偿?

【案例评析】

工作 C 总时差为 1 天,有 1 天的机动时间,业主原因造成的 1 天延误对总工期不会有影响。实际上,将 1 天的延误代入原网络图,即 C 工作变为 3 天,计算结果工期仍为 16 天。

若由于业主原因造成工作 C 延误 3 天,由于 C 本身有 1 天的机动时间,对总工期造成延误为 3－1＝2(天),故向业主索赔 2 天。或将工作 C 延误的 3 天代入网络图中,即 C 为 2＋3＝5(天),计算可以发现网络图关键线路发生了变化,工作 C 由非关键工作变成了关键工作,总工期为 18 天,索赔 18－16＝2(天)。

特别提示

一般地,根据网络进度计划计算工期延误时,在工程完成后一次性解决工期延长问题,通常的做法是:在原进度计划的工作持续时间的基础上,加上由于非承包商原因造成的工作延误的时间,代入网络图,计算得出延误后的总工期,减去原计划的工期,进而得到可批准的索赔工期。

(2) 比例分析法。

① 按工程量进行比例计算。当计算出某一分部分项工程的工期延长后,还要把局部工期转变为整体工期,这可以用局部工程的工作量占整个工程工作量的比例来折算。

某工程基础施工中,出现了不利的地质障碍,业主指令承包人进行处理,土方工程量由原来的 2 760 m³ 增至 3 280 m³,原定工期为 45 天。承包商可以提出工期索赔吗?索赔的工期应为多少天?

【案例评析】

由于出现了不利的地质障碍,业主指令承包人进行处理,因此承包人可提出工期索赔,索赔值为

$$工期索赔值 = 原工期 \times \frac{额外或新增工程量}{原工程量}$$

$$= 45 \times \frac{3280-2760}{2760} = 8.48 \approx 8.5(天)$$

② 按造价进行比例计算。若施工中出现了很多大小不等的工期索赔事由,较难准确地单独计算且又麻烦时,可经双方协商,采用造价比较法确定工期补偿天数。

某工程合同总价为 1 000 万元,总工期为 24 个月,现业主指令增加额外工程 90 万元,则承包商可以提出工期索赔吗?索赔的工期应为多少?

【案例评析】

由于业主指令增加额外工程,属于业主的责任,所以可以提出索赔。

承包人提出工期索赔值为

$$工期索赔值 = 原合同工期 \times \frac{附加或新增工程量价格}{原合同总价}$$

$$= 24 \times \frac{90}{1000} = 2.16(月)$$

3) 索赔费用的构成

按照我国现行规定,建筑安装工程合同价一般包括直接费、间接费、利润和税金。索赔费用的主要组成部分,同建设工程施工合同价的组成部分相似。从原则上说,承包人有索赔权利的工程成本增加,都是可索赔的费用。但是,对于由不同原因引起的索赔,承包人可索赔的具体费用是不一样的,应根据具体情况分析。

施工索赔中,索赔费用主要包括如下内容。

(1) 人工费。

人工费主要包括生产工人的工资、津贴、加班费、奖金等。对于索赔费用中的人工费部分来说,主要是指完成合同之外的额外工作所花费的人工费用,由于非承包人责任的工效降低所增加的人工费用,超过法定工作时间的加班费用,法定的人工费增长以及非承包人责任造成的工程延误导致的人员窝工费,相应增加的人身保险和各种社会保险支出等。

一般来说,新增工程的人工费,应根据增加工作的性质,按投标书中的人工费单价或按计日工单价,根据实际完成增加工作的工日数计算。而停工损失费和工作效率降低的损失费可按窝工费用计算。窝工与降效是性质不同的情况,但一般认为可以采用同样的补偿标准。

(2) 材料费。

材料费在直接费中占有很大比重，是费用索赔的一项重要内容。在工程施工中，材料费索赔一般包括由于索赔事项导致材料的实际用量大大超过计划用量，由于客观原因材料价格大幅度上涨，由于非承包商责任工程拖延导致的材料价格和材料超期存储的费用等。

● 特别提示

材料费的索赔包括材料原价、材料运杂费、运输损耗费、采购保管费、试验检验费。在我国，材料可划分为甲供材料和乙供材料，其中甲供材料在索赔中涉及材料保管费用的计算，应予以注意。

(3) 机械设备使用费。

可索赔的机械设备费主要包括完成额外工作增加的机械设备使用费，非承包人责任致使的工效降低而增加的机械设备闲置、折旧和修理费分摊、租赁费用，由于业主或工程师原因造成的机械设备停工的窝工费，非承包人原因增加的设备保险费、运费及进口关税等。

● 特别提示

机械设备台班窝工费的计算应区分施工机械的来源，若是租赁设备，一般按实际台班租金加上机械设备的进出场费计算；如系承包人自有设备，一般按台班折旧费计算。

(4) 管理费。

管理费应按现场管理费和企业管理费分别计算索赔费用。现场管理费包括因承包人完成额外工程、索赔事项工作以及工期拖延期间造成的管理人员工资、办公费、交通费等费用的增加费用。企业管理费的索赔主要是指在工程延误期间为整个企业的经营运作提供支持和服务所增加发生的管理费用，一般包括企业管理人员费用、企业经营活动费用、差旅交通费、办公费、通信费、固定资产折旧、修理费、职工教育培训费用、保险费、税金等。

(5) 利润。

一般来说，由于工程承包范围的变化、技术文件的缺陷、发包人未能及时提供现场等引起的索赔，承包人可以列入利润。但对于工程暂停的索赔，由于项目利润未受到影响，所以一般工程师不会同意在工程暂停时的费用索赔中加入利润损失。

● 特别提示

利润的索赔款额计算通常应与原投标报价中的利润率相一致，即在成本的基础上，增加原投标报价中的利润率，作为该项索赔款的利润。

(6) 利息。

只要因业主违约（如业主拖延或拒绝支付各种工程款、预付款或拖延退还扣留的保证金）或其他合法索赔事项直接引起了额外贷款，承包人有权向业主就相关的利息支出提出索赔。利息的索赔通常发生于下列情况：拖期付款利息、索赔款的利息、错误扣款的利息等。

第6章 工程施工合同的履行与索赔

监理人收到承包人报告后,应下达《工程暂停令》。要求承包人撤出危险区域作业人员,制订消除隐患的措施或方案,报监理人批准后实施。由于难以预料的暴雨天气属不可抗力,工期予以顺延,但承包人的经济损失不予补偿。

4) 费用索赔计算方法

对于索赔事件的费用计算,一般是先计算与索赔事件有关的直接费,如人工费、材料费、机械费、分包费等,然后计算应分摊在此事件上的管理费、利润等间接费。每一项费用的具体计算方法应与工程项目计价方法相似。从总体思路上讲,综合费用索赔主要有以下计算方法。

(1) 总费用法。

总费用法的基本思路是将固定总价合同转化为成本加酬金合同,或索赔值按成本加酬金的方法来计算,它是以承包人的额外增加成本为基础,再加上管理费、利息甚至利润的计算方法。

特别提示

采用总费用法,往往是由于施工过程上受到严重干扰,造成多个索赔事件混杂在一起,导致难以准确地进行分项记录和收集资料、证据,也不容易分项计算出具体的损失费用,只得采用总费用法进行索赔。

(2) 修正的总费用法。

修正的总费用法是对总费用法的改进,即在总费用计算的原则上,去掉一些不合理的因素,使其更合理。按修正后的总费用计算索赔金额的公式如下。

索赔金额=某项工作调整后的实际总费用-该项工作的报价费用(含变更款)

修正的总费用法与总费用法相比,有了实质性的改进,已相当准确地反映出实际增加的费用。

(3) 分项法。

分项法是在明确责任的前提下,对每个引起损失的干扰事件和各费用项目单独分析计算索赔值,并提供相应的工程记录、收据、发票等证据资料,最终求和。这样可以在较短时间内给予分析、核实,确定索赔费用,顺利解决索赔事宜。该方法虽比总费用法复杂、困难,但比较合理、清晰,能反映实际情况,且可为索赔文件的分析、评价及其最终索赔谈判和解决提供方便,是承包人广泛采用的方法。

某施工单位与某建设单位签订施工合同,合同工期38天。合同中约定,工期每提前(或拖后)1天奖(罚)5 000元,乙方得到工程师同意的施工网络计划如图6.4所示。

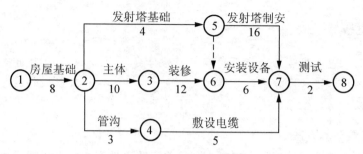

图 6.4 某工程网络计划图

实际施工中发生了如下事件。

事件 1：在房屋基槽开挖后，发现局部有软弱下卧层，按甲方代表指示，乙方配合地质复查，配合用工 10 工日。地质复查后，根据经甲方代表批准的地基处理方案增加工程费用 4 万元，因地基复查和处理使房屋基础施工延长 3 天，人工窝工 15 工日。

事件 2：在发射塔基础施工时，因发射塔坐落位置的设计尺寸不当，甲方代表要求修改设计，拆除已施工的基础、重新定位施工。由此造成工程费用增加 1.5 万元，发射塔基础施工延长 2 天。

事件 3：在房屋主体施工中，因施工机械故障，造成工人窝工 8 工日，房屋主体施工延长 2 天。

事件 4：在敷设电缆时，因乙方购买的电缆质量不合格，甲方代表令乙方重新购买合格电缆，由此造成敷设电缆施工延长 4 天，材料损失费 1.2 万元。

事件 5：鉴于该工程工期较紧，乙方在房屋装修过程中采取了加快施工技术措施，使房屋装修施工缩短 3 天，该项技术措施费为 0.9 万元。

其余各项工作持续时间和费用与原计划相符。假设工程所在地人工费标准 30 元/工日，应由甲方给予补偿的窝工人工补偿标准为 18 元/工日，间接费、利润等均不予补偿。

问题：

(1) 在上述事件中，乙方可以就哪些事件向甲方提出工期补偿和费用补偿？
(2) 该工程实际工期为多少？乙方可否得到工期提前奖励？
(3) 在该工程中，乙方可得到的合理费用补偿为多少？

【案例评析】

(1) 各事件处理如下。

事件 1：可以提出工期索赔和费用索赔。因为地质条件的变化属于有经验的承包商无法合理预见的，且该工作位于关键线路上。

事件 2：可提出费用补偿要求，不能提出工期补偿。因为设计变更属于甲方应承担的责任，甲方应给予经济补偿，但该工序为非关键工序且延误时间 2 天未超过总时差 8 天，故没有工期补偿。

事件 3：不能提出工期和费用补偿。施工机械故障属于施工方自身应承担的责任。

事件 4：不能提出费用和工期补偿。乙方购买的电缆质量问题是乙方自己的责任。

事件 5：不能提出费用和工期的补偿。因为双方在合同中约定采用奖励方法解决乙方加速施工的费用补偿，故赶工措施费由乙方自行承担。

(2)从网络图中可以看出原网络进度计划的关键线路为：①→②→③→⑥→⑦→⑧，则按原网络计划计算的合同工期为关键线路上各关键工作的持续时间之和，即8+10+12+6+2=38（天）。

实际施工中，关键线路上的工作时间发生了以下变化。

事件1：因地基复查和处理使房屋基础施工延长3天。

事件3：因施工机械故障，造成房屋主体施工延长2天。

事件5：乙方在房屋装修过程中采取了加快施工技术措施，使房屋装修施工缩短3天。

由于以上3个事件都发生在关键线路上，对总工期均有影响，所以实际工期为：38+3+2-3=40（天）。

由于业主原因导致处于关键线路上的房屋基础工作延误3天，应在原合同工期38的基础上补偿3天，即实际合同工期为：38+3=41（天）。而实际工期为40天，与合同工期相比提前了1天，按照合同约定，乙方可得到工期提前1天的奖励5 000元。

(3)在该工程中，乙方可得到的合理补偿费用如下。

事件1：

增加人工费： $10 \times 30 = 300$（元）

窝工费： $15 \times 18 = 270$（元）

增加工程费：   40 000（元）

事件2：

增加人工费：   15 000（元）

合计补偿： $300 + 270 + 40\,000 + 15\,000 + 5\,000 = 60\,570$（元）

知 识 链 接

工程实践中，费用索赔计算方法应与计价方法相关联，合理的计价方法有利于费用索赔的计算。

例如，措施费中的垂直运输费用主要包括垂直运输机械使用费和垂直运输机械基础与建筑物连接件费用两部分。在我国各地方消耗量定额中对于垂直运输机械使用费主要有两种算法：一种就是区分不同建筑物的结构类型及檐口高度按建筑面积以平方米计算（如河南省）；另一种是以区分不同建筑物的结构类型及檐口高度按国家工期（合同工期）以日历天计算（如江苏省）。

相比较而言，第一种计算方法无疑忽略了当发包人原因导致工期顺延，而建筑物的建筑面积和高度都不改变时，垂直运输机械费用无补偿的情况。而第二种计算方法使垂直运输机械使用费用的计价与施工工期相关，由承包人根据招标文件中合同工期要求计算垂直运输机械使用费无疑可以避免上述情况，有利于垂直运输机械费用索赔。垂直运输机械的费用索赔计算公式为

$$垂直运输机械费用索赔额 = 增加工期天数 \times 台班单价$$

其中：台班单价可以是自有机械的正常机械台班单价或者是机械的租赁台班单价。

本章小结

合同履行是指合同各方当事人按照合同的规定，全面履行各自的义务，实现各自的权利。施工合同的履行部分主要介绍了工程施工合同履行的一般原则；工程施工合同履行的抗辩权；工程施工合同履行相关工作，包括变更、价格调整、不可抗力、违约、暂停施工、争议解决等内容。

索赔是指在合同实施过程中，合同一方当事人对非己原因、非己风险造成的实质损失要求对方给予补偿的权利。施工索赔是指在工程项目的施工过程中，承包人根据合同和法律的规定，对非自身原因造成的工程延期、费用增加而要求发包人给予补偿损失的一种权力要求。施工索赔部分主要介绍了索赔的概念、特征、起因、种类、证据、程序及计算。

习 题

一、单选题

1. 施工合同中约定，如果发包人不按合同的约定支付工程进度款，承包人发出催付通知和停工通知后仍不能获得工程款，可在停工通知发出 7 天后停止施工。该条款依据的是《合同法》中关于（　　）的规定。

  A. 撤销权　　　　　　　　　　B. 不安抗辩权
  C. 后履行抗辩权　　　　　　　D. 同时履行抗辩权

2. 某设备制造订购合同，约定订购方先支付合同总价的 10% 作为预付款。订购方在支付预付款前获得确切证据证明制造方经营状况恶化，订购方未按时支付预付款，这是订购方行使的（　　）。

  A. 同时履行抗辩权　　　　　　B. 后履行抗辩权
  C. 不安抗辩权　　　　　　　　D. 合同中止履行的权利

3. 某施工合同履行时，因施工现场尚不具备开工条件，已进场的承包人不能按约定日期开工，则发包人（　　）。

  A. 应赔偿承包人的损失，相应顺延工期
  B. 应赔偿承包人的损失，但工期不予顺延
  C. 不赔偿承包人的损失，但相应顺延工期
  D. 不赔偿承包人的损失，工期不予顺延

4. 当施工过程中发生不可抗力，致使承包人负责采购的设备运到现场准备安装前造成损失，该损失应由（　　）承担。

  A. 发包人　　　　　　　　　　B. 承包人
  C. 设备供应人　　　　　　　　D. 发包人和承包人分别

5. 由承包人负责采购的材料设备，到货检验时发现与标准要求不符，承包人按工程师要求进行了重新采购，最后达到了标准要求。处理由此发生的费用和延误的工期的正确方法是（　　）。

A. 费用由发包人承担，工期给予顺延
B. 费用由承包人承担，工期不予顺延
C. 费用由发包人承担，工期不予顺延
D. 费用由承包人承担，工期给予顺延

6. 某供货合同履行时发现部分货物的价款在合同内约定不明确，双方通过协商又未能达成一致，此时，该部分货物的价款应按（　　）的市场价履行。

A. 订立合同时订立地　　　　B. 订立合同时履行地
C. 履行合同时订立地　　　　D. 履行合同时履行地

7. 依据《建设工程施工合同（示范文本）》的约定，在施工合同履行中，如果发包人不按时支付预付款，承包人可以（　　）。

A. 立即发出解除合同通知
B. 立即停工并发出通知要求支付预付款
C. 在合同约定预付时间 7 天后发出通知要求支付预付款，如仍不能获得预付款，则在发出通知 7 天后停止施工
D. 在合同约定预付时间 7 天后发出通知要求支付预付款，如仍不能获得预付款，则在发出通知之日起停止施工

8. 据施工合同示范文本的规定，由发包人采购材料交付承包人保管时，下列表述中正确的是（　　）。

A. 材料运抵施工现场后，工程师与发包人共同清点
B. 到货材料的种类与合同约定不符时，承包人应该代为调剂串换
C. 供货商延误到货影响施工时，发包人应赔偿承包人的损失
D. 到货材料数量多于合同的约定时，承包人应将多余部分运出工地

9. 执行政府定价的合同，当事人一方逾期提取货物，遇到政府上调价格时，应当按（　　）执行。

A. 原价格　　　　　　　　　B. 新价格
C. 市场价格　　　　　　　　D. 原价格和新价格的平均值

10. 当工程师提出对已经隐蔽的工程进行重新检验时，承包人应按要求进行剥露，如检验不合格，（　　）承担发生的全部费用，工期（　　）。

A. 承包人，顺延　　　　　　B. 承包人，不顺延
C. 发包人，顺延　　　　　　D. 发包人，不顺延

二、多选题

1. 关于合同的履行，下列说法正确的是（　　）。

A. 质量要求不明确的，双方的约定不能低于国家强制性标准
B. 价款或者报酬不明的，按订立合同时履行地的市场价格履行
C. 履行地点不明确，给付货币的，在接受货币一方所在地履行；交付不动产的，在不动产所在地履行；交付其他标的物的，在权利一方所在地履行
D. 履行期限不明确的，债务人可以随时履行，债权人也可以随时要求履行，但应当给对方必要的准备时间
E. 履行费用的负担不明确的，由权利一方承担

2. 《建设工程施工合同（示范文本）》规定，因（　　）等原因导致竣工时间延长，经工程师确认后可以顺延工期。
  A. 不可抗力　　　　　　　　　B. 工程量增加
  C. 承包商基础施工超挖　　　　D. 设计变更
  E. 工程师延误提供所需指令

3. 在项目施工中，若承包人提出的合理化建议涉及对设计图纸的变更，此变更（　　）。
  A. 需经工程师同意　　　　　　B. 无须经工程师同意
  C. 发生的费用由发包人承担　　D. 发生的费用由承包人承担
  E. 发生的费用由双方约定承担

4. 下列情形中，发包人应当承担过错责任的有（　　）。
  A. 发包人提供的设计图纸有缺陷，造成工程质量缺陷
  B. 发包人提供的设备不符合强制标准，引发工程质量缺陷
  C. 发包人直接指定分包人分包专业工程，分包工程发生质量缺陷
  D. 发包人未组织竣工验收擅自使用工程，主体结构出现质量缺陷
  E. 发包人指定购买的材料、建筑构配件不符合强制性标准，造成工程质量缺陷

5. 某项目施工过程中，由于空中飞行物坠落给施工造成了重大损害，（　　）应当由发包方承担。
  A. 承包方人员伤亡损失　　　　　B. 发包方人员伤亡损失
  C. 承包方施工设备损坏的损失　　D. 运至施工场地待安装工程设备的损害
  E. 工程修复费用

6. 在下列情况下，承包人工期不予顺延的是（　　）。
  A. 发包人未按时提供施工条件
  B. 设计变更造成工期延长，但有时差可利用
  C. 不可抗力事件
  D. 一周内非承包人原因停水、停电、停气造成停工累计超过 8 小时
  E. 现场工人操作不当引起安全事故，造成工期延误 2 天

7. 下列（　　）事件承包人不可以向发包人提出索赔。
  A. 施工中遇到地下文物被迫停工
  B. 施工机械大修，误工 5 天
  C. 发包人要求提前竣工，导致工程成本增加
  D. 设计图纸错误，造成返工
  E. 施工方案调整，造成工期延误

8. 关于建设工程索赔的说法，正确的是（　　）。
  A. 承包人可以向发包人索赔，发包人不可以向承包人索赔
  B. 索赔意向通知书发出后 14 天内，承包人应向工程师正式提交索赔通知书
  C. 索赔是双向的，承包人可以向发包人索赔，发包人也可向承包人索赔
  D. 发包人向承包人索赔
  E. 索赔事件具有连续影响的，承包人应按合理时间间隔继续递交延续索赔通知

9. 施工过程中，如果出现设计变更和工程量增加的情况，按照《建设工程施工合同（示范文本）》的约定，（　　）。

A. 发包人应在 14 天内直接确认顺延的工期，通知承包人
B. 工程师应在 14 天内直接确认顺延的工期，通知承包人
C. 承包人应在 14 天内直接确认顺延的工期，通知工程师
D. 承包人应在 14 天内将自己认为应顺延的工期报告工程师
E. 承包人应在 14 天内向工程师提出变更工程价款的报告

10. 下列关于索赔的表述中，正确的是（　　）。
A. 索赔要求的提出无须经对方同意
B. 索赔具有惩罚性质
C. 在索赔事件发生后的 28 天内递交索赔报告
D. 工程师的索赔处理决定超过权限时应报发包人批准
E. 承包人必须执行工程师的索赔处理决定

三、案例分析

1. 在某房地产开发项目中，发包人提供了地质勘察报告，证明地下土质很好。承包人做施工方案，用挖方的余土作通往住宅区道路基础的填方。由于基础开挖施工时正值雨季，开挖后土方潮湿，且易碎，不符合道路填筑要求。承包人不得不将余土外运，另外取土作道路填方材料，对此承包人提出索赔要求。工程师该如何处理？

2. 在某一国际工程中，工程师向承包人颁发了一份图纸，图纸上有工程师的批准及签字。但这份图纸的部分内容违反本工程的专用规范（即工程说明），待实施到一半后工程师发现这个问题，要求承包人返工并按规范施工。承包人就返工问题向工程师提出索赔要求，但被工程师否定。承包人提出了问题：工程师批准颁发的图纸，如果与合同专用规范内容不同，它能否作为工程师已批准的有约束力的工程变更？

3. 某建筑公司（乙方）于某年 4 月 20 日与某厂（甲方）签订了修建建筑面积为 3 000 m^2 工业厂房（带地下室）的施工合同。乙方编制的施工方案和进度计划已获监理工程师批准。该工程的基坑开挖土方为 4 500 m^3，假设直接费单价为 4.2 元/m^3，综合费率为直接费的 20%。该基坑施工方案规定：土方工程采用租赁一台斗容量为 1 m^3 的反铲挖掘机施工（租赁费为 450 元/台班）。甲、乙双方合同约定 5 月 11 日开工，5 月 20 日完工。在实际施工中发生了如下几项事件。

（1）因租赁的挖掘机大修，晚开工 2 天，造成人员窝工 10 个工日。

（2）施工过程中，因遇软土层，接到监理工程师 5 月 15 日停工的指令，进行地质复查，配合用工 15 个工日。

（3）5 月 19 日接到监理工程师于 5 月 20 日复工令，同时提出基坑开挖深度加深 2m 的设计变更通知单，由此增加土方开挖量 900 m^3。

（4）5 月 20 日—5 月 22 日，因下大雨迫使基坑开挖暂停，造成人员窝工 10 个工日。

（5）5 月 23 日用 30 个工日修复冲坏的永久道路，5 月 24 日恢复挖掘工作，最终基坑于 5 月 30 日挖坑完毕。

问题：

（1）建筑公司对上述哪些事件可以向厂方要求索赔，哪些事件不可以要求索赔？说明原因。

（2）每项事件工期索赔各是多少天？总计工期索赔是多少天？

(3) 假设人工费单价为 23 元/工日，因增加用工所需的管理费为增加人工费的 30%，则合理的费用索赔总额是多少？

(4) 建筑公司应向厂方提供的索赔文件有哪些？

4. 某发包人与承包人签订了施工合同。合同中约定：建筑材料由发包人提供；由于非施工单位原因造成的停工，机械补偿费为 200 元/台班，人工补偿费为 50 元/工日；总工期为 120 天；竣工时间提前奖励为 3 000 元/天，误期损失赔偿费为 5 000 元/天。

经监理人批准的合同进度计划如图 6.5 所示。

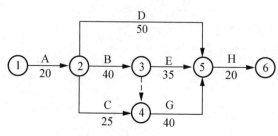

图 6.5 合同进度计划（单位：天）

该工程的实际工期为 122 天。施工过程中发生如下事件。

(1) 由于发包人要求对 B 工作的施工图纸进行修改，致使 B 工作停工 3 天（每停 1 天影响 30 工日、10 台班）。

(2) 由于机械租赁单位调度的原因，施工机械未能按时进场，使 C 工作的施工暂停 5 天（每停 1 天影响 40 工日、10 台班）。

(3) 由于发包人负责供应的材料未能按计划到场，E 工作停工 6 天（每停 1 天影响 20 工日、5 台班）。

承包人就上述 3 种情况按正常的程序向监理人提出了延长工期和补偿停工损失的要求。

问题：

(1) 逐项说明中监理人是否应批准承包人提出的索赔，说明理由并给出审批结果（写出计算过程）。

(2) 施工单位应该获得工期提前奖励，还是应该支付误期损失赔偿费？金额是多少？

【参考答案】

综合实训　模拟处理索赔事件和合同价款调整

以本书第 5 章习题中案例分析题为背景，模拟处理施工合同履行过程中的索赔及合同价款调整等事件。

问题：

1. 列式计算 6 月份承包商实际完成工程的工程款。

2. 承包商在 6 月份结算前致函发包方，指出施工期间水泥、砂石价格持续上涨，要求调整。经双方协商同意，按调值公式法调整结算价。假定 3 月、4 月、5 月这 3 个月承包商应得工程款（含索赔费用）为 750 万元；固定要素为 0.3，水泥、砂石占可调值部分的比重为 10%，调整系数为 1.15，其余不变。则 6 月份工程结算价为多少？

第 7 章　工程其他合同

思维导图

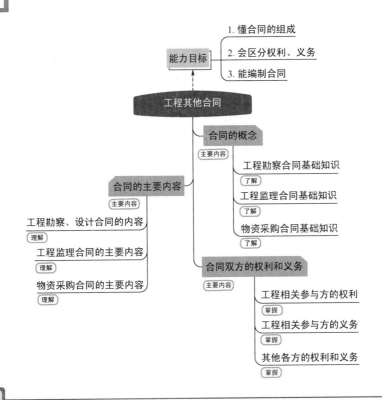

引例

　　某一监理单位受建设单位委托承担了某公路工程的施工阶段监理任务，并签订了建设工程委托监理合同。监理合同中部分内容如下：①监理单位为本工程项目的最高管理者；②监理单位应维护建设单位的权益；③建设单位参与监理的人员同时作为发包人代表；④上述发包人代表可以向承包人下达指令；⑤监理单位仅进行质量控制，而由发包人来行使进度与投资控制任务；⑥由于监理单位的努力，使合同工期提前的，监理单位与发包人分享利益。此监理合同中有不妥之处，为什么？

7.1 工程勘察设计合同

7.1.1 工程勘察设计合同概述

工程勘察合同是指根据建设工程的要求，查明、分析、评价建设场地的地质地理环境特征和岩土工程条件，编制建设工程勘察文件的协议。建设工程设计合同是指根据建设工程的要求，对建设工程所需的技术、经济、资源、环境等条件进行综合分析、论证，编制建设工程设计文件的协议。为了保证工程项目的建设质量达到预期的投资目的，实施过程必须遵循项目建设的内在规律，即坚持"先勘察、后设计、再施工"的程序。

知识链接

【《建设工程勘察合同（示范文本）》（GF—2016—0203）】

为了指导建设工程勘察合同当事人的签约行为，维护合同当事人的合法权益，依据《中华人民共和国合同法》《中华人民共和国建筑法》《中华人民共和国招标投标法》等相关法律、法规的规定，住房和城乡建设部、国家工商行政管理总局对《建设工程勘察合同（一）[岩土工程勘察、水文地质勘察（含凿井）、工程测量、工程物探]》（GF—2000—0203）及《建设工程勘察合同（二）[岩土工程设计、治理、监测]》（GF—2000—0204）进行修订，制定了《建设工程勘察合同（示范文本）》（GF—2016—0203）。该示范文本适用于岩土工程勘察、岩土工程设计、岩土工程物探/测试/检测/监测、水文地质勘察及工程测量等工程勘察活动。

为规范工程设计市场秩序，维护设计合同当事人的合法权益，住房和城乡建设部、国家工商行政管理总局制定了《建设工程设计合同示范文本（房屋建筑工程）》（GF—2015—0209）和《建设工程设计合同示范文本（专业建设工程）》（GF—2015—0210），自 2015 年 7 月 1 日起执行。

7.1.2 工程勘察合同

1. 工程勘察合同的组成

工程勘察合同一般由合同协议书、通用合同条款和专用合同条款三部分组成。

1）合同协议书

合同协议书主要包括工程概况、勘察范围和阶段、技术要求及工作量、合同工期、质量标准、合同价款、合同文件构成、承诺、词语定义、签订时间、签订地点、合同生效和合同份数等内容，集中约定了合同当事人基本的合同权利义务。

2）通用合同条款

通用合同条款是合同当事人根据《中华人民共和国合同法》《中华人民共和国建筑法》《中华人民共和国招标投标法》等相关法律法规的规定，就工程勘察的实施及相关事项对合同当事人的权利义务作出的原则性约定。

通用合同条款包括一般约定、发包人、勘察人、工期、成果资料、后期服务、合同价款与支付、变更与调整、知识产权、不可抗力、合同生效与终止、合同解除、责任与保险、违约、索赔、争议解决及补充条款等内容。

3）专用合同条款

专用合同条款是对通用合同条款原则性约定的细化、完善、补充、修改或另行约定的条款。合同当事人可以根据不同建设工程的特点及具体情况，通过双方的谈判、协商，对相应的专用合同条款进行修改和补充。

特别提示

在使用专用合同条款时，应注意以下事项。

(1) 专用合同条款编号应与相应的通用合同条款编号一致。

(2) 合同当事人可以通过对专用合同条款的修改，满足具体项目工程勘察的特殊要求，避免直接修改通用合同条款。

(3) 在专用合同条款中有横道线的地方，合同当事人可针对相应的通用合同条款进行细化、完善、补充、修改或另行约定；如无细化、完善、补充、修改或另行约定，则填写"无"或画"/"。

2. 发包人

1）发包人权利

(1) 发包人对勘察人的勘察工作，有权依照合同约定实施监督，并对勘察成果予以验收。

(2) 发包人对勘察人无法胜任工程勘察工作的人员，有权提出更换。

(3) 发包人拥有勘察人为其项目编制的所有文件资料的使用权，包括投标文件、成果资料和数据等。

2）发包人义务

(1) 发包人应以书面形式向勘察人明确勘察任务及技术要求。

(2) 发包人应提供开展工程勘察工作所需要的图纸及技术资料，包括总平面图、地形图、已有水准点和坐标控制点等。若上述资料由勘察人负责搜集，发包人应承担相关费用。

(3) 发包人应提供工程勘察作业所需的批准及许可文件，包括立项批复、占用和挖掘道路许可等。

(4) 发包人应为勘察人提供具备条件的作业场地及进场通道（包括土地征用、障碍物清除、场地平整、提供水电接口和青苗赔偿等），并承担相关费用。

(5) 发包人应为勘察人提供作业场地内地下埋藏物（包括地下管线、地下构筑物等）

的资料、图纸，没有资料、图纸的地区，发包人应委托专业机构查清地下埋藏物。若因发包人未提供上述资料、图纸，或提供的资料、图纸不实，致使勘察人在工程勘察工作过程中发生人身伤害或造成经济损失的，由发包人承担赔偿责任。

（6）发包人应按照法律、法规规定，为勘察人安全生产提供条件并支付安全生产防护费用，发包人不得要求勘察人违反安全生产管理规定进行作业。

（7）若勘察现场需要看守，特别是在有毒、有害等危险现场作业时，发包人应派人负责安全保卫工作；按国家有关规定，对从事危险作业的现场人员进行保健防护，并承担费用。发包人对安全文明施工有特殊要求时，应在专用合同条款中另行约定。

（8）发包人应对勘察人满足质量标准的已完工作，按照合同约定及时支付相应的工程勘察合同价款及费用。

3）发包人代表

发包人应在专用合同条款中明确其负责工程勘察的发包人代表的姓名、职务、联系方式及授权范围等事项。发包人代表在发包人的授权范围内，负责处理合同履行过程中与发包人有关的具体事宜。

3. 勘察人

1）勘察人权利

（1）勘察人在工程勘察期间，根据项目条件和技术标准，法律、法规规定等方面的变化，有权向发包人提出增减合同工作量或修改技术方案的建议。

（2）除建设工程主体部分的勘察外，根据合同约定或经发包人同意，勘察人可以将建设工程其他部分的勘察分包给其他具有相应资质等级的建设工程勘察单位。发包人对分包的特殊要求，应在专用合同条款中另行约定。

（3）勘察人对其编制的所有文件资料，包括投标文件、成果资料、数据和专利技术等拥有知识产权。

2）勘察人义务

（1）勘察人应按勘察任务书和技术要求，并依据有关技术标准进行工程勘察工作。

（2）勘察人应建立质量保证体系，按本合同约定的时间提交质量合格的成果资料，并对其质量负责。

（3）勘察人在提交成果资料后，应为发包人继续提供后期服务。

（4）勘察人在工程勘察期间遇到地下文物时，应及时向发包人和文物主管部门报告并妥善保护。

（5）勘察人开展工程勘察活动时，应遵守有关职业健康及安全生产方面的各项法律、法规的规定，采取安全防护措施，确保人员、设备和设施的安全。

（6）勘察人在燃气管道、热力管道、动力设备、输水管道、输电线路、临街交通要道及地下通道（地下隧道）附近等风险性较大的地点，以及在易燃易爆地段和放射、有毒环境中进行工程勘察作业时，应编制安全防护方案并制定应急预案。

（7）勘察人应在勘察方案中列明环境保护的具体措施，并在合同履行期间采取合理措施，保护作业现场环境。

3）勘察人代表

勘察人接受任务时，应在专用合同条款中明确其负责工程勘察的勘察人代表的姓名、职务、联系方式及授权范围等事项。勘察人代表在勘察人的授权范围内，负责处理合同履行过程中与勘察人有关的具体事宜。

4. 工期

1）开工及延期开工

（1）勘察人应按合同约定的工期进行工程勘察工作，并接受发包人对工程勘察工作进度的监督、检查。

（2）因发包人原因不能按照合同约定的日期开工，发包人应以书面形式通知勘察人，推迟开工日期并相应顺延工期。

2）成果提交日期

勘察人应按照合同约定的日期或双方同意顺延的工期提交成果资料，具体可在专用合同条款中约定。

3）发包人造成的工期延误

（1）因以下情形造成工期延误，勘察人有权要求发包人延长工期、增加合同价款和（或）补偿费用。

① 发包人未能按合同约定提供图纸及开工条件。

② 发包人未能按合同约定及时支付定金、预付款和（或）进度款。

③ 变更导致合同工作量增加。

④ 发包人增加合同工作内容。

⑤ 发包人改变工程勘察技术要求。

⑥ 发包人导致工期延误的其他情形。

（2）除专用合同条款对期限另有约定外，勘察人在上述情形发生后7天内，应就延误的工期以书面形式向发包人提出报告。发包人在收到报告后7天内予以确认；逾期不予确认也不提出修改意见的，视为同意顺延工期。补偿费用的确认程序参照"合同价款与调整"执行。

4）勘察人造成的工期延误

勘察人因以下情形不能按照合同约定的日期或双方同意顺延的工期提交成果资料的，勘察人承担违约责任。

（1）勘察人未按合同约定开工日期开展工作造成工期延误的。

（2）勘察人管理不善、组织不力造成工期延误的。

（3）因弥补勘察人自身原因导致的质量缺陷而造成工期延误的。

（4）因勘察人成果资料不合格返工，造成工期延误的。

（5）勘察人导致工期延误的其他情形。

5）恶劣气候条件

恶劣气候条件影响现场作业，导致现场作业难以进行，造成工期延误的，勘察人有权要求发包人延长工期。

5. 成果资料

1）成果质量

（1）成果质量应符合相关技术标准和深度规定，且满足合同约定的质量要求。

（2）双方对工程勘察成果质量有争议时，由双方同意的第三方机构鉴定，所需费用及因此造成的损失，由责任方承担；双方均有责任的，由双方根据其责任分别承担。

2）成果份数

勘察人应向发包人提交成果资料四份，发包人要求增加的份数，在专用合同条款中另行约定，发包人另行支付相应的费用。

3）成果交付

勘察人按照约定时间和地点向发包人交付成果资料，发包人应出具书面签收单，内容包括成果名称、成果组成、成果份数、提交和签收日期、提交人与接收人的亲笔签名等。

4）成果验收

勘察人向发包人提交成果资料后，如需对勘察成果组织验收，发包人应及时组织验收。除专用合同条款对期限另有约定外，发包人14天内无正当理由不予组织验收的，视为验收通过。

6. 合同价款与支付

1）合同价款与调整

（1）依照法定程序进行招标工程的合同价款由发包人和勘察人依据中标价格载明在合同协议书中；非招标工程的合同价款由发包人和勘察人议定，并载明在合同协议书中。合同价款在合同协议书中约定后，除合同条款约定的合同价款调整因素外，任何一方不得擅自改变。

（2）合同当事人可任选下列一种合同价款的形式，双方可在专用合同条款中约定。

① 总价合同。双方在专用合同条款中约定合同价款包含的风险范围和风险费用的计算方法，在约定的风险范围内合同价款不再调整。风险范围以外的合同价款调整因素和方法，应在专用合同条款中约定。

② 单价合同。合同价款根据工作量的变化而调整，合同单价在风险范围内一般不予调整，双方可在专用合同条款中约定合同单价调整因素和方法。

③ 其他合同价款形式。合同当事人可在专用合同条款中约定其他合同价格形式。

（3）需调整合同价款时，合同一方应及时将调整原因、调整金额以书面形式通知对方，双方共同确认调整金额后作为追加或减少的合同价款，与进度款同期支付。除专用合同条款对期限另有约定外，一方在收到对方的通知后7天内不予确认也不提出修改意见的，视为已经同意该项调整。合同当事人就调整事项不能达成一致，则按照"争议解决"的约定处理。

2）定金或预付款

（1）实行定金或预付款的，双方应在专用合同条款中约定发包人向勘察人支付定金或预付款的数额，支付时间应不迟于约定的开工日期前7天。发包人不按约定支付的，勘察人向发包人发出要求支付的通知，发包人收到通知后仍不能按要求支付的，勘察人可在发出通知后推迟开工日期，并由发包人承担违约责任。

（2）定金或预付款可在进度款中抵扣，抵扣办法可在专用合同条款中约定。

3）进度款支付

（1）发包人应按照专用合同条款约定的进度款支付方式、支付条件和支付时间进行支付。

（2）"合同价款与调整"和"变更合同价款确定"确定调整的合同价款及其他条款中约定的追加或减少的合同价款，应与进度款同期调整支付。

（3）发包人超过约定的支付时间不支付进度款，勘察人可向发包人发出要求付款的通知，发包人收到勘察人通知后仍不能按要求付款的，可与勘察人协商签订延期付款协议，经勘察人同意后可延期支付。

（4）发包人不按合同约定支付进度款，双方又未达成延期付款协议的，勘察人可停止工程勘察作业和后期服务，由发包人承担违约责任。

4）合同价款结算

除专用合同条款另有约定外，发包人应在勘察人提交成果资料后28天内，依据"合同价款与调整"和"变更合同价款确定"的约定进行最终合同价款确定，并予以全额支付。

7.1.3 工程设计合同

工程设计合同是指设计人依约定向发包人提供工程设计文件，发包人受领该成果并按约定支付酬金的合同。原建设部（现住房和城乡建设部）和国家工商行政管理局为建设工程设计合同设计了两种文本：民用建设工程设计合同示范文本和专业工程设计合同文本。现以民用建设工程设计合同示范文本为例来介绍设计合同的主要内容。

【建设工程设计合同（房屋建筑工程）GF-2015-0209】

1. 设计内容

合同必须对设计的内容，如名称、规模、阶段及计划投资等有具体而详细的描述，使设计人可据此来安排投资、组织设计。

工程设计一般包括初步设计和施工图设计两个阶段。对于技术复杂又缺乏经验的建设项目，可以在初步设计前进行方案设计。不同设计阶段设计人所承担的设计工作内容和设计责任有很大不同。工程估算总投资和费率是确定设计费的基本依据。当项目规模发生变化时，双方当事人可根据项目规模重新估算设计费。

方案设计阶段的主要任务：总体建筑方案构思，列明建筑面积、主要建筑物名称、层数、高度、容积率、绿化率等主要技术经济指标，反映总平面布置及周边环境情况，进行结构选型和给排水、电气、暖气、动力等专业说明，编制投资估算文件。

初步设计的主要任务：对设计方案或重大技术问题的解决方案进行综合技术经济分析，论证技术上的适用性、可靠性和经济上的合理性。主要内容包括：工程设计规模和设计范围，设计指导思想和特点，总平面布置，交通运输，主要技术经济指标和工程量，提供建筑、结构、给排水、电气、暖通、动力等各专业的设计图纸，编制设计概算。

施工图设计阶段的主要任务：依据已批准的初步设计绘制正确、完整、详尽的总平面图和竖向布置图、土方图、管道综合图、绿化布置图，以及各专业设计图纸，编制施工图预算。

2. 发包人

1）发包人的一般义务

（1）发包人应遵守法律，并办理法律规定由其办理的许可、核准或备案，包括但不限于建设用地规划许可证、建设工程规划许可证、建设工程方案设计批准、施工图设计审查等许可、核准或备案。

发包人负责本项目各阶段设计文件向规划设计管理部门的送审报批工作,并负责将报批结果书面通知设计人。因发包人原因未能及时办理完毕前述许可、核准或备案手续,导致设计工作量增加和(或)设计周期延长时,由发包人承担由此增加的设计费用和(或)延长的设计周期。

(2) 发包人应当负责工程设计的所有外部关系(包括但不限于当地政府主管部门等)的协调,为设计人履行合同提供必要的外部条件。

(3) 专用合同条款约定的其他义务。

特别提示

设计人的设计文件的编制必须以发包人提供的国家审批文件和有关技术、环境资料为依据。下一设计阶段以上一设计阶段为依据。在合同中明确发包人应提供资料和文件的内容和时间,这对设计人设计工作的正常开展起着举足轻重的作用。

2) 发包人代表

发包人应在专用合同条款中明确其负责工程设计的发包人代表的姓名、职务、联系方式及授权范围等事项。发包人代表在发包人的授权范围内,负责处理合同履行过程中与发包人有关的具体事宜。发包人代表在授权范围内的行为由发包人承担法律责任。发包人更换发包人代表的,应在专用合同条款约定的期限内提前书面通知设计人。

发包人代表不能按照合同约定履行其职责及义务,并导致合同无法继续正常履行的,设计人可以要求发包人撤换发包人代表。

3) 发包人决定

(1) 发包人在法律允许的范围内有权对设计人的设计工作、设计项目和(或)设计文件作出处理决定,设计人应按照发包人的决定执行;涉及设计周期和(或)设计费用等问题时,按本合同工程设计变更与索赔的约定处理。

(2) 发包人应在专用合同条款约定的期限内对设计人书面提出的事项作出书面决定,如发包人不在约定时间内作出书面决定,设计人的设计周期相应延长。

4) 支付合同价款

发包人应按合同约定向设计人及时、足额支付合同价款。

5) 设计文件接收

发包人应按合同约定及时接收设计人提交的工程设计文件。

应用案例

B 公司请 A 公司为其拟建的"客再来"酒楼进行设计,并签订了一份工程设计承包合同。合同约定设计方案包括全部工程建筑面积,造价为 140 万元人民币,提交设计图纸的期限为 3 个月。A 公司如期完成设计,将设计图交付 B 公司。B 公司董事会经讨论后,决定将建筑面积增加近一倍，并提高酒楼的装饰标准，将总造价提高到 280 万元人民币，并请 A 公司在原设计图纸的基础上进行修改，但双方未就修改设计的费用等签订书面协议。在结算设计费时，B 公司坚持按原合同约定的标准支付，A 公司认为修改设计的费用标准应相应提高，因为装修规格提高，工作量增大，B 公司认为 A 公司提交设计图延期也应承担违约责任。双方因设计费的标准及违约责任等纠纷诉至法院。

【案例评析】

本案中，B 公司委托 A 公司进行酒楼设计，在 A 公司提交设计图纸后，B 公司又要求对原设计图纸进行修改，并增加了设计面积、提高了装饰标准。但是，双方没有对修改和增加设计的费用作出约定，法院根据《合同法》第 285 条"因发包人变更计划，提供的资料不准确，或者未按照期限提供必需的勘察、设计工作条件而造成勘察、设计的返工、停工或者修改设计，发包人应当按照勘察人、设计人实际消耗的工作量增付费用"的规定，认定 B 公司应依设计人 A 公司实际消耗的工作量增付费用。至于 B 公司所提出的 A 公司的延期交付的违约责任，因为双方未就修改设计的提交日期进行约定，也就无所谓违约，因此 A 公司当然无须承担延期提交设计图纸的违约责任。

3. 设计人

1）设计人的一般义务

（1）设计人应遵守法律和有关技术标准的强制性规定，完成合同约定范围内的房屋建筑工程方案设计、初步设计、施工图设计，提供符合技术标准及合同要求的工程设计文件，提供施工配合服务。

设计人应当按照专用合同条款约定配合发包人办理有关许可、核准或备案手续。因设计人原因造成发包人未能及时办理许可、核准或备案手续，导致设计工作量增加和（或）设计周期延长时，由设计人自行承担由此增加的设计费用和（或）设计周期延长的责任。

（2）设计人应当完成合同约定的工程设计其他服务。

（3）设计人应当完成专用合同条款约定的其他义务。

2）项目负责人

（1）项目负责人应为合同当事人所确认的人选，并在专用合同条款中明确项目负责人的姓名、执业资格及等级、注册执业证书编号、联系方式及授权范围等事项，项目负责人经设计人授权后代表设计人负责履行合同。

（2）设计人需要更换项目负责人的，应在专用合同条款约定的期限内提前书面通知发包人，并征得发包人书面同意。通知中应当载明继任项目负责人的注册执业资格、管理经验等资料，继任项目负责人继续履行合同约定的职责。未经发包人书面同意，设计人不得擅自更换项目负责人。设计人擅自更换项目负责人的，应按照专用合同条款的约定承担违约责任。对于设计人项目负责人确因患病、与设计人解除或终止劳动关系、工伤等原因更换项目负责人的，发包人无正当理由不得拒绝更换。

（3）发包人有权书面通知设计人更换其认为不称职的项目负责人，通知中应当载明要求更换的理由。对于发包人有理由的更换要求，设计人应在收到书面更换通知后在专用合同条款约定的期限内进行更换，并将新任命的项目负责人的注册执业资格、管理经验等资料书面通知发包人。设计人无正当理由拒绝更换项目负责人的，应按照专用合同条款的约定承担违约责任。

3）设计人人员

（1）除专用合同条款对期限另有约定外，设计人应在接到开始设计通知后7天内，向发包人提交设计人项目管理机构及人员安排的报告，其内容应包括建筑、结构、给排水、暖通、电气等专业负责人名单及其岗位、注册执业资格等。

（2）设计人委派到工程设计中的设计人员应相对稳定。设计过程中如有变动，设计人应及时向发包人提交工程设计人员变动情况的报告。设计人更换专业负责人时，应提前7天书面通知发包人，除专业负责人无法正常履职的情形外，还应征得发包人书面同意。通知中应当载明继任人员的注册执业资格、执业经验等资料。

（3）发包人对于设计人主要设计人员的资格或能力有异议的，设计人应提供资料证明被质疑人员有能力完成其岗位工作或不存在发包人所质疑的情形。发包人要求撤换不能按照合同约定履行职责及义务的主要设计人员的，设计人认为发包人有理由的，应当撤换。设计人无正当理由拒绝撤换的，应按照专用合同条款的约定承担违约责任。

4）设计分包

（1）设计分包的一般约定。

设计人不得将其承包的全部工程设计转包给第三人，或将其承包的全部工程设计肢解后以分包的名义转包给第三人。设计人不得将工程主体结构、关键性工作及专用合同条款中禁止分包的工程设计分包给第三人，工程主体结构、关键性工作的范围由合同当事人按照法律规定在专用合同条款中予以明确。设计人不得进行违法分包。

（2）设计分包的确定。

设计人应按专用合同条款的约定或经过发包人书面同意后进行分包，确定分包人。按照合同约定或经过发包人书面同意后进行分包的，设计人应确保分包人具有相应的资质和能力。工程设计分包不减轻或免除设计人的责任和义务，设计人和分包人就分包工程设计向发包人承担连带责任。

（3）设计分包管理。

设计人应按照专用合同条款的约定向发包人提交分包人的主要工程设计人员名单、注册执业资格及执业经历等。

（4）分包工程设计费。

除本项合同约定的情况或专用合同条款另有约定外，分包工程设计费由设计人与分包人结算，未经设计人同意，发包人不得向分包人支付分包工程设计费。

生效的法院判决书或仲裁裁决书要求发包人向分包人支付分包工程设计费的，发包人有权从应付设计人合同价款中扣除该部分费用。

5）联合体

（1）联合体各方应共同与发包人签订合同协议书。联合体各方应为履行合同向发包人承担连带责任。

（2）联合体协议，应当约定联合体各成员工作分工，经发包人确认后作为合同附件。在履行合同过程中，未经发包人同意，不得修改联合体协议。

(3) 联合体牵头人负责与发包人联系，并接受指示，负责组织联合体各成员全面履行合同。

(4) 发包人向联合体支付设计费用的方式在专用合同条款中约定。

4. 工程设计资料

1) 提供工程设计资料

发包人应当在工程设计前或专用合同条款中约定的时间向设计人提供工程设计所必需的工程设计资料，并对所提供资料的真实性、准确性和完整性负责。

按照法律规定确需在工程设计开始后方能提供的设计资料，发包人应及时地在相应工程设计文件提交给发包人前的合理期限内提供，合理期限应以不影响设计人的正常设计为限。

2) 逾期提供的责任

发包人提交上述文件和资料超过约定期限的，若超过约定期限15天以内，设计人按本合同约定的交付工程设计文件时间相应顺延；超过约定期限15天以外时，设计人有权重新确定提交工程设计文件的时间。工程设计资料逾期提供导致增加了设计工作量的，设计人可以要求发包人另行支付相应设计费用，并相应延长设计周期。

5. 工程设计要求

1) 工程设计一般要求

(1) 对发包人的要求。

发包人应当遵守法律和技术标准，不得以任何理由要求设计人违反法律和工程质量、安全标准进行工程设计，降低工程质量。

发包人要求进行主要技术指标控制的，钢材用量、混凝土用量等主要技术指标控制值应当符合有关工程设计标准的要求，且应当在工程设计开始前书面向设计人提出，经发包人与设计人协商一致后以书面形式确定作为本合同附件。

发包人应当严格遵守主要技术指标控制的前提条件，由于发包人的原因导致工程设计文件超出主要技术指标控制值的，发包人承担相应责任。

(2) 对设计人的要求。

设计人应当按法律和技术标准的强制性规定及发包人要求进行工程设计。有关工程设计的特殊标准或要求由合同当事人在专用合同条款中约定。

设计人发现发包人提供的工程设计资料有问题的，设计人应当及时通知发包人并经发包人确认。

除合同另有约定外，设计人完成设计工作所应遵守的法律以及技术标准，均应视为在基准日期适用的版本。基准日期之后，前述版本发生重大变化，或者有新的法律和（或）技术标准实施的，设计人应就推荐性标准向发包人提出遵守新标准的建议，对强制性规定或标准应当遵照执行。因发包人采纳设计人的建议或遵守基准日期后新的强制性规定或标准，导致增加设计费用和（或）设计周期延长的，由发包人承担。

设计人应当根据建筑工程的使用功能和专业技术协调要求，合理确定基础类型、结构体系、结构布置、使用荷载及综合管线等。

设计人应当严格执行其双方书面确认的主要技术指标控制值，由于设计人的原因导致工程设计文件超出在专用合同条款中约定的主要技术指标控制值比例的，设计人应当承担相应的违约责任。

设计人在工程设计中选用的材料、设备，应当注明其规格、型号、性能等技术指标及适应性，满足质量、安全、节能、环保等要求。

2) 工程设计保证措施

(1) 发包人的保证措施。

发包人应按照法律规定及合同约定完成与工程设计有关的各项工作。

(2) 设计人的保证措施。

设计人应做好工程设计的质量与技术管理工作，建立健全工程设计质量保证体系，加强工程设计全过程的质量控制，建立完整的设计文件的设计、复核、审核、会签和批准制度，明确各阶段的责任人。

3) 工程设计文件的要求

(1) 工程设计文件的编制应符合法律、技术标准的强制性规定及合同的要求。

(2) 工程设计依据应完整、准确、可靠，设计方案论证充分，计算成果可靠，并能够实施。

(3) 工程设计文件的深度应满足本合同相应设计阶段的规定要求，并符合国家和行业现行有效的相关规定。

(4) 工程设计文件必须保证工程质量和施工安全等方面的要求，按照有关法律、法规规定，在工程设计文件中提出保障施工作业人员安全和预防生产安全事故的措施建议。

(5) 应根据法律、技术标准要求，保证房屋建筑工程的合理使用寿命年限，并应在工程设计文件中注明相应的合理使用寿命年限。

4) 不合格工程设计文件的处理

(1) 因设计人原因造成工程设计文件不合格的，发包人有权要求设计人采取补救措施，直至达到合同要求的质量标准，并按设计人违约责任的约定承担责任。

(2) 因发包人原因造成工程设计文件不合格的，设计人应当采取补救措施，直至达到合同要求的质量标准，由此增加的设计费用和（或）设计周期的延长由发包人承担。

6. 工程设计进度与周期

1) 工程设计进度计划

(1) 工程设计进度计划的编制。

设计人应按照专用合同条款约定提交工程设计进度计划，工程设计进度计划的编制应当符合法律规定和一般工程设计实践惯例，工程设计进度计划经发包人批准后实施。工程设计进度计划是控制工程设计进度的依据，发包人有权按照工程设计进度计划中列明的关键性控制节点检查工程设计进度情况。

工程设计进度计划中的设计周期应由发包人与设计人协商确定，明确约定各阶段设计任务的完成时间区间，包括各阶段设计过程中设计人与发包人的交流时间，但不包括相关政府部门对设计成果的审批时间及发包人的审查时间。

(2) 工程设计进度计划的修订。

工程设计进度计划不符合合同要求或与工程设计的实际进度不一致的，设计人应向发包人提交修订的工程设计进度计划，并附具有关措施和相关资料。除专用合同条款对期限另有约定外，发包人应在收到修订的工程设计进度计划后 5 天内完成审核和批准或提出修改意见，否则视为发包人同意设计人提交的修订的工程设计进度计划。

2）工程设计开始

发包人应按照法律规定获得工程设计所需的许可。发包人发出的开始设计通知应符合法律规定，一般应在计划开始设计日期 7 天前向设计人发出开始工程设计工作通知，工程设计周期自开始设计通知中载明的开始设计的日期起算。

设计人应当在收到发包人提供的工程设计资料及专用合同条款约定的定金或预付款后，开始工程设计工作。

各设计阶段的开始时间均以设计人收到的发包人发出开始设计工作的书面通知书中载明的开始设计的日期起算。

3）工程设计进度延误

(1) 因发包人原因导致工程设计进度延误。

在合同履行过程中，发包人导致工程设计进度延误的情形主要有以下几类。

① 发包人未能按合同约定提供工程设计资料或所提供的工程设计资料不符合合同约定或存在错误或疏漏的。

② 发包人未能按合同约定日期足额支付定金或预付款、进度款的。

③ 发包人提出影响设计周期的设计变更要求的。

④ 专用合同条款中约定的其他情形。

因发包人原因未按计划开始设计日期开始设计的，发包人应按实际开始设计日期顺延完成设计日期。

除专用合同条款对期限另有约定外，设计人应在发生上述情形后 5 天内向发包人发出要求延期的书面通知，在发生该情形后 10 天内提交要求延期的详细说明供发包人审查。除专用合同条款对期限另有约定外，发包人收到设计人要求延期的详细说明后，应在 5 天内进行审查并就是否延长设计周期及延期天数向设计人进行书面答复。

如果发包人在收到设计人提交要求延期的详细说明后，在约定的期限内未予答复，则视为设计人要求的延期已被发包人批准。如果设计人未能按本款约定的时间内发出要求延期的通知并提交详细资料，则发包人可拒绝作出任何延期的决定。

发包人上述工程设计进度延误情形导致增加了设计工作量的，发包人应当另行支付相应设计费用。

(2) 因设计人原因导致工程设计进度延误。

因设计人原因导致工程设计进度延误的，设计人应当按照设计人违约责任的约定承担责任。设计人支付逾期完成工程设计违约金后，不免除设计人继续完成工程设计的义务。

4）暂停设计

(1) 发包人原因引起的暂停设计。

因发包人原因引起暂停设计的，发包人应及时下达暂停设计指示。

因发包人原因引起暂停设计的,发包人应承担由此增加的设计费用和(或)延长的设计周期。

(2) 设计人原因引起的暂停设计。

因设计人原因引起暂停设计的,设计人应当尽快向发包人发出书面通知并按设计人违约责任承担责任,且设计人在收到发包人复工指示后15天内仍未复工的,视为设计人无法继续履行合同的情形,设计人应按合同解除的约定承担责任。

(3) 其他原因引起的暂停设计。

当出现非设计人原因造成的暂停设计,设计人应当尽快向发包人发出书面通知。

在上述情形下设计人的设计服务暂停,设计人的设计周期应当相应延长,复工应有发包人与设计人共同确认的合理期限。

发生本项约定的情况,导致设计人增加设计工作量的,发包人应当另行支付相应设计费用。

(4) 暂停设计后的复工。

暂停设计后,发包人和设计人应采取有效措施,积极消除暂停设计的影响。当工程具备复工条件时,发包人向设计人发出复工通知,设计人应按照复工通知要求复工。

除设计人原因导致暂停设计外,设计人暂停设计后复工所增加的设计工作量,发包人应当另行支付相应设计费用。

5) 提前交付工程设计文件

(1) 发包人要求设计人提前交付工程设计文件的,发包人应向设计人下达提前交付工程设计文件指示,设计人应向发包人提交提前交付工程设计文件建议书,提前交付工程设计文件建议书应包括实施的方案、缩短的时间、增加的合同价格等内容。发包人接受该提前交付工程设计文件建议书的,发包人和设计人协商采取加快工程设计进度的措施,并修订工程设计进度计划,由此增加的设计费用由发包人承担。设计人认为提前交付工程设计文件的指示无法执行的,应向发包人提出书面异议,发包人应在收到异议后7天内予以答复。任何情况下,发包人不得压缩合理设计周期。

(2) 发包人要求设计人提前交付工程设计文件,或设计人提出提前交付工程设计文件的建议能够给发包人带来效益的,合同当事人可以在专用合同条款中约定提前交付工程设计文件的奖励。

7. 工程设计文件交付

1) 工程设计文件交付的内容

(1) 工程设计图纸及设计说明。

(2) 发包人可以要求设计人提交专用合同条款约定的具体形式的电子版设计文件。

2) 工程设计文件的交付方式

设计人交付工程设计文件给发包人,发包人应当出具书面签收单,内容包括图纸名称、图纸内容、图纸形式、图纸份数、提交和签收日期、提交人与接收人的亲笔签名。

3) 工程设计文件交付的时间和份数

工程设计文件交付的名称、时间和份数在专用合同条款中约定。

8. 工程设计文件审查

(1) 设计人的工程设计文件应报发包人审查同意。审查的范围和内容在发包人要求中约定。审查的具体标准应符合法律规定、技术标准要求和本合同约定。

除专用合同条款对期限另有约定外，自发包人收到设计人的工程设计文件以及设计人的通知之日起，发包人对设计人的工程设计文件审查期不超过 15 天。

发包人不同意工程设计文件的，应以书面形式通知设计人，并说明不符合合同要求的具体内容。设计人应根据发包人的书面说明，对工程设计文件进行修改后重新报送发包人审查，审查期重新起算。

合同约定的审查期满，发包人没有给出审查结论也没有提出异议的，视为设计人的工程设计文件已获发包人同意。

(2) 设计人的工程设计文件不需要政府有关部门审查或批准的，设计人应当严格按照经发包人审查同意的工程设计文件进行修改，如果发包人的修改意见超出或更改了发包人要求，发包人应当根据工程设计变更与索赔的约定，向设计人另行支付费用。

(3) 工程设计文件需政府有关部门审查或批准的，发包人应在审查同意设计人的工程设计文件后在专用合同条款约定的期限内，向政府有关部门报送工程设计文件，设计人应予以协助。

对于政府有关部门的审查意见，不需要修改发包人要求的，设计人需按该审查意见修改设计人的工程设计文件；需要修改发包人要求的，发包人应重新提出发包人要求，设计人应根据新提出的发包人要求修改设计人的工程设计文件，发包人应当根据工程设计变更与索赔的约定，向设计人另行支付费用。

(4) 发包人需要组织审查会议对工程设计文件进行审查的，审查会议的审查形式和时间安排，在专用合同条款中约定。发包人负责组织工程设计文件审查会议，并承担会议费用及发包人的上级单位、政府有关部门参加审查会议的费用。

设计人按工程设计文件交付的约定向发包人提交工程设计文件，有义务参加发包人组织的设计审查会议，向审查者介绍、解答、解释其工程设计文件，并提供有关补充资料。

发包人有义务向设计人提供设计审查会议的批准文件和纪要。设计人有义务按照相关设计审查会议的批准文件和纪要，并依据合同约定及相关技术标准，对工程设计文件进行修改、补充和完善。

(5) 因设计人原因，未能按工程设计文件交付约定的时间向发包人提交工程设计文件，致使工程设计文件审查无法进行或无法按期进行，造成设计周期延长、窝工损失及发包人增加费用的，设计人应按设计人违约责任的约定承担责任。

因发包人原因，致使工程设计文件审查无法进行或无法按期进行，造成设计周期延长、窝工损失及设计人增加的费用，由发包人承担。

(6) 因设计人原因造成工程设计文件不合格致使工程设计文件审查无法通过的，发包人有权要求设计人采取补救措施，直至达到合同要求的质量标准，并按设计人违约责任的约定承担责任。

因发包人原因造成工程设计文件不合格致使工程设计文件审查无法通过的，由此增加的设计费用和（或）延长的设计周期由发包人承担。

(7) 工程设计文件的审查，不减轻或免除设计人依据法律应当承担的责任。

9. 施工现场配合服务

（1）除专用合同条款另有约定外，发包人应为设计人派赴现场的工作人员提供工作、生活及交通等方面的便利条件。

（2）设计人应当提供设计技术交底，解决施工中设计技术问题并提供竣工验收服务。如果发包人在专用合同条款约定的施工现场服务时限外仍要求设计人负责上述工作的，发包人应按所需工作量向设计人另行支付服务费用。

发包人要求设计人派专人留驻施工现场进行配合与解决有关问题时，双方应另行签订补充协议或技术咨询服务合同。

10. 合同价款与支付

1) 合同价款组成

发包人和设计人应当在专用合同条款附件中明确约定合同价款各组成部分的具体数额，主要包括以下几方面。

（1）工程设计基本服务费用。

（2）工程设计其他服务费用。

（3）在未签订合同前，发包人已经同意或接受或已经使用的设计人为发包人所做的各项工作的相应费用等。

2) 合同价格形式

发包人和设计人应在合同协议书中选择下列合同价格形式中的一种。

（1）单价合同。

单价合同是指合同当事人约定以建筑面积（包括地上建筑面积和地下建筑面积）每平方米单价或实际投资总额的一定比例等进行合同价格计算、调整和确认的建设工程设计合同，在约定的范围内合同单价不做调整。合同当事人应在专用合同条款中约定单价包含的风险范围和风险费用的计算方法，并约定风险范围以外的合同价格的调整方法。

（2）总价合同。

总价合同是指合同当事人约定以发包人提供的上一阶段工程设计文件及有关条件进行合同价格计算、调整和确认的建设工程设计合同，在约定的范围内合同总价不做调整。合同当事人应在专用合同条款中约定总价包含的风险范围和风险费用的计算方法，并约定风险范围以外的合同价格的调整方法。

（3）其他价格形式。

合同当事人可在专用合同条款中约定其他合同价格形式。

3) 定金或预付款

（1）定金或预付款的比例。

定金的比例不应超过合同总价款的 20%。预付款的比例由发包人与设计人协商确定，一般不低于合同总价款的 20%。

> **特别提示**
>
> 若当事人双方同意对定金额度进行修改，该数额不能超过总设计费20%。《中华人民共和国担保法》第91条规定："定金的数额由当事人约定，但不得超过主合同标的额的20%。"超过20%的部分可视为预付款，而不具有定金的效力。

(2) 定金或预付款的支付。

定金或预付款的支付按照专用合同条款约定执行，但最迟应在开始设计通知载明的开始设计日期前专用合同条款约定的期限内支付。

发包人逾期支付定金或预付款超过专用合同条款约定的期限的，设计人有权向发包人发出要求支付定金或预付款的催告通知，发包人收到通知后7天内仍未支付的，设计人有权不开始设计工作或暂停设计工作。

4) 进度款支付

(1) 发包人应当按照专用合同条款附件约定的付款条件及时向设计人支付进度款。

(2) 进度付款的修正。

在对已付进度款进行汇总和复核中发现错误、遗漏或重复的，发包人和设计人均有权提出修正申请。经发包人和设计人同意的修正，应在下期进度付款中支付或扣除。

5) 合同价款的结算与支付

(1) 对于采取固定总价形式的合同，发包人应当按照专用合同条款附件的约定及时支付尾款。

(2) 对于采取固定单价形式的合同，发包人与设计人应当按照专用合同条款附件约定的结算方式及时结清工程设计费，并将未支付的款项一次性支付给设计人。

(3) 对于采取其他价格形式的，也应按专用合同条款的约定及时结算和支付。

6) 支付账户

发包人应将合同价款支付至合同协议书中约定的设计人账户。

11. 工程设计变更与索赔

(1) 发包人变更工程设计的内容、规模、功能、条件等，应当向设计人提供书面要求，设计人在不违反法律规定以及技术标准强制性规定的前提下，应当按照发包人要求变更工程设计。

(2) 发包人变更工程设计的内容、规模、功能、条件或因提交的设计资料存在错误或做较大修改时，发包人应按设计人所耗工作量向设计人增付设计费，设计人可按本条约定和专用合同条款附件的约定，与发包人协商对合同价格和（或）完工时间做可共同接受的修改。

(3) 如果由于发包人要求更改而造成的项目复杂性的变更或性质的变更，使得设计人的设计工作减少，发包人可按本条约定和专用合同条款附件的约定，与设计人协商对合同价格和（或）完工时间做可共同接受的修改。

(4) 基准日期后，与工程设计服务有关的法律、技术标准的强制性规定的颁布及修改，由此增加的设计费用和（或）延长的设计周期由发包人承担。

（5）如果发生设计人认为有理由提出增加合同价款或延长设计周期的要求事项，除专用合同条款对期限另有约定外，设计人应于该事项发生后5天内书面通知发包人。除专用合同条款对期限另有约定外，在该事项发生后10天内，设计人应向发包人提供证明设计人要求的书面声明，其中包括设计人关于因该事项引起的合同价款和设计周期的变化的详细计算。除专用合同条款对期限另有约定外，发包人应在接到设计人书面声明后的5天内予以书面答复。逾期未答复的，视为发包人同意设计人关于增加合同价款或延长设计周期的要求。

12. 专业责任与保险

（1）设计人应运用一切合理的专业技术和经验知识，按照公认的职业标准尽其全部职责，谨慎、勤勉地履行其在本合同项下的责任和义务。

（2）除专用合同条款另有约定外，设计人应具有发包人认可的、履行本合同所需要的工程设计责任保险，并使其于合同责任期内保持有效。

（3）工程设计责任保险应承担由于设计人的疏忽或过失而引发的工程质量事故所造成的建设工程本身的物质损失，以及第三者人身伤亡、财产损失或费用的赔偿责任。

13. 知识产权

（1）除专用合同条款另有约定外，发包人提供给设计人的图纸、发包人为实施工程自行编制或委托编制的技术规格书，以及反映发包人要求的或其他类似性质的文件的著作权属于发包人，设计人可以为实现合同目的而复制、使用此类文件，但不能用于与合同无关的其他事项。未经发包人书面同意，设计人不得为了合同以外的目的而复制、使用上述文件或将之提供给任何第三方。

（2）除专用合同条款另有约定外，设计人为实施工程所编制的文件的著作权属于设计人，发包人可因实施工程的运行、调试、维修、改造等目的而复制、使用此类文件，但不能擅自修改或用于与合同无关的其他事项。未经设计人书面同意，发包人不得为了合同以外的目的而复制、使用上述文件或将之提供给任何第三方。

（3）合同当事人保证在履行合同过程中不侵犯对方及第三方的知识产权。设计人在工程设计时，因侵犯他人的专利权或其他知识产权所引起的责任，由设计人承担；因发包人提供的工程设计资料导致侵权的，由发包人承担责任。

（4）合同当事人双方均有权在不损害对方利益和保密约定的前提下，在自己宣传用的印刷品或其他出版物上，或在申报奖项时等情形下公布有关项目的文字和图片材料。

（5）除专用合同条款另有约定外，设计人在合同签订前和签订时已确定采用的专利、专有技术的使用费应包含在签约合同价中。

14. 违约责任

1）发包人违约责任

（1）合同生效后，发包人因非设计人原因要求终止或解除合同，设计人未开始设计工作的，不退还发包人已付的定金或发包人按照专用合同条款的约定向设计人支付违约金。已开始设计工作的，发包人应按照设计人已完成的实际工作量计算设计费，完成工作量不足一半时，按该阶段设计费的一半支付设计费；超过一半时，按该阶段设计费的全部支付设计费。

(2) 发包人未按专用合同条款附件 6 约定的金额和期限向设计人支付设计费的,应按专用合同条款约定向设计人支付违约金。逾期超过 15 天时,设计人有权书面通知发包人中止设计工作。自中止设计工作之日起 15 天内发包人支付相应费用的,设计人应及时根据发包人要求恢复设计工作;自中止设计工作之日起超过 15 天后发包人支付相应费用的,设计人有权确定重新恢复设计工作的时间,且设计周期相应延长。

(3) 发包人的上级或设计审批部门对设计文件不进行审批或本合同工程停建、缓建,发包人应在事件发生之日起 15 天内按本合同中关于合同解除的约定向设计人结算并支付设计费。

(4) 发包人擅自将设计人的设计文件用于本工程以外的工程或交第三方使用时,应承担相应法律责任,并应赔偿设计人因此蒙受的损失。

2) 设计人违约责任

(1) 合同生效后,设计人因自身原因要求终止或解除合同,设计人应按发包人已支付的定金金额双倍返还给发包人或设计人按照专用合同条款约定向发包人支付违约金。

(2) 由于设计人原因,未按专用合同条款附件约定的时间交付工程设计文件的,应按专用合同条款的约定向发包人支付违约金,前述违约金经双方确认后可在发包人应付设计费中扣减。

(3) 设计人对工程设计文件出现的遗漏或错误负责修改或补充。由于设计人原因产生的设计问题造成工程质量事故或其他事故时,设计人除负责采取补救措施外,应当通过所投建设工程设计责任保险向发包人承担赔偿责任,或者根据直接经济损失程度按专用合同条款约定向发包人支付赔偿金。

(4) 由于设计人原因,工程设计文件超出发包人与设计人书面约定的主要技术指标控制值比例的,设计人应当按照专用合同条款的约定承担违约责任。

(5) 设计人未经发包人同意擅自对工程设计进行分包的,发包人有权要求设计人解除未经发包人同意的设计分包合同,设计人应当按照专用合同条款的约定承担违约责任。

15. 不可抗力

1) 不可抗力的确认

不可抗力是指合同当事人在签订合同时不可预见,在合同履行过程中不可避免且不能克服的自然灾害和社会性突发事件,如地震、海啸、瘟疫、骚乱、戒严、暴动、战争和专用合同条款中约定的其他情形。

不可抗力发生后,发包人和设计人应收集证明不可抗力发生及不可抗力造成损失的证据,并及时、认真统计所造成的损失。合同当事人对是否属于不可抗力或其损失发生争议时,按争议解决的约定处理。

2) 不可抗力的通知

合同一方当事人遇到不可抗力事件,使其履行合同义务受到阻碍时,应立即通知合同另一方当事人,书面说明不可抗力和受阻碍的详细情况,并在合理期限内提供必要的证明。

不可抗力持续发生的,合同一方当事人应及时向合同另一方当事人提交中间报告,说明不可抗力和履行合同受阻的情况,并于不可抗力事件结束后 28 天内提交最终报告及有关资料。

3) 不可抗力后果的承担

不可抗力引起的后果及造成的损失由合同当事人按照法律规定及合同约定各自承担。不可抗力发生前已完成的工程设计应当按照合同约定进行支付。

不可抗力发生后，合同当事人均应采取措施尽量避免和减少损失的扩大，任何一方当事人没有采取有效措施导致损失扩大的，应对扩大的损失承担责任。

因合同一方迟延履行合同义务，在迟延履行期间遭遇不可抗力的，不免除其违约责任。

16. 合同解除

（1）发包人与设计人协商一致，可以解除合同。

（2）有下列情形之一的，合同当事人一方或双方可以解除合同。

① 设计人工程设计文件存在重大质量问题，经发包人催告后，在合理期限内修改后仍不能满足国家现行深度要求或不能达到合同约定的设计质量要求的，发包人可以解除合同。

② 发包人未按合同约定支付设计费用，经设计人催告后，在30天内仍未支付的，设计人可以解除合同。

③ 暂停设计期限已连续超过180天，专用合同条款另有约定的除外。

④ 因不可抗力致使合同无法履行。

⑤ 因一方违约致使合同无法实际履行或实际履行已无必要。

⑥ 因本工程项目条件发生重大变化，使合同无法继续履行。

（3）任何一方因故需解除合同时，应提前30天书面通知对方，对合同中的遗留问题应取得一致意见并形成书面协议。

（4）合同解除后，发包人除应按合同的相应条款约定及专用合同条款约定期限内向设计人支付已完工作的设计费外，应当向设计人支付由于非设计人原因合同解除导致设计人增加的设计费用，违约一方应当承担相应的违约责任。

17. 争议解决

1) 和解

合同当事人可以就争议自行和解，自行和解达成协议的，协议经双方签字并盖章后作为合同补充文件，双方均应遵照执行。

2) 调解

合同当事人可以就争议请求相关行政主管部门、行业协会或其他第三方进行调解，调解达成协议的，协议经双方签字并盖章后作为合同补充文件，双方均应遵照执行。

3) 争议评审

合同当事人在专用合同条款中约定采取争议评审方式解决争议以及评审规则，并按下列约定执行。

（1）争议评审小组的确定。

合同当事人可以共同选择一名或三名争议评审员，组成争议评审小组。除专用合同条款另有约定外，合同当事人应当自合同签订后28天内，或者争议发生后14天内，选定争议评审员。

选择一名争议评审员的,由合同当事人共同确定;选择三名争议评审员的,各自选定一名,第三名成员为首席争议评审员,由合同当事人共同确定或由合同当事人委托已选定的争议评审员共同确定,或者由专用合同条款约定的评审机构指定第三名首席争议评审员。

除专用合同条款另有约定外,评审所发生的费用由发包人和设计人各承担一半。

(2) 争议评审小组的决定。

合同当事人可在任何时间将与合同有关的任何争议共同提请争议评审小组进行评审。争议评审小组应秉持客观、公正原则,充分听取合同当事人的意见,依据相关法律、技术标准及行业惯例等,自收到争议评审申请报告后14天内作出书面决定,并说明理由。合同当事人可以在专用合同条款中对本事项另行约定。

(3) 争议评审小组决定的效力。

争议评审小组作出的书面决定经合同当事人签字确认后,对双方具有约束力,双方应遵照执行。

任何一方当事人不接受争议评审小组决定或不履行争议评审小组决定的,双方可选择采用其他争议解决方式。

4) 仲裁或诉讼

因合同及合同有关事项产生的争议,合同当事人可以在专用合同条款中约定以下一种方式解决争议。

(1) 向约定的仲裁委员会申请仲裁。

(2) 向有管辖权的人民法院起诉。

5) 争议解决条款效力

合同有关争议解决的条款独立存在,合同的变更、解除、终止、无效或者被撤销均不影响其效力。

7.2 工程监理合同

7.2.1 工程监理合同概述

"监理"是指监理人受委托人的委托,依照法律法规、工程建设标准、勘察设计文件及合同,在施工阶段对建设工程质量、进度、造价进行控制,对合同、信息进行管理,对工程建设相关方的关系进行协调,并履行建设工程安全生产管理法定职责的服务活动。工程委托监理合同简称监理合同,是指委托人与监理人就委托的工程项目监理服务而签订的明确双方权利、义务的协议。监理合同是委托合同的一种。

【建设工程监理合同(示范文本)】

1. 监理合同的构成

工程监理合同可以有广义和狭义之分。狭义的合同是指合同文本，即合同协议书、合同通用条件、合同专用条件；广义的合同是指包括合同条件、中标人的监理投标书、中标通知书以及合同实施过程中双方签署的合同补充或修改文件等关系双方权利义务的承诺和约定的。一个监理合同由哪些部分构成是由当事人在合同协议书中约定的。监理合同文件一般由协议书、中标通知书（或委托书）、投标文件（或监理与相关服务建议书）、合同通用条件、合同专用条件及附录六部分组成。

2. 监理工作的依据

监理工作的依据一般包括以下内容。

（1）适用的法律、行政法规及部门规章。

（2）与工程有关的标准。

（3）工程设计及有关文件。

（4）监理合同及委托人与第三方签订的与实施工程有关的其他合同。

委托人和监理人可以根据工程的行业和地域特点，在合同专用条件中具体约定监理依据。

3. 监理酬金

监理酬金是指监理人履行合同义务，委托人按照合同约定给付监理人的金额。监理酬金由三部分组成，一部分是监理人完成正常工作，委托人应给付监理人并在协议书中载明的签约酬金额，即正常工作酬金；另一部分是指监理人完成附加工作，委托人应给付监理人的金额，即附加工作酬金；还有一部分是合理化建议奖励金额及费用。

4. 监理合同的暂停与解除

（1）除双方协商一致可以解除本合同外，当一方无正当理由未履行本合同约定的义务时，另一方可以根据本合同约定暂停履行本合同直至解除本合同。

（2）在合同有效期内，由于双方无法预见和控制的原因导致本合同全部或部分无法继续履行或继续履行已无意义，经双方协商一致，可以解除合同或监理人的部分义务。在解除之前，监理人应作出合理安排，使开支减至最小。

（3）因解除合同或解除监理人的部分义务导致监理人遭受的损失，除依法可以免除责任的情况外，应由委托人予以补偿，补偿金额由双方协商确定。解除本合同的协议必须采取书面形式，协议未达成之前，合同仍然有效。

（4）在合同有效期内，因非监理人的原因导致工程施工全部或部分暂停，委托人可通知监理人要求暂停全部或部分工作。监理人应立即安排停止工作，并将开支减至最小。除遇不可抗力外，由此导致监理人遭受的损失应由委托人予以补偿。

暂停部分监理与相关服务时间超过182天，监理人可发出解除合同约定的该部分义务的通知；暂停全部工作时间超过182天，监理人可发出解除本合同的通知，合同自通知到达委托人时解除。委托人应将监理与相关服务的酬金支付至本合同解除日，且应承担相应的违约责任。

（5）当监理人无正当理由未履行本合同约定的义务时，委托人应通知监理人限期改正。若委托人在监理人接到通知后的7天内未收到监理人书面形式的合理解释，则可在7

天内发出解除本合同的通知,自通知到达监理人时本合同解除。委托人应将监理与相关服务的酬金支付至限期改正通知到达监理人之日,但监理人应承担相应的违约责任。

(6) 监理人在合同约定的支付之日起 28 天后仍未收到委托人按本合同约定应付的款项,可向委托人发出催付通知。委托人接到通知 14 天后仍未支付或未提出监理人可以接受的延期支付安排,监理人可向委托人发出暂停工作的通知并可自行暂停全部或部分工作。暂停工作后 14 天内监理人仍未获得委托人应付酬金或委托人的合理答复,监理人可向委托人发出解除本合同的通知,自通知到达委托人时本合同解除。委托人应承担相应的违约责任。

(7) 因不可抗力致使本合同部分或全部不能履行时,一方应立即通知另一方,可暂停或解除本合同。

合同解除后,本合同约定的有关结算、清理、争议解决方式的条件仍然有效。

7.2.2 双方的权利和义务

委托人与监理人签订合同,其根本目的就是为实现合同的标的,明确双方的权利和义务。在合同中的每一项条款当中,都反映了这种关系。

1. 委托人的权利和义务

1) 委托人的权利

(1) 授予监理人权限的权利。

监理合同是要求监理人对委托人与第三方签订的各种承包合同的履行实施监理,监理人在委托人授权范围内对其他合同进行监督管理,因此在监理合同内除需明确委托的监理任务外,还应规定监理人的权限。在委托人授权范围内,监理人可对所监理的合同自主地采取各种措施进行监督、管理和协调,如果超越权限时,应首先征得委托人同意后方可发布有关指令。委托人授予监理人权限的大小,要根据自身的管理能力、建设工程项目的特点及需要等因素考虑。监理合同内授予监理人的权限,在执行过程中可随时通过书面附加协议予以扩大或减小。

(2) 对其他合同承包人的选定权。

委托人是建设资金的持有者和建筑产品的所有人,因此对设计合同、施工合同、加工制造合同等的承包单位有选定权和订立合同的签字权。监理人在选定其他合同承包人的过程中仅有建议权而无决定权。监理人协助委托人选择承包人的工作可能包括邀请招标时提供有资格和能力的承包人名录,帮助起草招标文件,组织现场考察,参与评标以及接受委托代理招标等。但标准条件中规定,监理人对设计和施工等总包单位所选定的分包单位,拥有批准权或否决权。

(3) 委托监理工程重大事项的决定权。

委托人有对工程规模、规划设计、生产工艺设计、设计标准和使用功能等要求的认定权,工程设计变更审批权。

(4) 对监理人履行合同的监督控制权。

委托人对监理人履行合同的监督权利体现在以下3个方面。

① 对监理合同转让和分包的监督。除了支付款的转让外，监理人不得将所涉及的利益或规定义务转让给第三方。监理人所选择的监理工作分包单位必须事先征得委托人的认可。在没有取得委托人的书面同意前，监理人不得开始实行、更改或终止全部或部分服务的任何分包合同。

② 对监理人员的控制监督。合同专用条款或监理人的投标书内，应明确总监理工程师的人选，监理机构派驻人员计划。合同开始履行时，监理人应向委托人报送委派的总监理工程师及其监理机构主要成员名单，以保证完成监理合同专用条件中约定的监理工作范围内的任务。当监理人调换总监理工程师时，须经委托人同意。

③ 对合同履行的监督权。监理人有义务按期提交月、季、年度的监理报告，委托人也可以随时要求其对重大问题提交专项报告，这些内容应在专用条款中明确约定。委托人按照合同约定检查监理工作的执行情况，如果发现监理人员不按监理合同履行职责或与承包方串通，给委托人或工程造成损失，有权要求监理人更换监理人员，直至终止合同，并承担相应赔偿责任。

2) 委托人的义务

(1) 告知。

委托人应在委托人与承包人签订的合同中明确监理人、总监理工程师和授予项目监理机构的权限。如有变更，应及时通知承包人。

(2) 提供资料。

委托人应按照附录B约定，无偿向监理人提供工程有关的资料。在本合同履行过程中，委托人应及时向监理人提供最新的与工程有关的资料。

(3) 提供工作条件。

委托人应按照合同约定派遣相应的人员，提供房屋、设备，供监理人无偿使用，协调工程建设中所有外部关系，为监理人履行本合同提供必要的外部条件。

(4) 委托人代表。

委托人应授权一名熟悉工程情况的代表，负责与监理人联系。委托人应在双方签订本合同后7天内，将委托人代表的姓名和职责书面告知监理人。当委托人更换委托人代表时，应提前7天通知监理人。

(5) 委托人意见或要求。

在合同约定的监理与相关服务工作范围内，委托人对承包人有任何意见或要求，应通知监理人，由监理人向承包人发出相应指令。

(6) 答复。

委托人应在专用条件约定的时间内，对监理人以书面形式提交并要求作出决定的事宜，给予书面答复。逾期未答复的，视为委托人认可。

(7) 支付。

委托人应按本合同约定，向监理人支付酬金。

(8) 保密。

委托人不得泄露对方申明的保密资料，亦不得泄露与实施工程有关的第三方所提供的保密资料，保密事项可在专用条件中约定。

2. 监理人权利与义务

1) 监理人权利

监理合同中涉及监理人权利的条款可分为两大类，一类是监理人在委托合同中应享有的权利；另一类是监理人执行监理业务可以行使的权利。

（1）委托监理合同中赋予监理人的权利。

① 完成监理任务后获得酬金的权利。

② 终止合同的权利。如果由于委托人违约严重拖欠应付监理人的酬金，或由于非监理人责任而使监理暂停的期限超过半年以上，监理人可按照终止合同规定程序，单方面提出终止合同，以保护自己的合法权益。

（2）监理人执行监理业务可以行使的权利。

按照范本通用条件的规定，监理委托人和第三方签订承包合同时可行使的权利包括以下几方面。

① 建设工程有关事项和工程设计的建议权。

② 对实施项目的质量、工期和费用的监督控制权。

③ 工程建设有关协作单位组织协调的主持权。

④ 在业务紧急情况下，为了工程和人身安全，尽管变更指令已超越了委托人授权而又不能事先得到批准时，也有权发布变更指令，但应尽快通知委托人。

⑤ 审核承包人索赔的权利。

2) 监理人的义务

（1）监理工作。

监理人应按合同约定履行合同义务。除合同约定的正常监理工作之外，还包括附加监理工作。附加工作属于订立合同时未能或不能合理预见，而合同履行过程中发生需要监理人完成的工作。

"工程监理的正常工作"是指双方在专用条件中约定，委托人委托的监理工作范围内的工作。委托人委托监理业务的范围可以非常广泛，一般包括以下内容。

① 收到工程设计文件后编制监理规划，根据有关规定和监理工作需要，编制监理实施细则。

② 熟悉工程设计文件，并参加由委托人主持的图纸会审和设计交底会议。

③ 参加由委托人主持的第一次工地会议；主持监理例会并根据工程需要主持或参加专题会议。

④ 审查施工承包人提交的施工组织设计，重点审查其中的质量安全技术措施、专项施工方案与工程建设强制性标准的符合性。

⑤ 检查施工承包人工程质量、安全生产管理制度及组织机构和人员资格。

⑥ 检查施工承包人专职安全生产管理人员的配备情况。

⑦ 审查施工承包人提交的施工进度计划，核查承包人对施工进度计划的调整。

⑧ 检查施工承包人的试验室。

⑨ 审核施工分包人资质条件。

⑩ 查验施工承包人的施工测量放线成果。

⑪ 审查工程开工条件，对具备条件的签发开工令。

⑫ 审查施工承包人报送的工程材料、构配件、设备质量证明文件的有效性和符合性，并按规定对用于工程的材料采取平行检验或见证取样方式进行抽检。

⑬ 审核施工承包人提交的工程款支付申请，签发或出具工程款支付证书，并报委托人审核、批准。

⑭ 在巡视、旁站和检验过程中，发现工程质量、施工安全存在事故隐患的，要求施工承包人整改并报委托人。

⑮ 经委托人同意，签发工程暂停令和复工令。

⑯ 审查施工承包人提交的采用新材料、新工艺、新技术、新设备的论证材料及相关验收标准。

⑰ 验收隐蔽工程、分部分项工程。

⑱ 审查施工承包人提交的工程变更申请，协调处理施工进度调整、费用索赔、合同争议等事项。

⑲ 发审查施工承包人提交的竣工验收申请，编写工程质量评估报告。

⑳ 参加工程竣工验收，签署竣工验收意见。

㉑ 审查施工承包人提交的竣工结算申请并报委托人。

㉒ 编制、整理工程监理归档文件并报委托人。

"附加工作"是指本合同约定的正常工作以外监理人的工作。监理人的附加工作一般包括两个方面：一方面为委托人委托监理范围以外，通过双方书面协议另外增加的工作内容，如由于委托人或承包人的原因，承包合同不能按期竣工而必须延长的监理工作时间；另一方面为由于委托人或第三方原因，使监理工作受到阻碍或延误，因增加工作量或持续时间而增加的工作。

除不可抗力外，因非监理人原因导致监理人履行合同期限延长、内容增加时，监理人应当将此情况与可能产生的影响及时通知委托人。增加的监理工作时间、工作内容应视为附加工作。附加工作酬金的确定方法在专用条件中约定。

特 别 提 示

由于附加工作是委托正常工作之外要求监理人必须履行的义务，因此委托人在其完成工作后应另行支付附加监理工作酬金，但酬金的计算方法应在专用条款内予以约定。

附加工作酬金的计算方法为

附加工作酬金＝善后工作及恢复服务的准备工作时间（天）×正常工作酬金÷协议书约定的监理与相关服务期限(天)

（2）项目监理机构和人员。

监理人应组建满足工作需要的项目监理机构，配备必要的检测设备。项目监理机构的主要人员应具有相应的资格条件。在监理合同履行过程中，总监理工程师及重要岗位监理人员应保持相对稳定，以保证监理工作正常进行。监理人可根据工程进展和工作需要调整项目监理机构人员。监理人更换总监理工程师时，应提前7天向委托人书面报告，经委托人同意后方可更换；监理人更换项目监理机构其他监理人员，应以相当资格与能力的人员替换，并通知委托人。委托人可要求监理人更换不能胜任本职工作的项目监理机构人员。监理人也应及时更换有严重过失行为、有违法行为不能履行职责、涉嫌犯罪、不能胜任岗位职责或严重违反职业道德的监理人员。

(3) 履行职责。

监理人应遵循职业道德准则和行为规范，严格按照法律法规、工程建设有关标准及本合同履行职责。在监理与相关服务范围内，委托人和承包人提出的意见和要求，监理人应及时提出处置意见。当委托人与承包人之间发生合同争议时，监理人应协助委托人、承包人协商解决。当委托人与承包人之间的合同争议提交仲裁机构仲裁或人民法院审理时，监理人应提供必要的证明资料。监理人应在专用条件约定的授权范围内，处理委托人与承包人所签订合同的变更事宜。如果变更超过授权范围，应以书面形式报委托人批准。在紧急情况下，为了保护财产和人身安全，监理人所发出的指令未能事先报委托人批准时，应在发出指令后的 24 小时内以书面形式报委托人。当监理人发现承包人的人员不能胜任本职工作时，有权要求承包人予以调换。

(4) 提交报告文件资料。

监理人应按专用条件约定的种类、时间和份数向委托人提交监理与相关服务的报告。在合同履行期内，监理人应在现场保留工作所用的图纸、报告及记录监理工作的相关文件。工程竣工后，应当按照档案管理规定将监理有关文件归档。

(5) 使用委托人的财产。

监理人无偿使用由委托人派遣的人员和提供的房屋、资料、设备。委托人提供的房屋、设备属于委托人的财产，监理人应妥善使用和保管，在合同终止时须按专用条件约定的时间和方式将委托人提供的房屋、设备的清单提交委托人。

(6) 保密。

监理人不得泄露对方申明的保密资料，亦不得泄露与实施工程有关的第三方所提供的保密资料，保密事项可在专用条件中约定。

(7) 守法诚信。

监理人及其工作人员不得从与实施工程有关的第三方处获得任何经济利益。

7.2.3 违约责任

1) 委托人的违约责任

(1) 委托人未履行合同约定义务的，造成监理人损失的，委托人应予以赔偿。

(2) 委托人向监理人的索赔不成立时，应赔偿监理人由此发生的费用。

(3) 委托人未能按期支付酬金超过 28 天，应按专用条件约定支付逾期付款利息。

2) 监理人的违约责任

(1) 因监理人违反合同约定给委托人造成损失的，监理人应当赔偿委托人损失。赔偿金额的确定方法在专用条件中约定。监理人承担部分赔偿责任的，其承担赔偿金额由双方协商确定。

(2) 监理人向委托人的索赔不成立时，监理人应赔偿委托人由此发生的费用。

> **特别提示**

（1）监理人赔偿金额按下列方法确定。

赔偿金＝直接经济损失×正常工作酬金÷工程概算投资额（或建筑安装工程费）

（2）委托人逾期付款利息按下列方法确定。

逾期付款利息＝当期应付款总额×银行同期贷款利率×拖延支付天数

监理规范规定监理实行总监理工程师负责制，因此委托监理合同的履行是由监理单位法定代表人书面授权的总监理工程师全面负责的。

> **引例点评**

（1）监理单位虽然受建设单位委托就工程的施工项目由监理单位对项目施工进行全面的监督、管理，但就某些重大决策问题还必须由发包人作出决定。因此，监理单位不是，也不可能是工程项目建设唯一的最高管理者。

（2）监理单位应作为公正的第三方，以批准的项目建设文件的有关法律、法规以及监理合同和工程建设合同为依据进行监理。因此，监理单位应站在公正立场上行使自己的监理权，既要维护发包人的合法权益，也要维护被监理方的合法权益。

（3）发包人一方参与监理的人，工作时不能作为发包人的代表，只能以监理单位的名义和人员进行活动。

（4）发包人代表不可以直接向承包人下达指令，必须通过监理工程师下达。

（5）监理的三大控制目标是相互联系的，让监理单位只控制一个目标是不切实际的。

（6）监理单位经努力使规定的建设工期提前，建设单位应按约定给予奖励，但不是利润分成。

7.3 工程物资采购合同

7.3.1 工程物资采购合同概述

【物资采购合同文本】

1. 工程物资采购合同的概念

工程物资采购合同是指平等主体的自然人、法人和其他组织之间，为实现建设工程物资买卖，设立、变更、终止相互权利义务关系的协议。建设工程物资采购合同属于买卖合同，具有买卖合同的一般特点。

第7章 工程其他合同

● 特 别 提 示

工程项目建设阶段需要采购的物资种类繁多,合同形式各异,但根据合同标的物供应方式的不同,可将涉及的各种合同大致划分为材料采购合同和大型设备采购合同两大类。

2. 工程物资采购合同的特点

工程物资采购合同与项目的建设密切相关,其特点主要表现如下。

1) 工程物资采购合同的当事人

工程物资采购合同的买受人即采购人,可以是发包人,也可以是承包人,依据施工合同的承包方式来确定。永久工程的大型设备一般情况下由发包人采购。施工中使用的建筑材料采购供应方式,按照施工合同专用条款的约定执行,通常分为发包人采购供应(俗称"甲供"),承包人采购供应(俗称"乙供"),以及发包人限定材料品牌范围和核定采购价格、承包人采购(俗称"甲控乙供")。

● 特 别 提 示

3种不同材料供应方式,对于发包人与承包人承担的风险不同。

2) 工程物资采购合同的标的

工程物资采购合同的标的品种繁多,供货条件差异较大。

3) 工程物资采购合同的内容

工程物资采购合同视标的的特点,合同涉及的条款繁简程度差异较大。建筑材料采购合同的条款一般限于物资交货阶段,主要涉及交接程序、检验方式和质量要求、合同价款的支付等。大型设备的采购,除了交货阶段的工作外,往往还需包括设备生产阶段、设备安装调试阶段、设备试运行阶段、设备性能达标检验和保修等方面的条款约定。

4) 工程物资供应的时间

物资采购供应合同与施工进度密切相关,出卖人必须严格按照合同约定的时间交付订购的货物。延误交货将导致工程施工的停工待料,不能使建设项目及时发挥效益。提前交货通常买受人也不同意接受,一方面货物将占用施工现场有限的场地影响施工,另一方面增加了买受人的仓储保管费用。如出卖人提前将800t水泥发运到施工现场,而买受人仓库已满,只好露天存放,为了防潮则需要投入很多物资进行维护保管等。

7.3.2 材料采购合同

1. 材料采购合同的主要内容

国内物资采购供应合同的示范文本规定,合同条款部分应包括以下几方面内容。

(1) 合同标的。包括产品的名称、品种、商标、型号、规格、等级、花色、生产厂家、订购数量、合同金额、供货时间及每次供应数量等。

(2) 质量要求的技术标准、供货方对质量负责的条件和期限。

(3) 交（提）货地点和方式。

(4) 运输方式及到站、港和费用的负担责任。

(5) 合理损耗及计算方法。

(6) 包装标准、包装物的供应与回收。

(7) 验收标准、方法及提出异议的期限。

(8) 随机备品、配件工具数量及供应办法。

(9) 结算方式及期限。

(10) 如需提供担保，另立合同担保书作为合同附件。

(11) 违约责任。

(12) 解决合同争议的方法。

(13) 其他约定事项。

2. 订购产品的交付

1) 产品的交付方式

订购物资或产品的供应方式，可以分为采购方到合同约定地点自提货物和供货方负责将货物送达指定地点两大类，而供货方送货又可细分为将货物负责送抵现场或委托运输部门代运两种形式。为了明确货物的运输责任，应在相应条款内写明所采用的交（提）货方式、交（接）货物的地点、接货单位（或接货人）的名称。

2) 交货期限

货物的交（提）货期限，是指货物交接的具体时间要求。它不仅关系到合同是否按期履行，还可能会出现货物意外灭失或损坏时的责任承担问题。合同内应对交（提）货期限写明月份或更具体的时间（如旬、日）。如果合同内规定分批交货，还需注明各批次交货的时间，以便明确责任。

知 识 链 接

合同履行过程中，判定是否按期交货或提货，依照约定的交（提）货方式不同，可能有以下几种情况。

(1) 供货方送货到现场的交货日期，以采购方接收货物时在货单上签收的日期为准。

(2) 供货方负责代运货物，以发货时承运部门签发货单上的戳记日期为准。

(3) 采购方自提产品，以供货方通知提货的日期为准。但在供货方的提货通知中，应给对方合理预留必要的途中时间。

特 别 提 示

实际交（提）货日期早于或迟于合同规定的期限，都应视为提前或逾期交（提）货，由有关方承担相应责任。

3. 交货检验

合同内应对验收明确以下几方面问题。

1) 验收依据

供货方交付产品时，可以作为双方验收依据的资料如下。

(1) 双方签订的采购合同。

(2) 供货方提供的发货单、计量单、装箱单及其他有关凭证。

(3) 合同内约定的质量标准。应写明执行的标准代号、标准名称。

(4) 产品合格证、检验单。

(5) 图纸、样品或其他技术证明文件。

(6) 双方当事人共同封存的样品。

2) 交货数量检验

(1) 供货方代运货物的到货检验。

由供货方代运的货物，采购方在站场提货地点应与运输部门共同验货，以便发现灭失、短少、损坏等情况时，能及时分清责任。采购方接收后，运输部门不再负责。属于交运前出现的问题，由供货方负责；运输过程中发生的问题，由运输部门负责。

(2) 现场交货的到货检验。

知识链接

数量验收的方法主要包括以下几种。

(1) 衡量法。即根据各种物资不同的计量单位进行检尺、检斤，以衡量其长度、面积、体积、质量是否与合同约定一致。如胶管衡量其长度，钢板衡量其面积，木材衡量其体积，钢筋衡量其质量等。

(2) 理论换算法。如管材等各种定尺、倍尺的金属材料，量测其直径和壁厚后，再按理论公式换算验收。换算依据为国家规定标准或合同约定的换算标准。

(3) 查点法。采购定量包装的计件物资，只要查点到货数量即可。包装内的产品数量或质量应与包装物标明的一致，否则应由厂家或封装单位负责。

交货数量的允许增减范围。合同履行过程中，经常会发生发货数量与实际验收数量不符，或实际交货数量与合同约定的交货数量不符的情况。其原因可能是供货方的责任，也可能是运输部门的责任，或运输过程中的合理损耗。前两种情况要追究有关方的责任。第三种情况则应控制在合理的范围之内。有关行政主管部门对通用的物资和材料规定了货物交接过程中允许的合理磅差和尾差界限，如果合同约定供应的货物无规定可循，也应在条款内约定合理的差额界限，以免交接验收时发生合同争议。交付货物的数量在合理的尾差和磅差内，不按多交或少交对待，双方互不退补。超过界限范围，按合同约定的方法计算多交或少交部分的数量。

合同内对磅差和尾差规定出合理的界限范围，既可以划清责任，还可为供货方合理组织发运提供灵活变通的条件。如果超过合理范围，则按实际交货数量计算。不足部分由供货方补齐或退回不足部分的货款；采购方同意接受的多交付部分，进一步支付溢出数量货物的货款。但在计算多交或少交数量时，应按订购数量与实际交货数量比较，均不再考虑合理磅差和尾差因素。

3）交货质量检验

（1）质量责任。

不论采用何种交接方式，采购方均应在合同规定的由供货方对质量负责的条件和期限内，对交付产品进行验收和试验。某些必须安装运转后才能发现内在质量缺陷的设备，应在合同内规定缺陷责任期或保修期。在此期限内，凡检测不合格的物资或设备，均由供货方负责。如果采购方在规定时间内未提出质量异议，或因其使用、保管、保养不善而造成质量下降，供货方不再负责。

（2）质量要求和技术标准。

产品质量应满足规定用途的特性指标，因此合同内必须约定产品应达到的质量标准。

知识链接

约定质量标准的一般原则如下。

（1）按颁布的国家标准执行。

（2）无国家标准而有部颁标准的产品，按部颁标准执行。

（3）没有国家标准和部颁标准作为依据时，可按企业标准执行。

（4）没有上述标准，或虽有上述某一标准但采购方有特殊要求时，按双方在合同中商定的技术条件、样品或补充的技术要求执行。

（3）验收方法。

合同内应具体写明检验的内容和手段，以及检测应达到的质量标准。对于抽样检查的产品，还应约定抽检的比例和取样的方法，以及双方共同认可的检测单位。

（4）对产品提出异议的时间和办法。

合同内应具体写明采购方对不合格产品提出异议的时间和拒付货款的条件。采购方提出的书面异议中，应说明检验情况，出具检验证明和对不符合规定产品提出具体处理意见。凡因采购方使用、保管、保养不善原因导致的质量下降，供货方不承担责任。在接到采购方的书面异议通知后，供货方应在10天内（或合同商定的时间内）负责处理，否则即视为默认采购方提出的异议和处理意见。

如果当事人双方对产品的质量检测、试验结果发生争议，应按《中华人民共和国标准化法》的规定，请标准化管理部门的质量监督检验机构进行仲裁检验。

4. 合同的变更或解除

合同履行过程中，如需变更合同内容或解除合同，都必须依据《合同法》的有关规定执行。一方当事人要求变更或解除合同时，在未达成新的协议前，原合同仍然有效。要求变更或解除合同一方应及时将自己的意图通知对方，对方也应在接到书面通知后的15天或合同约定的时间内予以答复，逾期不答复的视为默认。

如果采购方要求变更到货地点或接货人，应在合同规定的交货期限届满前40天通知供货方，以便供货方修改发运计划和组织运输工具。迟于上述规定期限，双方应当立即协商处理。如果已不可能变更或变更后会发生额外费用支出，其后果均应由采购方负责。

5. 支付结算管理

1）支付货款的条件

合同内需明确是验单付款还是验货后付款，然后再约定结算方式和结算时间。验单付款是指委托供货方代运的货物，供货方把货物交付承运部门并将运输单证寄给采购方，采购方在收到单证后合同约定的期限内即应支付的结算方式。尤其是对分批交货的物资，每批交付后应在多少天内支付货款也应明确注明。

2）拒付货款

采购方有权部分或全部拒付货款的情况大致包括以下几种。

(1) 交付货物的数量少于合同约定，拒付少交部分的货款。

(2) 拒付质量不符合合同要求部分货物的货款。

(3) 供货方交付的货物多于合同规定的数量且采购方不同意接收部分的货物，在承付期内可以拒付。

3）逾期付款的利息

合同内应规定采购方逾期付款应偿付违约金的计算办法。按照中国人民银行有关延期付款的规定，延期付款利率一般按每天0.05%计算。

6. 违约责任

在合同中，当事人应对违反合同所负的经济责任作出明确规定。

1）承担违约责任的形式

当事人任何一方不能正确履行合同义务时，均应以违约金的形式承担违约赔偿责任。国务院颁布的《工矿产品购销合同条例》对违约金的计算作出了明确规定，通用产品的违约金按违约部分货款总额的1%～5%计算；专用产品按违约部分货款总额的10%～30%计算。双方应通过协商，将具体采用的比例写明在合同条款内。

2）供货方的违约责任

(1) 未能按合同约定交付货物。

这类违约行为包括不能供货和不能按期供货两种情况，由于这两种错误行为给对方造成的损失不同，因此承担违约责任的形式也不完全一样。

如果因供货方应承担责任原因导致不能全部或部分交货，应按合同约定的违约金比例乘以不能交货部分的货款计算违约金。若违约金不足以偿付采购方所受到的实际损失，可以修改违约金的计算方法，使实际受到的损害能够得到合理的补偿。如施工承包人为了避免停工待料，不得不以较高价格紧急采购不能供应部分的货物而受到的价差损失等。

供货方不能按期交货的行为，又可以进一步区分为逾期交货和提前交货两种情况。只要发生供货方逾期交货的情况，即不论合同内规定由他将货物送达指定地点交接，还是采购方去自提，均要按合同约定依据逾期交货部分货款总价计算违约金。对约定由采购方自提货物而不能按期交付的，若发生采购方的其他额外损失，这笔实际开支的费用也应由供货方承担。如采购方已按期派车到指定地点接收货物，而供货方又不能交付时，则派车损失应由供货方支付费用。发生逾期交货事件后，供货方还应在发货前与采购方就发货的有关事宜进行协商。采购方仍需要时，可继续发货照数补齐，并承担逾期付货责任；如果采购方认为已不再需要，有权在接到发货协商通知后的 15 天内，通知供货方办理解除合同手续。但逾期不予答复视为同意供货方继续发货。

对于提前交付货物的情况，属于约定由采购方自提货物的合同，采购方接到对方发出的提前提货通知后，可以根据自己的实际情况拒绝提前提货；对于供货方提前发运或交付的货物，采购方仍可按合同规定的时间付款，而且对多交货部分，以及品种、型号、规格、质量等不符合合同规定的产品，在代为保管期内实际支出的保管、保养等费用由供货方承担。代为保管期内，不是因采购方保管不善原因而导致的损失，仍由供货方负责。

（2）产品的质量缺陷。

交付货物的品种、型号、规格、质量不符合合同规定，如果采购方同意利用，应当按质论价；当采购方不同意使用时，由供货方负责包换或包修。不能修理或调换的产品，按供货方不能交货对待。

（3）供货方的运输责任。

主要涉及包装责任和发运责任两个方面。合理的包装是安全运输的保障，供货方应按合同约定的标准对产品进行包装。凡因包装不符合规定而造成货物运输过程中的损坏或灭失，均由供货方负责赔偿。

供货方将货物错发到货地点或接货人时，除应负责运交合同规定的到货地点或接货人外，还应承担对方因此多支付的一切实际费用和逾期交货的违约金。供货方应按合同约定的路线和运输工具发运货物，如果未经对方同意私自变更运输工具或路线，要承担由此增加的费用。

3）采购方的违约责任

（1）不按合同约定接受货物。合同签订以后或履行过程中，采购方要求中途退货，应向供货方支付按退货部分货款总额计算的违约金。对于实行供货方送货或代运的物资，采购方违反合同规定拒绝接货，要承担由此造成的货物损失和运输部门的罚款。合同约定为自提的产品，采购方不能按期提货，除需支付按逾期提货部分货款总值计算延期付款的违约金之外，还应承担逾期提货时间内供货方实际发生的代为保管、保养费用。逾期提货，可能是未按合同约定的日期提货，也可能是已同意供货方逾期交付货物，而接到提货通知后未在合同规定的时限内去提货。

（2）逾期付款。采购方逾期付款，应按照合同内约定的计算办法，支付逾期付款利息。

（3）延误提供包装物。如果合同约定由采购方提供包装物，其未能按约定时间和要求提供给对方而导致供货方不能按期发运时，除交货日期应予顺延外，还应比照延期付款的规定支付相应的违约金。如果不能提供的话，按中途退货处理。但此项规定，不适用于应由供货方提供多次使用包装物的回收情况。

（4）货物交接地点错误的责任。不论是由于采购方在合同内错填到货地点或接货人，还是未在合同约定的时限内及时将变更的到货地点或接货人通知对方，导致供货方送货或代运过程中不能顺利交接货物，所产生的后果均由采购方承担。责任范围包括自行运到所需地点或承担供货方及运输部门按采购方要求改变交货地点的一切额外支出。

某建设单位与某承包人根据《合同法》和《建筑安装工程承包合同条例》有关规定，为明确双方在施工过程中的权利、义务和经济责任，双方协商同意签订物资采购合同。合同主要内容是除钢材、水泥另行处理外，所有材料均由承包单位自行采购，质量必须符合设计要求及国家有关技术规定。钢材、水泥指标由建设单位提供，承包单位负责采购，数量在定标时一次包死，规格、品种由承包单位负责调剂，其价格为政府牌价。本合同是否存在不足之处？

【案例评析】

本案例中合同仅约定"钢材、水泥指标由建设单位提供，承包单位负责采购，数量在定标时一次包死"是不完整的，因为在合同履行过程中钢材、水泥的工程量可能发生变化，其指标也应相应调整，这时容易产生纠纷，合同中应对相应风险条款约定完整，明确责任。

7.3.3 大型设备采购合同

大型设备采购合同指采购方与供货方为提供工程项目所需的大型复杂设备而签订的合同。大型设备采购合同的标的物可能是非标准产品，需要专门加工制作，也可能虽为标准产品，但技术复杂而市场需求量较小，一般没有现货供应，待双方签订合同后由供货方专门进行加工制作，因此属于承揽合同的范畴。

大型设备采购合同的组成

一个较为完备的大型设备采购合同，通常由合同条款和附件组成。

1）合同条款的主要内容

当事人双方在合同内根据具体订购设备的特点和要求，约定以下几方面的内容：合同中的词语定义；合同标的；供货范围；合同价格；付款；交货和运输；包装与标记；技术服务；质量监造与检验；安装、调试、时运和验收；保证与索赔；保险；税费；分包与外购；合同的变更、修改、中止和终止；不可抗力；合同争议的解决；其他。

2）主要附件

为了对合同中某些约定条款涉及内容较多部分作出更为详细的说明，还需要编制一些附件作为合同的一个组成部分。附件通常可能包括技术规范；供货范围；技术资料的内容和交付安排；交货进度；监造、检验和性能验收试验；价格表；技术服务的内容；分包和外购计划；大部件说明表；等等。

1. 设备制造期内双方的责任

1）设备监造

设备监造也称设备制造监理，指在设备制造过程中采购方委托有资质的监造单位派出驻厂代表,对供货方提供合同设备的关键部位进行质量监督。但质量监造不解除供货方对合同设备质量应负的责任。

2)供货方的义务

(1)在合同约定的时间内向采购方提交订购设备的设计、制造和检验的标准,包括与设备监造有关的标准、图纸、资料、工艺要求。

(2)合同设备开始投料制造时,向监造代表提供整套设备的生产计划。

(3)每个月末均应提供月报表,说明本月包括工艺过程和检验记录在内的实际生产进度,以及下一月的生产、检验计划。中间检验报告需说明检验的时间、地点、过程、试验记录,以及不一致性原因分析和改进措施。

(4)监造代表在监造中如果发现设备和材料存在质量问题或不符合本规定的标准或包装要求而提出意见并暂不予以签字时,供货方需采取相应改进措施,以保证交货质量。无论监造代表是否要求或是否知道,供货方均有义务主动及时地向其提供合同设备制造过程中出现的较大的质量缺陷和问题,不得隐瞒,在监造单位不知道的情况下供货方不得擅自处理。

(5)监造代表发现重大问题要求停工检验时,供货方应当遵照执行。

(6)为监造代表提供工作、生活必要的方便条件。

(7)无论监造代表是否参与监造与出厂检验,或者监造代表参加了监造与检验并签署了监造与检验报告,均不能被视为免除供货方对设备质量应负的责任。

3)采购方的义务

(1)制造现场的监造检验和见证,尽量结合供货方工厂实际生产过程进行,不应影响正常的生产进度(不包括发现重大问题时的停工检验)。

(2)监造代表应按时参加合同规定的检查和实验。若监造代表不能按供货方通知时间及时到场,供货方工厂的试验工作可以正常进行,试验结果有效。但是监造代表有权事后了解、查阅、复制检查试验报告和结果(转为文件见证)。若供货方未及时通知监造代表而单独检验,采购方将不承认该检验结果,供货方应在监造代表在场的情况下进行该项试验。

2. 工厂内的检验

1)监造内容的约定

当事人双方需在合同内约定设备监造的内容,以便监造代表进行检查和试验。具体内容应包括监造的部套(以订购范围确定),每套的监造内容,监造方式(可以是现场见证、文件见证或停工待检之一),检验的数量等。

2)检查和试验的范围

(1)原材料和元器件的进厂检验。

(2)部件的加工检验和实验。

(3)出厂前预组装检验。

(4)包装检验。

供货方供应的所有合同设备、部件(包括分包与外购部分),在生产过程中都需进行严格的检验和试验,出厂前还需进行部套或整机总装试验。所有检验、试验和总装(装配）必须有正式的记录文件。只有以上所有工作完成后才能出厂发运。这些正式记录文件和合格证明提交给采购方，作为技术资料的一部分存档。

> **特别提示**
>
> 供货方还应在随机文件中提供合格证和质量证明文件。

3. 现场交货

1）供货方的义务

（1）发运前应在合同约定的时间内向采购方发出通知，以便对方做好接货准备工作。

（2）向承运部门办理申请发运设备所需的运输工具计划，负责合同设备从供货方到现场交货地点的运输。

（3）每批合同设备交货日期以到货车站（码头）的到货通知单时间戳记为准，以此来判定是否延误交货。

（4）在每批货物备妥及装运车辆（船）发出 24 小时内，应以电报或传真将该批货物的如下内容通知采购方：合同号；机组号；货物备妥发运日期；货物名称及编号和价格；货物总毛重；货物总体积；总包装件数；交运车站（码头）的名称、车号（船号）和运单号；质量超过 20t 或尺寸超过 $9m \times 3m \times 3m$ 的每件特大型货物的名称、质量、体积和件数，以及对每件该类设备（部件）还必须标明重心和吊点位置，并附有草图。

2）采购方的义务

（1）应在接到发运通知后做好现场接货的准备工作。

（2）按时到运输部门提货。

（3）如果由于采购方原因要求供货方推迟设备发货，应及时通知对方，并承担推迟期间的仓储费和必要的保养费。

3）到货检验

（1）到货检验的一般程序。

① 货物到达目的地后，采购方向供货方发出到货检验通知，邀请对方派代表共同进行检验。

② 货物清点。双方代表共同根据运单和装箱单对货物的包装、外观和件数进行清点。如果发现任何不符之处，经过双方代表确认属于供货方责任后，由供货方处理解决。

③ 开箱检验。货物运到现场后，采购方应尽快与供货方共同进行开箱检验，如果采购方未通知供货方而自行开箱或每一批设备到达现场后在合同规定时间内不开箱，产生的后果由采购方承担。双方共同检验货物的数量、规格和质量，检验结果和记录对双方有效，并作为采购方向供货方提出索赔的证据。

（2）损害、缺陷、短少的责任。

① 现场检验时，如发现设备由于供货方原因（包括运输）有任何损坏、缺陷、短少或不符合合同中规定的质量标准和规范，应做好记录，并由双方代表签字，各执一份，作为采购方向供货方提出修理或更换索赔的依据。如果供货方要求采购方修理损坏的设备，所有修理设备的费用由供货方承担。

② 由于采购方原因，发现损坏或短缺，供货方在接到采购方通知后，应尽快提供或替换相应的部件，但费用由采购方自负。

③ 供货方如对采购方提出修理、更换、索赔的要求有异议，应在接到采购方书面通知后于合同约定的时间内提出，否则上述要求即告成立。如有异议，供货方应在接到通知后派代表赴现场同采购方代表共同复验。

④ 双方代表在共同检验中对检验记录不能取得一致意见时，可由双方委托的权威第三方检验机构进行裁定检验。检验结果对双方都有约束力，检验费用由责任方负担。

⑤ 供货方在接到采购方提出的索赔后，应按合同约定的时间尽快修理、更换或补发短缺部分，由此产生的制造、修理和运费及保险费均应由责任方负担。

4. 设备安装验收

1) 供货方的现场服务

按照合同约定不同，设备安装工作可以由供货方负责，也可以在供货方提供必要的技术服务条件下由采购方承担。如果由采购方负责设备安装，供货方应提供的现场服务内容可能包括以下几项。

（1）派出必要的现场服务人员。

供货方现场服务人员的职责包括指导安装和调试，处理设备的质量问题，参加试车和验收试验等。

（2）技术交底。

安装和调试前，供货方的技术服务人员应向安装施工人员进行技术交底，讲解和示范将要进行工作的程序和方法。对合同约定的重要工序，供货方的技术服务人员要对施工情况进行确认和签证，否则采购方不能进行下一道工序。经过确认和签证的工序，如果因技术服务人员指导错误而发生问题，由供货方负责。

（3）重要安装、调试的工序。

① 整个安装、调试过程应在供货方现场技术服务人员指导下进行。重要工序须经供货方现场技术服务人员签字确认。安装、调试过程中，若采购方未按供货方的技术资料规定和现场技术服务人员指导、未经供货方现场技术服务人员签字确认而出现问题，采购方自行负责（设备质量问题除外）；若采购方按供货方技术资料规定和现场技术服务人员的指导、供货方现场技术服务人员签字确认而出现问题，供货方承担责任。

② 设备安装完毕后的调试工作由供货方的技术人员负责，或采购方的人员在其指导下进行。供货方应尽快解决调试中出现的设备问题，其所需时间应不超过合同约定的时间，否则将视为延误工期。

2) 设备验收

（1）启动试车。

安装调试完毕后，双方共同参加启动试车的检验工作。试车分成无负荷空运行和带负荷试运行两个步骤进行，且每一阶段均应按技术规范要求的程序维持一定的持续时间，以检验设备的质量。试验合格后，双方在验收文件上签字，正式移交采购方进行生产运行。若检验不合格，属于设备质量原因，由供货方负责修理、更换并承担全部费用；如果属于工程施工质量问题，由采购方负责拆除后纠正缺陷。

第7章 工程其他合同

● 特 别 提 示

不论何种原因试车不合格，经过修理或更换设备后应再次进行试车试验，直到满足合同规定的试车质量要求为止。

（2）性能验收。

性能验收又称性能指标达标考核。启动试车只是检验设备安装完毕后是否能够顺利安全运行，但各项具体的技术性能指标是否达到供货方在合同内承诺的保证值还无法判定，因此合同中均要约定设备移交试生产稳定运行多少个月后进行性能测试。由于合同规定的性能验收时间采购方已正式投产运行，这项验收试验由采购方负责，供货方参加。

试验大纲由采购方准备，与供货方讨论后确定。试验现场和所需的人力、物力由采购方提供。供货方应提供试验所需的测点、一次性元件和装设的试验仪表，以及做好技术配合和人员配合工作。

性能验收试验完毕，每套合同设备都达到合同规定的各项性能保证值指标后，监理方与采购方与供货方共同会签合同设备初步验收证书。

● 知 识 链 接

如果合同设备经过性能测试检验表明未能达到合同约定的一项或多项保证指标，可以根据缺陷或技术指标试验值与供货方在合同内的承诺值偏差程度，按下列原则区别对待。

（1）在不影响合同设备安全、可靠运行的条件下，如有个别微小缺陷，供货方在双方商定的时间内免费修理，采购方则可同意签署初步验收证书。

（2）如果第一次性能验收试验达不到合同规定的一项或多项性能保证值，则双方应共同分析原因，澄清责任，由责任一方采取措施，并在第一次验收试验结束后合同约定的时间内进行第二次验收试验。如能顺利通过，则签署初步验收证书。

（3）在第二次性能验收试验后，如仍有一项或多项指标未能达到合同规定的性能保证值，按责任的原因分别对待。

① 属于采购方原因，合同设备应被认为初步验收通过，共同签署初步验收证书。此后供货方仍有义务与采购方一起采取措施，使合同设备性能达到保证值。

② 属于供货方原因，则应按照合同约定的违约金计算方法赔偿采购方的损失。

（4）在合同设备稳定运行规定的时间后，如果由于采购方原因造成性能验收试验的延误超过约定的期限，采购方也应签署设备初步验收证书，视为初步验收合格。

初步验收证书只是证明供货方所提供的合同设备性能和参数截至出具初步验收证明时可以按合同要求予以接受，但不能视为供货方对合同设备中存在的可能引起合同设备损坏的潜在缺陷所应负责任解除的证据。所谓潜在缺陷指设备的隐患在正常情况下不能在制造过程中被发现，供货方应承担纠正缺陷责任。供货方的质量缺陷责任期时间应保证到合同规定的保证期终止后或第一次大修时。当发现这类潜在缺陷时，供货方应按照合同的规定进行修理或调换。

(3) 最终验收。

① 合同内应约定具体的设备保证期限。保证期从签发初步验收证书之日起开始计算。

② 在保证期内的任何时候，如果由于供货方责任而需要进行的检查、试验、再试验、修理或调换，当供货方提出请求时，采购方应做好安排进行配合以便进行上述工作。供货方应负担修理或调换的费用，并按实际修理或更换使设备停运所延误的时间将保证期限做相应延长。

③ 合同保证期满后，采购方在合同规定时间内应向供货方出具合同设备最终验收证书。条件是此前供货方已完成采购方保证期满前提出的各项合理索赔要求，设备的运行质量符合合同的约定。供货方对采购方人员的非正常维修和误操作，以及正常磨损造成的损失不承担责任。

④ 每套合同设备最后一批交货到达现场之日起，如果因采购方原因在合同约定的时间内未能进行试运行和性能验收试验，期满后即视为通过最终验收。此后采购方应与供货方共同会签合同设备的最终验收证书。

5. 合同价格与支付

1) 合同价格

大型设备采购合同通常采用固定总价合同，在合同交货期内为不变价格。合同价内包括合同设备（含备品备件、专用工具）、技术资料、技术服务等费用，还包括合同设备的税费、运杂费、保险费等与合同有关的其他费用。

2) 付款

支付的条件、支付的时间和费用内容应在合同内具体约定。目前大型设备采购合同较多采用如下程序。

(1) 合同设备款的支付。订购的合同设备价款一般分 3 次支付。

① 设备制造前供货方提交履约保函和金额为合同设备价格 10% 的商业发票后，采购方支付合同设备价格的 10% 作为预付款。

② 供货方按交货顺序在规定的时间内将每批设备（部组件）运到交货地点，并将该批设备的商业发票、清单、质量检验合格证明、货运提单提供给采购方，采购方支付该批设备价格的 80%。

③ 剩余合同设备价格的 10% 作为设备保证金，待每套设备保证期满没有问题，采购方签发设备最终验收证书后支付。

(2) 技术服务费的支付。合同约定的技术服务费一般分两次支付。

① 第一批设备交货后，采购方支付给供货方该套合同设备技术服务费的 30%。

② 每套合同设备通过该套机组性能验收试验，初步验收证书签署后，采购方支付该套合同设备技术服务费的 70%。

(3) 运杂费的支付。运杂费在设备交货时由供货方分批向采购方结算，结算总额为合同规定的运杂费。

3) 采购方的支付责任

付款时间以采购方银行承付日期为实际支付日期，若此日期晚于合同约定的付款日期，即从约定的日期开始按合同约定计算迟付款违约金。

6. 违约责任

为了保证合同双方的合法权益，虽然在前述条款中已说明责任的划分，如修理、置换、补足短少部件等规定，但双方还应在合同内约定承担违约责任的条件、违约金的计算办法和违约金的最高赔偿限额等。违约金通常包括以下几方面内容。

1) 供货方的违约责任

（1）延误责任的违约金。

① 设备延误到货的违约金计算办法。

② 未能按合同规定时间交付严重影响施工的关键技术资料违约金的计算办法。

③ 因技术服务的延误、疏忽或错误导致工程延误违约金的计算办法。

（2）质量责任的违约金。

这是指经过二次性能试验后，一项或多项性能指标仍达不到保证指标时，各项具体性能指标违约金的计算办法。

（3）不能供货的违约金。

合同履行过程中如果因供货方原因不能交货，按不能交货部分设备价格约定某一百分比用于计算违约金。

（4）由于供货方责任采购方人员的返工费。

如果供货方委托采购方施工人员进行加工、修理、更换设备，或由于供货方设计图纸错误以及因供货方技术服务人员的指导错误造成返工，供货方应承担因此所发生合理费用的责任。向采购方支付的费用可按发生时的费率水平计算，公式为

$$P = ah + M + Cm$$

式中　　P——总费用，元；

　　　　a——人工费，元/(小时·人)；

　　　　h——人员工时，小时·人；

　　　　M——材料费，元；

　　　　C——机械台班数，台·班；

　　　　m——每台机械设备的台班费，元/(台·班)。

2) 采购方的违约责任

（1）延期付款违约金的计算办法。

（2）延期付款利息的计算办法。

（3）如果因采购方原因中途要求退货，按退货部分设备价格约定某一百分比用于计算违约金。

双方在违约责任条款内还应分别列明任何一方严重违约时，对方可以单方面终止合同的条件、终止程序和后果责任等。

综合应用案例

1993年5月4日，国营第四四三一厂（以下简称"四四三一厂"）与原四川省地质物探工程勘察处（以下简称"勘察处"）签订一份《地（坝）基工程勘察合同书》，约定由勘

察处对四四三一厂拟建住宅进行地质钻探。合同签订后,工程处于同年6月出具了《成都市国营四四三一厂生活区工程地质勘察报告》,该报告在最后结论和建议中称:"根据建筑物的规模、用途和场地地质条件,建议选用粉质黏土和黏土作基础持力层,基础类型以天然浅基为宜,当使用粉质黏土作持力层时,下有淤泥质土,每层土应以宜浅不宜深为原则"。并对每幢拟建住宅楼的基础埋深、持力层承载力标准值和压缩模量提出了建议值。四四三一厂遂委托四川省电子工程设计院对住宅楼进行设计,并由其所属的成都星光电子工程设计室进行了补充修改设计。

1995—1996年,四四三一厂住宅陆续完工。1997年5月起,四四三一厂先后发现所建住宅有墙体开裂和山墙外倾,遂又委托勘察处进行补充勘察,勘察处于1998年2月12日、1998年3月2日向四四三一厂提交了1号、2号、4号、8号、10号楼的补充勘察报告。该报告有关土层承载力等指标与其前次测试结果不同。四四三一厂遂委托电子工业部第十一设计研究院对墙体开裂和山墙外倾的住宅进行地基加固设计,由广汉地质工程勘察院101队进行地基加固施工。

原审法院在审理过程中,于1999年4月9日委托该院法庭科学技术研究所对本案讼争的发生质量事故的9幢建筑进行事故原因、责任划分的综合司法鉴定。该研究所鉴定结论为:造成此次重大质量事故的原因是由于当事人双方未严格按照规章办事,在勘探中出现重大失误,在设计中存在明显不足而引起的;从技术角度看,勘察单位提供的详细勘探报告对地基土层(主要是淤泥土)的分布、定名、允许承载力、压缩模量的建议值发生失误是造成此次事故的主要原因,应负主要责任;四四三一厂设计人员素质低,违规(越级)设计和不当设计是造成此次事故的次要原因,应负次要责任。

原审法院认为:造成本案讼争房出现墙体开裂、倾斜的直接原因是过大的沉降差,而本案争议的焦点在于谁应对此次工程事故承担责任;四川省物探工程勘察院(1993年12月26日,勘察处与四川省地质矿产局物探队工程物探队、测绘工程队组建成立四川省物探工程勘察院,原勘察处的债权债务由勘察院享有和承担。以下简称"勘察院")主张其第一次勘察数据是正确的,而经鉴定认定勘察处先后两次对同一场地进行勘察所作出的勘察报告在对关键土层的定名、空间位置以及承载和压缩模量的建议等方面存在较大出入,勘察处提出两次勘察的时间、条件等均发生变化,两次勘察数据存在变化是可能的,故认为其第一次勘察的数据是准确的,但其未能举出相关科学依据证明两次勘察结果的不同是时间、条件不同所致,故依据勘察处两次勘察报告及鉴定书,可以认定勘察处给设计施工单位提供的作为主要技术依据的数据是不完整、不准确的;勘察院认为其在第一次勘察报告中说明了淤泥质土的特性,正规的设计单位电子工业部第十一设计院即读懂了该报告并在对2号住宅的基础平面的设计说明中指明应于施工前探明淤泥质土的分布,而四四三一厂下属设计室不具备设计本案讼争建筑的资质,没有读懂勘察报告,没有按勘察报告进行设计,故其应自行承担全部责任;就工程地质勘察的目的而言,是为设计提供相关数据,其应尽可能与实际相符;设计部门利用地勘数据进行工程设计,在设计阶段设计部门虽可对地勘结论提出问题进而要求进一步复探,但该环节并非是使地勘数据准确、完整的必然保证;勘察处在第一次勘察报告关于地基土评价中指出了淤泥质土,但其对该土层的定名不准,厚度、分布范围的描述明显偏小,特别是给出的建议值数据不准确、不完整,四四三一厂下属设计院室直接依此数据进行工程基础设计,最后致工程事故发生,勘察处实应负主要责任；本案四四三一厂在电子工业部第十一设计研究院对 2 号楼住宅基础平面的设计中已注意到淤泥质土的情况下，当其违规修改补充工程基础图时，没有要求进一步探明，而是机械使用勘察处给出的数据，未尽到应有的注意义务，使该工程丧失了最后可能避免事故发生的机会，对此，四四三一厂造成的直接经济损失 4 713 821.69 元，应由双方据其各自责任分别承担，四四三一厂承担 30%，即 1 414 146.69 元，勘察院承担 70%，即 3 299 675 元；四四三一厂主张的因地基事故造成的用车费、监管人员费用及资料费损失共计 361 274.22 元，因无付款依据，不予支持。

原审法院判决：勘察院应于判决生效之日起 10 日内赔偿四四三一厂经济损失 3 299 675 元。第一审案件受理费 35 385 元，鉴定费 20 000 元，共计 55 385 元，由四四三一厂负担 16 615.5 元，由勘察院负担 38 769.5 元。

本章小结

本章主要介绍了工程勘察设计合同、工程监理合同、工程物资采购合同的概念和主要条款，各合同履行时双方的权利和义务，以及合同的变更、违约责任等内容。

各合同内主要条款所涉及的内容很多，在订立时应参考各合同的示范文本，同时应仔细研究合同内的条款。

习 题

一、单选题

1. 设计人的设计工作进展不到委托设计任务的一半时，发包人由于项目建设资金的筹措发生问题而决定停建项目，单方发出解除合同的通知，设计人应（　　）。

　　A. 没收全部定金补偿损失

　　B. 要求发包人支付双倍的定金

　　C. 要求发包人补偿实际发生的损失

　　D. 要求发包人给付约定设计费用的 50%

2. 依据设计合同规定，办理各设计阶段设计文件的审批工作应由（　　）负责。

　　A. 发包人　　　B. 承包人　　　C. 监理人　　　D. 总监理工程师

3. 在监理合同履行中，出现（　　）情况，委托人有权追究监理人的违约赔偿责任。

　　A. 工程总投资超过预期金额

　　B. 因承包人原因导致工期延长

　　C. 监理工程师没有进行合同内规定的检查而出现质量事故

　　D. 监理工程师指示承包人进行额外检查造成的费用增加

4. 依据监理合同的规定，（　　）不属于委托人的责任。

　　A. 委托人选定的质量检测机构试验数据错误

B. 因非监理人原因的事由使监理人受到损失
C. 委托人向监理人提出的赔偿要求不能成立
D. 因监理人的过失导致合同终止

5. 监理单位需要调换监理机构的总监理工程师人选时，（　　）。
   A. 通知发包人后即可调换　　　　B. 无须通知发包人，可自行调换
   C. 取得发包人书面同意后才能调换　D. 合同签订后不允许调换

6. 监理单位出现无正当理由而又未履行监理义务时，按照监理合同规定，发包人可（　　）。
   A. 发出终止合同通知，监理合同即行停止
   B. 发出未履行义务通知后在第 21 天单方终止合同
   C. 发出未履行义务通知后 21 天内未能得到满意答复，可在第一个通知发出后的 42 天内发出终止合同通知，监理合同即行终止
   D. 发出未履行义务通知后 21 天内未能得到满意答复，可在第一个通知发出后 35 天内发出终止合同通知，监理合同即行终止

7. 某大宗水泥采购合同，进行交货检验清点数量时，发现交货数量少于订购的数量，但少交的数额没有超过合同约定的合理增减限度，采购方应（　　）。
   A. 按订购数量支付
   B. 按实际交货数量支付
   C. 待供货方补足数量后再按订购数量支付
   D. 按订购数量支付但扣除少交数量，并扣除依据合同约定计算的违约金

8. 材料采购合同在履行过程中，供货方提前 1 个月通过铁路运输部门将订购物资运抵项目所在地的车站，且交付数量多于合同约定的尾差，则（　　）。
   A. 采购方不能拒绝提货，多交货的保管费用应由采购方承担
   B. 采购方不能拒绝提货，多交货的保管费用应由供货方承担
   C. 采购方可以拒绝提货，多交货的保管费用应由采购方承担
   D. 采购方可以拒绝提货，多交货的保管费用应由供货方承担

9. 根据材料采购合同的规定，材料在运输过程中发生的问题，由（　　）负责。
   A. 运输部门　　B. 采购方　　C. 供货方　　D. 合同约定的责任方

10. 依据材料采购合同的规定，采购方要求中途退货，应向供货方按（　　）支付违约金。
    A. 全部货款总额　　　　　B. 合同约定的方法
    C. 退货部分货款总额　　　D. 当事人协商

二、多选题

1. 依据勘察合同的规定，发包人应为勘察人提供的现场工作条件包括（　　）。
   A. 落实土地征用、青苗补偿　　B. 项目的可行性研究报告
   C. 处理施工扰民问题　　　　　D. 平整施工现场
   E. 提供便利的交通与通信条件

2. 依据设计合同的规定，（　　）是发包人的责任。
   A. 对设计依据资料的正确性负责　　B. 保证设计质量

C. 提出技术设计方案　　　　D. 解决施工中出现的设计问题

E. 提供必要的现场工作条件

3. 在设计合同的执行过程中，委托方因故要求中途停止设计时需（　　）。

A. 书面通知设计人　　　　B. 按实际完成工程量付设计费

C. 结束合同关系　　　　　D. 请求仲裁

E. 支付违约金

4. 因监理人与第三方的共同责任而给委托人造成了经济损失，计算监理人赔偿费的原则是（　　）。

A. 按工程实际受到的损害计算

B. 按委托人认为所受到的损害计算

C. 按实际损害计算一定比例的赔偿金

D. 监理人赔偿总额不应超过监理酬金总额

E. 监理人赔偿总额不应超过扣除税金后的监理酬金总额

5. 《建设工程委托监理合同（示范文本）》规定，监理人的主要义务包括（　　）。

A. 依法履行监理职责，公正维护委托人及有关方面的合法权益

B. 推荐选择工程的施工单位

C. 选派合格的监理人员及总监理工程师

D. 不得泄露与工程有关的保密资料

E. 代表委托人与承包人解决合同争议

6. 监理人依据《建设工程委托监理合同（示范文本）》规定，在施工监理过程中可以行使的权力包括（　　）。

A. 发布改变承包人施工作业时间和顺序的指令

B. 对工程的质量、工期、费用实施监督控制

C. 审查批准工程设计的变更

D. 在委托监理的范围内有权批准承包人提出的分包要求

E. 批准承包人的索赔要求

7. 在工程委托监理合同履行中，下列关于违约责任的说法中，正确的有（　　）。

A. 委托人违约应承担违约责任

B. 监理人因过失承担的赔偿额按实际损失计算

C. 监理人因过失承担的赔偿额以扣除税金的监理酬金为限

D. 监理人对责任期以外发生的任何事情引起的损失不负责任

E. 监理人对第三方违反合同规定的质量要求不承担责任

8. 工程设计合同示范文本中，发包人委托的设计任务可以包括（　　）。

A. 项目建议书　　B. 初步设计　　C. 技术设计　　D. 产品设计

E. 施工图设计

9. 依据委托监理合同的规定，属于委托人应履行的义务包括（　　）。

A. 开展监理业务前向监理人支付预付款

B. 负责工程建设所有外部关系的协调，为监理工作创造外部条件

C. 免费向监理人提供开展监理工作所需的工程资料

253

D. 与监理人协商一致,选定项目的勘察设计单位

E. 将授予监理人的监理权利在与第三方签订的合同中予以明确

10. 发包人采购的建筑材料,按规定通知承包人共同验收,而届时承包人未派人参加,则( )。

A. 材料无须验收,直接交给承包人保管

B. 工程师单独验收

C. 验收后交给承包人保管

D. 发生损坏或丢失由发包人负责

E. 若生损坏或丢失由承包人负责

三、案例分析

1. 某房地产开发企业投资开发建设某住宅小区,与某工程咨询监理公司签订了委托监理合同。在监理职责条款中,合同约定:"乙方(监理公司)负责甲方(房地产开发企业)小区工程设计阶段和施工阶段的监理业务。××房产开发企业应于监理业务结束之日起5天内支付最后20%的监理费用。"小区工程竣工1周后,监理公司要求房产开发企业支付剩余的20%监理费,房产开发企业以双方有口头约定,监理公司监理职责应履行至工程保修期满为由,拒绝支付,监理公司索款未果,诉至法院。法院判决双方口头商定的监理职责延至保修期满的内容不构成委托监理合同的内容,房产开发企业到期未支付最后一笔监理费,构成违约,应承担违约责任,支付监理公司剩余的20%监理费及延期付款利息。

问题:

结合本章学习内容,你认为法院针对该案的判决正确吗?

2. 甲公司与乙勘察设计单位签订了一份勘察设计合同,合同约定:乙单位为甲公司筹建中的商业大厦进行勘察、设计,按照国家颁布的收费标准支付勘察设计费;乙单位应按甲公司的设计标准、技术规范等提出勘察设计要求,进行测量和工程地质、水文地质等勘察设计工作,并在合同约定时间之前向甲公司提交勘察成果和设计文件。合同还约定了双方的违约责任、争议的解决方式。甲公司同时与丙建筑公司签订了工程承包合同,在合同中规定了开工日期。不料后来乙单位迟迟不能提交出勘察设计文件。丙建筑公司按工程承包合同的约定做好了开工准备,如期进驻施工场地。在甲公司的再三催促下,乙单位延迟36天提交了勘察设计文件。此时,丙公司已窝工18天。在施工期间,丙公司又发现设计图纸中的多处错误,不得不停工等候甲公司请乙单位对设计图纸进行修改。丙公司由于窝工、停工要求甲公司赔偿损失,否则不再继续施工。甲公司将乙单位起诉到法院,要求乙单位赔偿损失。

问题:

结合本章学习内容,你认为法院应该如何判决?

【参考答案】

第8章 工程合同体系与合同策划

思维导图

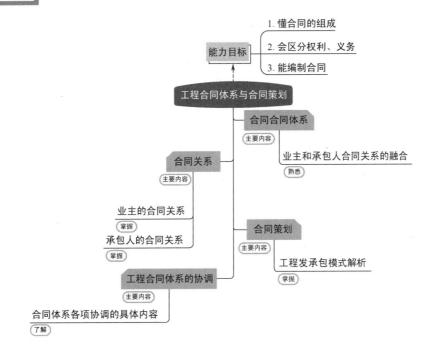

引例

某个市政道路项目全长4.2km,其中盾构隧道约为2.1km,盾构隧道外径为11.2m。隧道主体为单管单层双向四车道,地面道路设计双向四车道。整个工程已经完成初步设计,初步设计概算已经得到上级主管部门审批。本工程包括土建工程(工作井、盾构段、敞开段、风机房、雨水泵房、风塔等)、沥青铺装、给排水工程、消防系统、供电系统(低压部分)、照明系统、环控系统、监控系统、交通工程(交通指示灯、交通指示牌)、路灯工程、园林绿化工程等多个专业工程。

(1) 面对如此复杂且难度巨大(盾构隧道外径达11.2m)的建设项目,有哪些实施方式?

(2) 在不同实施方式下,业主需要签订多少份合同?各种不同方式下的合同关系是怎样的?复杂程度如何?

(3) 如此大直径的盾构掘进,有很多不可预知的风险,业主如何利用合同有效转移风险?哪些风险是业主必须承担、不可转移的?

8.1 工程合同体系

工程实施是以合同为载体的。完成一个项目建设可能需要签订成百上千份各种各样的合同，这些合同构成一个完整的合同体系。了解和掌握在一个建设项目中存在哪些合同关系，以及合同间相互关系如何，是建立合同系统思维的基础。工程合同策划主要是确定对工程项目实施有重大影响的合同问题，决定整个工程合同体系和各个合同的核心条款，它对整个项目的计划、组织、实施、控制有决定性影响。

建设项目的实施是一个复杂的生产过程，它先后分别经历了勘察、设计、施工和试运行等阶段；有建筑、土建、装饰、给排水、电气、智能建筑、通风与空调、电梯等专业设计与施工活动；需要各种材料、设备、资金和劳动力的供应。由于现代社会化大生产和专业分工，通常一个建设项目的参建单位就有十几个、几十个，甚至成百上千个。它们之间形成各种经济关系，构成一个体系。这些经济关系的具体表现就是合同，而这种经济关系体系则构成一个复杂的合同体系。在这个体系中，业主和承包人是两个最主要的节点。

【业主的主要合同关系及习题】

8.1.1 业主的合同关系

一个项目的业主可能是政府、企业、其他投资者，或是几个企业的组合（合资或联营），或是政府与企业的组合。

业主根据对工程的需求，确定工程项目的总目标。工程总目标是通过实施许多工程活动实现的，如工程的勘察、设计、各专业工程施工、监理、设备和材料供应、咨询等。业主通过合同将这些工作发包或委托出去，实施项目。按照不同的项目实施策略，业主合同关系也不同，签订合同的数量变化也较大。

1. 工程承包合同

业主采用的工程发承包模式不同，承包合同所包括的承包范围便会有很大的差异。业主可以将工程分阶段、分专业委托，将材料和设备供应分别委托，也可以将上述工作以各种形式合并委托一个承包人完成。通常业主签订的工程承包合同的种类包括以下两种。

1）工程施工合同

工程施工合同即一个或几个承包人承包或分别承包工程的土建、装饰、给排水、电气、智能建筑、通风与空调、电梯等施工。根据施工合同所包括的工作范围的不同，又可以分为以下几种。

（1）施工总承包合同，即一个承包人承担一个工程的全部施工任务，包括土建、装饰、建筑给排水和电气设备安装等。

（2）单位工程施工承包合同。业主可以将工程按不同专业（如土建施工、装饰施工、安装施工等）发包给不同的承包人。各承包人之间是平行关系。

(3) 专业工程施工承包合同。业主可以将专业性很强的专业工程，如电梯、幕墙、防水等工程委托给专业的承包人完成。

2) 总承包合同

总承包合同即业主将设计、施工、采购工作全部或部分委托给一个承包人完成。

2. 勘察设计合同

勘察设计合同即业主与勘察、设计单位签订的合同。

3. 材料、设备供应合同

材料、设备供应合同即业主与有关材料和设备供应单位签订的供应（采购）合同。在一个工程中，业主可能签订许多供应合同，也可以把材料、设备委托给工程承包人采购。

4. 监理合同

监理合同即业主与监理单位签订的合同。

5. 项目管理合同

项目管理合同即业主与一个项目管理公司签订合同，由一个项目管理公司负责整个项目管理工作。项目管理合同的工作范围可能为可行性研究、设计监理、招标代理、造价咨询和施工监理等其中的某一项或几项，或全部工作。

6. 融资合同

融资合同即业主与金融机构（如银行）签订的合同。后者向业主提供资金保证。

7. 其他合同

其他合同，如业主签订的工程保险合同。

8.1.2 承包人的合同关系

承包人是工程承包合同的履行者，按照合同约定完成承包合同所确定的工程范围的设计、施工、竣工和保修任务，为完成这些工作提供劳动力、施工设备、材料和管理人员。任何承包人都不可能，也不必具备承包合同范围内所有专业工程的施工能力、材料和设备的生产和供应能力，

【承包商的主要合同关系及习题】

他同样必须将许多专业工程或工作委托出去。所以承包人常常又有自己复杂的合同关系。

(1) 工程分包合同。承包商把从业主那里承接到的工程中的某些专业工程，在业主许可的前提下，分包给其他承包商来完成，与他们签订分包合同。承包人在承包合同下可能订立许多工程分包合同。分包人仅完成承包人的工程，向承包人负责，与业主无合同关系。承包人向业主担负全部工程责任，负责工程的管理和所属各分包商工作之间的协调，以及各分包商之间合同责任界面的划分，同时承担协调失误造成损失的责任。

(2) 采购合同。承包人为工程所进行的必要的材料和设备的采购和供应，与供应商签订采购合同。

(3) 运输合同。承包人为解决材料和设备的运输问题而与运输单位签订的合同。

(4) 加工合同。即承包人将建筑构配件、特殊构件加工任务委托给加工承揽单位而订立的合同。

（5）租赁合同。在建设工程中，承包人需要许多施工设备、运输设备、周转材料。当这些设备、周转材料在现场使用率较低，或承包商不具备自己购置设备的资金实力时，可采用租赁方式，与租赁单位签订租赁合同。

（6）劳务分包合同。即承包人与劳务供应商签订的合同，由劳务企业向承包人提供施工劳务。

（7）保险合同。承包商按施工合同要求对工程进行保险，与保险公司签订保险合同。

（8）融资合同。如果工程付款条件苛刻，要求承包人带资承包，承包人必须与金融单位订立融资合同。

（9）联营体协议。在许多大工程中，尤其是在业主要求总承包的工程中，承包人经常是几个企业的联营体，即联营承包。若干家承包人之间订立联营体协议，联合投标，共同承接工程。联营承包已成为许多承包商经营战略之一，国内外工程中都很常见。

8.1.3 工程合同体系图

【某大厦合同网络图】

按照上述分析，就构成了不同层次、不同类型的合同。它们共同构成工程项目的合同体系，如图8.1所示。

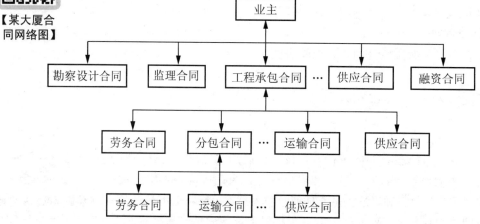

图8.1 工程合同体系

在一个工程中，上述这些合同都是为了完成业主的工程项目的目标而签订和履行的。工程项目的合同体系反映了项目的运作方式。

在现代工程中，由于业主的发包策略是多样化的，所以合同关系和合同体系也是十分复杂和不确定。工程合同体系在工程合同管理中也是一个非常重要的概念。它从一个重要角度反映了项目的形象，对整个合同管理的运作有很大的影响。

（1）它反映了项目任务的范围和划分方式。

（2）它反映了项目所采用的发承包模式和管理模式。

（3）它在很大程度上决定了项目的组织形式。因为不同层次的合同，常常又决定了合同实施者在项目组织中的地位。

8.2 工程合同策划

工程合同策划主要是确定对工程项目实施有重大影响的合同问题，如工程发承包模式的选择、合同风险的分配、相关合同的协调等。对这些问题的决策就是合同策划工作。正确的合同策划能保证工程的各个合同顺利履行，减少合同争议和纠纷，提高效率，保证工程项目目标的实现。

对于建设项目，业主可以选择的工程实施方式有很多，相应地有不同的合同策略。在进行工程合同策划时，必须考虑、仔细分析影响工程合同策划工作的 3 个最主要方面，即业主的资金能力、工程的发承包方式和风险如何分担。

8.2.1 业主的资金能力

建设项目的资金来源有下列几种方式：业主的自有资金；通过金融机构贷款；通过私人部门或项目的参与单位（如承包商）进行融资。

传统的工程融资方式是业主融资，即业主自行提供筹措项目所需的资金。这一方式仍然是融资方式的主流。近二十年来，在一些大型基础设施项目中逐渐开始出现了一些其他的融资模式，如 BT、BOT、PPP 模式。当业主筹集资金困难时，可以考虑以上模式进行融资。此时，在合同安排上就不同于传统的工程承包合同。

【建设工程合同主要关系和PPP合同主要关系】

即使在传统的业主融资的情况下，由于业主资金周转等问题，在工程建设过程中，当业主资金不能平衡时，就有可能出现占用承包人资金的情况。因此，业主应根据其融资计划和资金使用计划，对于合同支付条款进行特别的设计，如不设置关于工程预付款、特别设计工程进度付款的时间和数额。

应用案例

某承包商承包某工程的主体结构施工，工期 18 个月，合同价 460 万元，按照合同工程款支付过程：开工 47 万元，基础完工 43 万元，8 层结构完成 135 万元，结构到顶 135 万元，全部完工 100 万元。按照工程施工进度确定的工程款收入计划以及支付计划得到工程款收入和资金支付曲线，如图 8.2 所示。

【案例评析】

在本例中，出现了业主占用承包人资金的情况。业主需根据自身资金平衡情况，对于工程款支付时间和数额进行特别安排。

BT（Build-Transfer）：业主在完成项目设计后，招标选定承包商进行项目施工建设，由承包商负责项目建造期间的投融资，项目完成后移交业主投入使用，业主按约定分期支付回购价款。回购价款包括项目施工建造的各项费用和建造期，以及回购期发生的资金成本。

【BOT、BT、TOT、PPP】

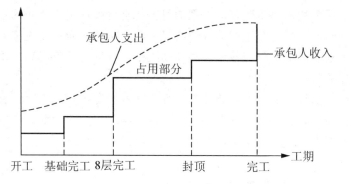

图 8.2　工程款收入和资金支付曲线

【从失败案例看PPP招投标阶段的四大风险】

BOT（Build-Operate-Transfer）：指政府部门通过特许权协议，授权项目发起人、项目公司（主要指私营机构）进行项目的融资设计、建造、经营和维护，在规定的特许期内向该项目的使用者收取适当费用，由此回收项目的投资、经营维护等成本，并获得合理回报。特许期满后，项目公司将项目免费移交政府。

PPP（Public-Private-Partnership）：指公共部门与私人部门合作模式。在这种模式下，政府、营利性企业（和）或非营利性企业基于某个项目而形成相互合作关系。PPP代表着一个很宽泛的项目融资概念，政府部门和私人部门之间的BT项目、BOT项目都属于PPP模式。

8.2.2　工程的发承包模式

不同的工程建设阶段的聚合程度和不同的融资方式相组合，得到不同的合同形式与制度安排，由此形成各种不同的工程发承包模式。

一个工程的承发包模式是多样性的。根据业主的发包策略，将各种工程活动采用不同的方式进行组合，即形成不同的发承包模式和复杂程度不同、组织协调和合同管理要求不一样的工程合同体系。业主可以将整个工程项目分阶段（设计、采购、施工等）、分专业（土建工程、安装工程、装饰工程等）委托，将材料和设备供应分别委托，也可以将上述工作以各种形式合并委托。

工程发承包模式体现了实施工程项目的方法，决定了工程合同体系结构和组织形式；工程所采用的合同种类和形式；业主和承包商责任、风险和权利的划分。

1）平行发承包模式

平行发承包模式是指业主将设计、设备供应、土建、装饰、电气、给水、排水、通风与空调等工程施工分别委托给不同的承包商,各承包商分别与业主签订合同,向业主负责的发承包模式。其工程合同体系如图 8.3 所示。

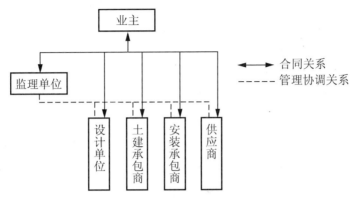

图 8.3 平行发承包模式合同体系

平行发承包模式具有下列特点。

(1) 业主有大量的管理工作,有许多次招标,业主面对的设计、施工、供应单位很多,合同关系复杂。

(2) 在工程中,业主必须负责各承包商之间的协调,对各承包商之间互相干扰造成的问题承担责任。

(3) 业主必须具备较强的项目管理能力,业主可以委托监理单位或项目管理公司进行工程管理。

(4) 通过分散平行承包,业主可以分阶段进行招标,可以通过协调和项目管理加强对工程实施过程的干预。

2) 施工总承包模式

施工总承包模式是指业主将土建、装饰、电气、给水、排水、通风与空调等工程施工,委托给一个施工总承包商全部完成的发承包模式。其工程合同体系如图 8.4 所示。

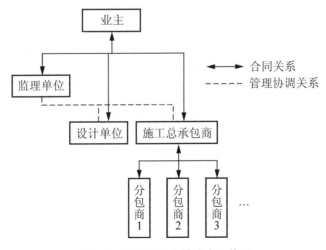

图 8.4 施工总承包模式合同体系

与平行发承包模式相比,施工总承包模式业主的管理、协调工作量相对较少,合同关系相对简单。在业主认可的情况下,施工总承包商可以将部分工程分包给具有相应资质的分包单位,但其必须完成工程主体结构的施工。施工总承包商按合同约定向业主负责;分包单位按分包合同约定向施工总承包商负责。

3)工程总承包

工程总承包是指业主将工程的勘察、设计、施工、设备采购一并发包给一个工程总承包商,或是将工程的勘察、设计、施工、设备采购中的一项或多项发包给一个工程总承包商的发承包模式。其工程合同体系如图 8.5 所示。

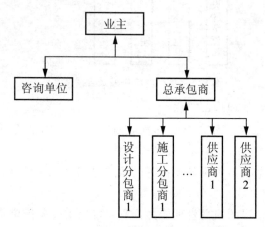

图 8.5　工程总承包模式合同体系

工程总承包具有下列特点。

(1)通过总承包可以减少业主面对的承包商的数量,责任单一。

(2)使得承包商能将整个项目管理形成一个统一的系统,避免多头领导,降低管理费用;有利于施工现场的管理,减少中间检查、交接环节和手续,避免由此引起的工程拖延,从而大大缩短工期。

(3)项目的责任体系完备。无论是设计与施工,与供应之间的互相干扰,还是不同专业之间的干扰,都由总承包商负责,业主不承担任何责任,所以争执较少,索赔较少。

(4)在总承包的项目中,业主可以仅提出工程的总体要求,能够最大程度地调动承包商对项目的规划、设计、施工技术和过程的优化和控制的积极性和创造性。

(5)实施工程总承包,对承包商的要求较高。承包商不仅需要具备各专业工程施工力量,而且需要很强的设计能力、管理能力、供应能力,以及很强的项目规划能力和融资能力。

某工程划分了土建工程和玻璃幕墙工程两个标段发包,均按工程量清单招标。土建工程临近竣工时,土建施工单位提出了工期顺延要求(如果工期得以顺延,土建施工单位当然也就免除了延期竣工的违约责任)。索赔的基本理由是玻璃幕墙的施工耽误了土建工程的顺利完成。

【案例评析】

本工程采用了平行发承包模式，其合同体系如图 8.6 所示。在平行发承包模式下，各承包商之间施工的相互干扰引起的索赔，由业主承担责任。若业主采用施工总承包模式则可以避免这样的索赔，由于各分包商之间的相互干扰而造成的工期拖延和（或）费用增加由施工总承包商承担责任。

当采用平行发承包模式时，业主（工程师）应在各合同中详细、清晰约定承包人的承包范围、工程内容、配合义务、施工场地移交时间和责任，在现场管理中加强沟通与协调，避免出现承包商之间相互干扰造成的不必要的损失。

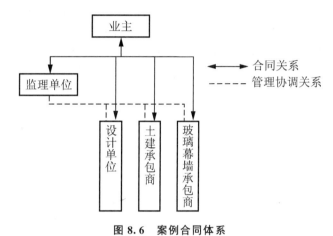

图 8.6　案例合同体系

8.2.3　风险分担

在建设工程中，在各方面都存在不确定性，这种不确定性称之为风险，如项目环境的风险、工程技术和实施方法的风险、项目参与方资信和能力风险、项目实施和管理过程中的风险等。业主将某些工程活动委托给承包商完成，签订工程合同。通过合同将某些工作和相关的风险分配给承包商。至于将哪些工作以及相关风险分配给哪一方，要遵循一定的规则，而不能随意确定。风险分担的目的是促进项目按时完工、不超预算、保证质量。只有当合同明确了风险分担，才有正确、合理的报价决策。

【从一则案例谈工程发承包方责任的认定与承担】

在工程项目管理中有一项重要的职能管理——风险管理，即对项目实施全过程进行风险识别、风险评估、风险响应和风险控制，作出风险对策，形成风险管理计划。而风险管理计划的相当一部分成果要最终要落实到具体的工程合同条款中。

工程合同的标准文本是基于重新定义和分配合同双方风险的需要而形成和发展起来的，这些风险最初是按照合同的适用法律分配的。

在我国的建设法律、法规体系中，明确规定了业主（建设单位）、施工单位、勘察单位、设计单位、监理单位及其他有关单位在工程建设过程中应履行地法定义务和法定责任，如《建设工程质量管理条例》第 9 条规定："建设单位必须向有关的勘察、设计、施工、工程监理等单位提供与建设工程有关的原始资料。原始资料必须真实、准确、齐全"，

《建设工程勘察设计管理条例》第 28 条规定："建设单位、施工单位、监理单位不得修改建设工程勘察、设计文件,确需修改建设工程勘察、设计文件的,应当由原建设工程勘察、设计单位修改。"在工程合同中,建设工程参与方必须承担的法定义务和责任是不能转移给其合同相对人的。若出现上述情况,该合同条款会因违反法律、行政法规的强制性规定而无效。合同适用的法律构成合同默示条款的重要来源。

在不违反法律、法规强制性规定的前提下,合同当事人一方可以将一般由其完成的工作和相应的风险通过合同转移给其相对人完成。例如在房屋建筑工程中,一般由发包人供应施工水电。在《建设工程施工合同(示范文本)》的通用条款第 8 条"发包人工作"中也明确规定:发包人将施工所需水、电、电信线路从施工场地外部接至专用条款约定地点,保证施工期间的需要。而在实务工作中,发包人可以根据自身需要,在招标文件中明确约定由承包人自行解决施工水电,相关的费用包含在合同价格中。在这种情况下,由于承包人不能及时解决施工水电,保证施工的需要,导致工期拖延、窝工损失由其自行承担。

知识链接

在合同类型上,总价合同与单价合同的区分,其核心是工程量风险由谁承担。

特别提示

在《标准施工招标文件使用指南》第 5 章"工程量清单"中指出:"实践中常见的单价合同和总价合同两种主要合同形式,均可以采用工程量清单计价,区别仅在于工程量清单中所填写的工程量的合同约束力。采用单价合同形式时,工程量清单是合同文件必不可少的组成内容,其中的工程量一般具备合同约束力,工程款结算时按照实际发生的工程量进行调整。对总价合同形式,工程量清单中的工程量不具备合同约束力,工程量以合同图纸的标示内容为准,工程量以外的其他内容一般均赋予合同约束力,以方便合同变更的计量和计价。"

8.3 工程合同体系协调

业主的发包策略不同,所采用的发承包模式也不同。因此,形成了复杂程度不同、组织协调和合同管理要求不一样的工程合同体系。在工程合同体系中,各合同之间存在十分复杂的关系。要保证项目顺利实施,业主必须负责各合同之间的协调。这也是合同策划的重要内容。在实际工作中由于合同不协调而造成的工程失误是很多的。

8.3.1 承包范围的协调

业主的所有合同确定的工程或承包范围应能涵盖项目所有委托的工作,保证完整性;

承包商的各个分包合同与由自己完成的工程（或工作）一齐应能涵盖总承包合同的承包范围。在工作内容上不应有遗漏、重复。在实际工作中，这种缺陷会带来设计的变更、新增工程、计划的修改、施工现场停工、效率降低，导致双方的争执。

在工程合同中，应清晰描述承包范围，确定界面上的工作责任。工程实践证明，许多遗漏和缺陷常常都发生在界面上。例如，某个工程划分为设备基础和设备安装两个标段，业主（工程师）在合同中需要主要考虑两个问题，一是设备的预埋件的预埋工作划分给哪个标段，二是预埋件位置偏移由谁承担责任。

8.3.2 技术上的协调

各个承包合同之间的技术标准和要求应具有一致性，如土建、装饰、建筑给排水、电气设备安装等应有统一的技术标准和要求。各专业工程的设计、施工、质量验收标准应具有一致性。

分包合同必须按照承包合同的条件订立，全面反映总合同相关内容。为了保证承包合同不折不扣地完成，分包合同一般比总承包合同条款更为严格、周密和具体，对分包单位提出更为严格的要求。采购合同的技术要求、设备参数、性能要求必须符合规定的工程承包合同的技术标准和要求。

8.3.3 价格上的协调

对于业主而言，在工程项目合同策划时必须将项目总投资分解到各个合同上，作为合同招标和实施控制的依据。

对于承包商而言，一般在总承包合同估价前，就应向各分包商、供应商询价，在分包报价的基础上考虑到附加管理费等费用计入投标报价，所以分包报价水平常常又直接影响总包报价水平和竞争力。对于数额较大的专业工程分包或材料、设备采购，如果时间允许，也应进行招标或竞争性谈判，降低价格。

作为总承包商，周围最好要有一批长期合作的分包商和供应商，形成战略伙伴关系。这样可以保证分包商的可靠性和分包工程质量、价格的稳定性。

在合同类型上总承包合同与分包合同也应协调一致，若总承包合同为总价合同，那么分包合同也应是总价合同。不能出现总承包合同是总价合同，而分包合同是单价合同的情况。

8.3.4 时间上的协调

业主应按照项目的总进度目标和进度计划确定各个合同的实施时间安排，在相应的招标文件上提出合同工期或期限要求。这样每个合同的实施就能够满足项目进度计划要求。

按照各个合同的实施计划安排合同的招标或谈判工作。由于招标和谈判工作是一个过程，需要一定时间，这样就保证了签约后合同实施能符合项目进度计划要求。

材料、设备采购合同安排应与施工合同的进度计划相衔接。例如某个施工合同，业主负责材料和设备供应，现场的提供等责任，则必须系统地安排材料、设备采购和相关的工作计划。

工程活动不仅要与项目进度计划的时间要求一致，而且它们之间时间上要协调，即各种工程活动形成一个有序的、有计划的实施过程。例如设计图纸供应与施工，设备、材料供应与运输，土建和安装施工，支付，工程交付与运行等之间应合理搭接。

对比《建设工程施工合同（示范文本）》通用条款第 25.1 款、26.1 款和《建设工程施工专业分包合同（示范文本）》第 20.1 款、21.2 款，当总承包商将分包工程已完工程量报告纳入总承包工程已完工程量报告提交监理工程师后，14 天内业主才会向总包商付款，而按照分包合同规定总承包商的付款时限是 10 天。

【案例评析】

按照"总包商先于分包商获得支付"的惯例，事实上形成了总包商更多垫资的局面，对贯彻落实《建筑法》第 18 条"发包单位应当按照合同的约定，及时拨付工程款项"的精神也是不利的。这是在总分包合同上，计量支付条款不协调的一个典型表现。

《标准施工招标文件》中合同通用条款 5.2.1 项约定："发包人提供的材料和工程设备，应在专用合同条款中写明材料和工程设备的名称、规格、数量、价格、交货方式、交货地点和计划交货日期等。"

第 5.2.2 项约定："承包人应根据合同进度计划的安排，向监理人报送要求发包人交货的日期计划。发包人应按照监理人与合同双方当事人商定的交货日期，向承包人提交材料和工程设备。"

引例点评

（1）复杂且难度大的建设项目的实施方式要考虑采取何种发包模式，可以是设计施工总承包也可以是施工承包，不过不同的实施方式涉及的参与方和管理模式不同。

（2）根据分标方式的不同，签订的合同数量也不同。例如隧道内监控系统、照明系统、环控系统如果单独发包，就会至少签订 3 个合同。合同数量越多，合同关系越复杂，业主的管理难度亦越大。

（3）如此大直径的盾构掘进，有很多不可预知的风险，如工程量清单误差的风险、地质条件变化的风险、第三方财产损害的风险、合同终止的风险等，业主可以采用分包、担保、保险等方式来转移业主风险，但是有些风险是业主必须承担、不可转移的，如不可抗力、不明的地质条件等。

第8章 工程合同体系与合同策划

本章小结

本章主要介绍了工程合同体系（包括业主的合同关系和承包人的合同关系），工程合同策划（主要分析了影响工程合同策划工作的3个最主要方面，即业主的资金能力、工程的发承包方式、风险如何分担）和工程合同体系协调（包括承包范围的协调、技术上的协调、价格上的协调、时间上的协调）3个方面的问题。

本章内容有一定拓展性和提升性，但所涉及的合同管理的一些细节问题由于与实际工作结合紧密，所以是十分重要的，在实际工作中应充分注意。

习 题

1. 工程合同策划对整个项目实施和管理有何重大影响？

2. 在我国，许多发包人采用平行发包方式。对业主来说，这种模式有什么大的弊端？各个合同间如何协调，才能降低业主风险？

3. "固定总价合同由承包商承担全部风险，则采用固定总价合同对业主最有利。"你觉得这种说法对吗？为什么？

综合实训 合同界面管理

针对本章引例这类大型工程，请同学们查阅资料，试着解决以下问题。

1. 对于一些对工程质量有重大影响的专业工程，有什么管理措施可以保证这些专业工程的质量？

2. 应采取何种材料设备的供应方式？各有什么优劣？如何恰当使用"暂估价""暂列金额"等项目，方能有利于合同管理与计价？

3. 在所拟定的合同体系下，如何保证各个合同间的协调？

附录1　中华人民共和国招标投标法

第一章　总　　则

第一条　为了规范招标投标活动，保护国家利益、社会公共利益和招标活动当事人的合法权益，提高经济效益，保证项目质量，制订本法。

第二条　在中华人民共和国境内进行招标投资活动适用本法。

第三条　在中华人民共和国境内进行下列工程建设项目包括项目的勘察、设计、施工、监理以及工程建设有关的重要设备、材料等的采购，必须进行招标：

（一）大型基础建设、公用事业等关系社会公共利益、公共安全的项目；

（二）全部或者部分使用国有资金投资或者国家融资的项目；

（三）使用国际组织或者外国政府贷款、援助资金的项目。

前款所列项目的具体范围和规模标准，由国务院发展计划部门会同国务院有关部门制订，报国务院批准。

法律或者国务院对必须进行招标的其他项目的范围有规定的，依照其规定。

第四条　任何单位和个人不得将依法必须进行招标的项目化整为零或者其他任何方式规避招标。

第五条　招标投标活动应当遵循公开、公平、公正和诚实信用的原则。

第六条　依法必须进行招标的活动项目，其招标投标活动不受地区或者部门的限制。任何单位和个人不得违法限制或者排斥本地区、本系统以外的法人或者其他组织参加投标，不得以任何方式非法干涉招标投标活动。

第七条　招标投标活动及其当事人应当接受依法实施的监督。

有关行政监督部门依法对招标投标活动实施监督，依法查处招标投标活动中的违法行为。

对招标投标活动的行政监督及有关部门的具体职权划分，由国务院规定。

第二章　招　　标

第八条　招标人是依照本法规定提出招标项目、进行招标的法人或者其他组织。

第九条　招标项目按照国家有关规定需要履行项目审批手续的，应当先履行审批手续，取得批准。

招标人应当有进行招标项目的相应资金或者资金来源已经落实，并应当在招标文件中如实载明。

第十条　招标分为公开招标和邀请招标。

公开招标，是指招标人以招标公告的方式邀请不特定的法人或者其他组织投标。

邀请招标，是指招标人以投标邀请书的方式邀请特定的法人或者其他组织投标。

第十一条 国务院发展计划部门确定的国家重点项目和省、自治区、直辖市人民政府确定的地方重点项目不适宜公开招标的，经国务院发展计划部门或者省、自治区、直辖市人民政府批准，可以进行邀请招标。

第十二条 招标人有权自行选择招标代理机构，委托其办理招标事宜。任何单位和个人不得以任何方式为招标人指定招标代理机构。

招标人具有编制招标文件和组织评标能力的，可以自行办理招标事宜、任何单位和个人不得强制其委托招标代理机构办理招标事宜。

依法必须进行招标的项目，招标人自行办理招标事宜的，应当向有关行政监督部门备案。

第十三条 招标代理机构是依法设立、从事招标代理业务并提供相关服务的社会中介组织。

招标代理机构应当具备下列条件：

（一）有从事招标代理业务的营业场所和相应资金；

（二）有能够编制招标文件和组织评标的相应专业力量。

第十四条 招标代理机构与行政机关和其他国家机关不得存在隶属关系或者其他利益关系。

第十五条 招标代理机构应当在招标人委托的范围内办理招标事宜，并遵守本法关于招标人的规定。

第十六条 招标人采取公开招标方式，应当发布招标公告。依法必须进行招标的项目的招标公告，应当通过国家指定的报刊、信息网络或者其他媒介发布。

招标公告应当载明招标人的名称和地址、招标项目的性质、数量、实施地点和时间以及获取招标文件的办法等事项。

第十七条 招标人采取邀请招标的方式的，应当向三个以上具备承担招标项目的能力、资信良好的特定的法人或者其他组织发出投标邀请书。

投标邀请书应当载明本法第十六条第二款规定的事项。

第十八条 招标人可以根据招标项目本身的要求，在招标公告或者招标邀请书中，要求潜在投标人进行提供有关资质证明文件和业绩情况，并对潜在投标人进行资格审查；国家对投标人的资格条件有规定的，依照其规定。

招标人不得以不合适的条件限制或者排斥潜在投标人，不得对潜在投标人实行歧视待遇。

第十九条 招标人应当根据项目的特点和需要编制招标文件。招标文件应当包括招标项目的技术要求、对投标人资格审查的标准、投标报价要求和评标标准等所有实质性要求和条件以及拟签订合同的主要条款。

国家对招标项目的技术、标准有规定的，招标人应当按照其规定在招标文件中提出相应要求。

招标项目需要划分标段、确定工期的，招标人应当合理划分标段、确定工期，并在招标文件中载明。

第二十条 招标文件不得要求或者表明特定的生产供应者以及含有倾向或者排斥潜在招标人的其他内容。

第二十一条 招标人根据招标项目的具体情况，可以组织潜在投标人踏勘项目现场。

第二十二条 招标人不得向他人透露已获取招标文件的潜在投标人的名称、数量以及可能影响公平竞争的有关招标的其他情况。

招标人设有标底的，标底必须保密。

第二十三条 招标人对已发出的招标文件进行必要的澄清或者修改的，应当在招标文件要求提交投标文件截止时间至少十五日前，以书面形式通知所有招标文件收受人。该澄清或者修改的内容为招标文件的组织部分。

第二十四条 招标人应当确定投标人编制招标文件所需要的合理时间；但是，依法必须进行招标的项目，自招标文件开始发出日起至投标人提交截止之日止，最短不得少于二十日。

第三章 投 标

第二十五条 招标人是响应招标、参见投标竞争的法人或者其他组织。

依法招标的科研项目允许个人参见投标的，投标的个人适用本法有关投标人的规定。

第二十六条 投标人应当具备承担招标项目的能力；国家有关规定对投标人资格条件或者招标文件对投标人资格条件有关规定的，投标人应当具备规定的资格条件。

第二十七条 投标人应当按照招标文件的要求编制投标文件。投标文件应当对招标文件提出的实质性要求和条件作出响应。

招标项目属于建设施工的，投标文件的内容应当包括拟派出的项目负责人与主要技术人员的简历、业绩和拟用于完成招标项目的机械设备等。

第二十八条 投标人应当在招标文件要求提交投标文件的截止时间前，将投标文件送达投标地点。招标人收到投标文件后，应当签收保存，不得开启。投标人少于三个的，招标人应当依照本法重新招标。

在招标文件要求提交投标文件的截止时间后送达的投标文件，招标人应当拒收。

第二十九条 招标人在招标文件要求提交投标文件的截止时间前，可以补充、修改或者撤回已提交的投标文件，并书面通知招标人。补充、修改的内容为招标文件组成的部分。

第三十条 招标人根据招标文件载明的项目的实际情况，拟在中标后将中标项目的部分非主体、非关键性工作进行分包的，应当在投标文件中载明。

第三十一条 两个以上法人或者其他组织可以组成一个联合体，以一个投标人的身份共同投标。

联合体各方应当具备承担招标项目的相应能力；国家有关规定或者招标文件对投标人资格条件有关规定的，联合体各方均应当具备规定的相应资格条件。由同一专业的单位组成的联合体，按照资质等级较低的单位确定资质等级。

联合体各方应当签订共同招标协商，明确约定各方拟承担的工作和责任，并将共同投标协议连同招标文件一并提交招标人。联合体中标的，联合体各方应当共同与招标人签订合同，就中标项目向招标人承担连带责任。

招标人不得强制投标人组成联合体共同投标，不得限制投标人之间的竞争。

第三十二条　招标人不得相互串通投标报价，不得排挤其他投标人的公平竞争，损害招标人或者其他投标人的合法权益。

投标人不得与招标人串通投标，损害国家利益、社会公共利益或者其他人的合法权益。

禁止投标人以向招标人或者评标委员会成员行贿的手段谋取中标。

第三十三条　投标人不得以低于成本的报价竞标，也不得以他人的名誉投标或者以其他的方式弄虚作假，骗取中标。

第四章　开标、评标和中标

第三十四条　开标应当在招标文件确定的提交招标文件截止时间的同一时间公开进行；开标地点应当为招标文件中预先确定的地点。

第三十五条　开标由招标人主持，邀请所有投标人参见。

第三十六条　开标时，由投标人或者其推选的代表检查投标文件的密封情况，也可以由招标人委托的公证机构检查并公证；经确认无误后，由工作人员当众拆封，宣读投标人名称、投标价格和招标文件的其他主要内容。

招标人在招标文件要求提交投标文件的截止时间前收到的所有投标文件，开标时都应当当众予以拆封、宣读。

开标过程应当记录，并存档备案。

第三十七条　评标由招标人依法组建的评标委员会负责。

依法必须进行招标的项目，其评标委员会由招标人的代表和有关技术、经济等方面的专家组成，成员人数为五人以上单数，其中技术、经济等方面的专家不得少于成员总数的三分之二。

前款专家应当从事相关领域工作满八年并具有高级职称或者具有同等专业水平，由招标人从国务院有关部门或者省、自治区、直辖市人民政府有关部门提供的专家名册或者招标代理机构的专家库内的相关专业的专家名单确定；一般招标项目可以采取随机抽取方式，特殊招标项目可以由招标人直接确定。

与招标人有利害关系的人不得进入相关项目的评标委员会；已经进入的应当更换。

评标委员会成员的名单在中标结果确定前应当保密。

第三十八条　招标人应当采取必要的措施，保证评标在严格保密的情况下进行。

任何单位和个人不能非法干预、影响评标过程和结果。

第三十九条　评标委员会可以要求投标人对投标文件中含义不明确的内容必要的澄清或者说明，但是澄清或者说明不得超出投标文件的范围或者改变投标文件的实质性内容。

第四十条　评标委员会应当按照招标文件确定的评标标准和方法，对投标文件进行评审和比较；设有标底的，应当参考标底。评标委员会完成评标后，应当向招标人提出书面评标报告，并推荐合格的中标候选人。

招标人根据评标委员会提出的书面评标报告和推荐的中标候选人确定的中标人。招标人也可以授权评标委员会直接确定中标人。国务院对特定的招标项目的评标有特别规定的,从其规定。

第四十一条　中标人的投标应当符合下列条件之一:
(一)能够最大限度地满足招标文件中规定的各项综合评价标准;
(二)能够满足招标文件的实质性要求,并且经评审的投标价格最低;但是投标价格低于成本的除外。

第四十二条　评标委员会经评审,认为所有投标都不符合招标文件要求的,可以否决所有投标。

依法必须进行招标的项目的所有投标被否决的,招标人应当依照本法重新招标。

第四十三条　在确定中标人前,招标人不得与投标人就投标价格、投标方案等实质性内容进行谈判。

第四十四条　评标委员会成员应当客观、公正地履行职务,遵守职业道德,对所提出的评审意见承担个人责任。

评标委员会成员不得私下接触招标人,不得收受投标人的财物或者其他好处。

评标委员会成员和参与评标的有关工作人员不得透露对投标文件的评审和和比较、中标候选人的推荐情况以及与评标有关的其他情况。

第四十五条　中标人确定后,招标人应当向中标人发出中标通知书,并同时将中标结果通知所有未中标的投标人。

中标通知书对招标人和中标人具有法律效力。中标通知书发出后,招标人改变中标结果的,或者中标人放弃中标项目的,应当依法承担法律责任。

第四十六条　招标人和中标人应当自中标通知书发出之日起三十日内,按照招标文件和中标人的投标文件订立书面合同。招标人和中标人不得再行订立背离合同实质性内容的其他协议。

招标文件要求中标人提交履约保证金的,招标人应当提交。

第四十七条　依法必须进招标的项目,招标人应当自确定中标人之日起十五日内,向有关行政监督部门提交招标情况的书面报告。

第四十八条　中标人应按照合同约定履行义务,完成中标项目。中标人不得向他人转让中标项目,也不得将中标项目肢解后分别向他人转让。

中标人按照合同约定或者经招标人同意,可以将中标项目的部分非主体、非关键性工作分包给他人完成。接受分包的人应当具备相应的资格条件,并不得再次分包。

招标人应当就分包项目向招标人负责,接受分包的人就分包项目承担连带责任。

第五章　法律责任

第四十九条　违反本法规定,必须进行招标的项目而不招标的,将必须进行招标的项目化整为零或者以其他任何方式规避招标的,责令限期改正,可以处项目合同金额千分之五以上千分之十以下的罚款;对全部或者部分使用国有资金的项目,可以暂停项目执行或者暂停资金拨付;对单位直接负责的主管人员和其他直接责任人员依法给予处分。

第五十条 招标代理机构违反本法规定，泄露应当保密的与招标投标活动有关的情况和资料的，或者与招标人、投标人串通损害国家利益、社会公共利益或者其他合法权益的，处五万元以上二十五万元以下的罚款，对单位直接负责的主管人员和其他直接责任人员处单位罚款数额百分之五以上百分之十以下的罚款；有违法所得的，并处没收违法所得；情节严重的，禁止其一年至二年内代理依法必须进行招标的项目并予以公告，直至由工商行政管理机关吊销营业执照；构成犯罪的，依法追究形式责任。给他人造成损失的，依法承担赔偿责任。

前款所列行为影响中标结果的，中标无效。

第五十一条 招标人以不合理的条件限制或者排斥潜在投标人的，对潜在投标人实行歧视待遇的，强制要求投标人组成联合体共同投标的，或者限制投标人之间竞争的，责令改正，可以处一万元以上五万元以下的罚款。

第五十二条 依法必须进行招标的项目的招标人向他人透露以获取招标文件的潜在投标人的名称、数量或者可能影响公平竞争的有关招标投标的其他情况，或者泄露标底的，给予警告，可以并处一万元以上十万元以下的罚款；对单位直接负责的主管人员和其他直接责任人员依法给予处分；构成犯罪的，依法追究行事责任。

前款所列行为影响中标结果的，中标无效。

第五十三条 投标人相互串通投标或者与招标人串通投标的，投标人以向招标人或者评标委员会成员行贿的手段谋取中标的，中标无效，处中标项目金额千分之五以上千分之十以下的罚款，对单位直接负责的主管人员和其他直接责任人员处单位罚款数额百分之五以上百分之十以下的罚款；有违法所得的，并处没收违法所得；情节严重的，取消其一年至二年内参加依法必须进行招标的项目的投标资格并予以公告，直至由工商行政管理机关吊销营业执照；构成犯罪的，依法追究行事责任。给他人造成损失的，依法承担赔偿责任。

第五十四条 投标人以他人名义投标或者以其他方式弄虚作假，骗取中标的，中标无效，给招标人造成损失的，依法承担赔偿责任；构成犯罪的，依法追究行事责任。

依法必须进行招标的项目的投标人有前款所列行为尚未构成犯罪的，处中标项目的主管人员和其他直接责任人员处单位罚款数额百分之五以上百分之十以下的罚款；有违法所得的，并处没收违法所得；情节严重的，取消其一年至三年内参加依法必须进行招标的项目的招标资格并予以公告，直至由工商行政管理机关吊销营业执照。

第五十五条 依法必须进行招标的项目，招标人违反本法规定，与投标人就招标价格、投标方案等实质性内容进行谈判的，给予警告，对单位直接负责的主管人员和其他直接责任人员依法给予处分。

第五十六条 评标委员会成员收到招标人的财物或者其他好处的，评标委员会成员或者参加评标的有关工作人员向他人透露对投标文件的评审和比较、中标候选人的推荐以及与评标有关的其他情况的，给予警告，没收收到的财物，可以并处三千元以上五万元以下的罚款，对有所列违法行为的评标委员会成员取消担任评标委员会成员的资格，不得参加任何依法必须进行招标的项目的评标；构成犯罪的，依法追究行事责任。

第五十七条 招标人在评标委员会依法推荐的中标候选人以外确定中标人的，依法必须进行招标的项目在所有投标被评标委员会否决后自行确定中标人的，中标无效。责令改正，可以处中标项目金额千分之五以上千分之十以下的罚款；对单位直接负责的主管人员和其他直接责任人员依法给予处分。

第五十八条　中标人将项目转让给他人的，将中标项目肢解后分别转让给他人的，违反本法规定将中标项目的部分主体、关键性工作分包给他人的，或者分包人再次分包的，转让、分包无效，外转让、分包项目金额千分之五以上千分之十以下的罚款；有违法所得的，并处没收违法所的；可以责令停业整顿；情节严重的，由工商管理机关吊销营业执照。

第五十九条　招标人与中标人不按照招标文件和中标文件的投标文件订立合同，或者招标人、中标人订立背离合同实质性内容的协议的，责令改正；可以处中标项目金额千分之五以上千分之十以下的罚款。

第六十条　中标人不履行与招标人订立的合同的，履约保证金给予退还，给招标人造成的损失超过履约保证金额的，还应当对部分予以赔偿；没有提交履约保证金的，应当对招标人的损失承担赔偿责任。

中标人不按照与招标人订立的合同履行义务，情节严重的，取消其二年至五年内参加依法必须进行招标的项目的投标资格并予以公告，直至由工商行政管理机关吊销营业执照。

因不可抗力不能履行合同的，不适用前两款规定。

第六十一条　本章规定的行政处罚，由国务院规定的有关行政监督部门决定。本法已对实施行政处罚的机关作出规定的除外。

第六十二条　任何单位违反本法规定，限制或者排斥本地区、本系统以外的法人或者其他组织参加投标的，为招标人指定招标代理机构的，强制招标人委托招标代理机构办理招标事宜的，或者以其他方式干涉招标投标活动的，责令改正；对单位直接负责的主管人员和其他直接责任人员依法给予警告、记过、记大过的处分，情节较严重的，依法给予降级、撤职、开除的处分。

个人利用职权进行前款违法行为的，依照前款规定追究责任。

第六十三条　对招标投标活动依法负责有行政监督职责的国家机关工作人员徇私舞弊、滥用职权或者玩忽职守，构成犯罪的，依法追究行事责任；不构成犯罪的，依法给予行政处分。

第六十四条　依法必须进行招标的项目违反本法规定，中标无效的，应当依照本法规定的中标条件从其余人中重新确定中标人或者依照本法重新进行招标。

第六章　附　　则

第六十五条　招标人和其他利害关系人认为招标投标活动不符合本法有关规定的，有权向招标人提出异议或者依法向有关行政监督部门投诉。

第六十六条　涉及国家安全、国家秘密、抢险救灾或者属于利用扶贫资金实行以公代赈、需要使用农民工等特殊情况，不适宜进行招标的项目，按照国家有关规定可以不进行招标。

第六十七条　使用国际组织或者外国政府贷款、援助资金的项目进行招标，贷款方、资金提供方对招标投标的具体条件和程序有不同规定的，可以适用其规定，但违背中华人民共和国的社会公共利益的除外。

第六十八条　本法自2000年1月1日起实施。

附录2 中华人民共和国招标投标法实施条例

第一章 总　　则

第一条　为了规范招标投标活动,根据《中华人民共和国招标投标法》(以下简称招标投标法),制定本条例。

第二条　招标投标法第三条所称工程建设项目,是指工程以及与工程建设有关的货物、服务。

前款所称工程,是指建设工程,包括建筑物和构筑物的新建、改建、扩建及其相关的装修、拆除、修缮等;所称与工程建设有关的货物,是指构成工程不可分割的组成部分,且为实现工程基本功能所必需的设备、材料等;所称与工程建设有关的服务,是指为完成工程所需的勘察、设计、监理等服务。

第三条　依法必须进行招标的工程建设项目的具体范围和规模标准,由国务院发展改革部门会同国务院有关部门制订,报国务院批准后公布施行。

第四条　国务院发展改革部门指导和协调全国招标投标工作,对国家重大建设项目的工程招标投标活动实施监督检查。国务院工业和信息化、住房城乡建设、交通运输、铁道、水利、商务等部门,按照规定的职责分工对有关招标投标活动实施监督。

县级以上地方人民政府发展改革部门指导和协调本行政区域的招标投标工作。县级以上地方人民政府有关部门按照规定的职责分工,对招标投标活动实施监督,依法查处招标投标活动中的违法行为。县级以上地方人民政府对其所属部门有关招标投标活动的监督职责分工另有规定的,从其规定。

财政部门依法对实行招标投标的政府采购工程建设项目的预算执行情况和政府采购政策执行情况实施监督。

监察机关依法对与招标投标活动有关的监察对象实施监察。

第五条　设区的市级以上地方人民政府可以根据实际需要,建立统一规范的招标投标交易场所,为招标投标活动提供服务。招标投标交易场所不得与行政监督部门存在隶属关系,不得以营利为目的。

国家鼓励利用信息网络进行电子招标投标。

第六条　禁止国家工作人员以任何方式非法干涉招标投标活动。

第二章 招　　标

第七条　按照国家有关规定需要履行项目审批、核准手续的依法必须进行招标的项目,其招标范围、招标方式、招标组织形式应当报项目审批、核准部门审批、核准。项目审批、核准部门应当及时将审批、核准确定的招标范围、招标方式、招标组织形式通报有关行政监督部门。

第八条 国有资金占控股或者主导地位的依法必须进行招标的项目,应当公开招标;但有下列情形之一的,可以邀请招标:

(一)技术复杂、有特殊要求或者受自然环境限制,只有少量潜在投标人可供选择;

(二)采用公开招标方式的费用占项目合同金额的比例过大。

有前款第二项所列情形,属于本条例第七条规定的项目,由项目审批、核准部门在审批、核准项目时作出认定;其他项目由招标人申请有关行政监督部门作出认定。

第九条 除招标投标法第六十六条规定的可以不进行招标的特殊情况外,有下列情形之一的,可以不进行招标:

(一)需要采用不可替代的专利或者专有技术;

(二)采购人依法能够自行建设、生产或者提供;

(三)已通过招标方式选定的特许经营项目投资人依法能够自行建设、生产或者提供;

(四)需要向原中标人采购工程、货物或者服务,否则将影响施工或者功能配套要求;

(五)国家规定的其他特殊情形。

招标人为适用前款规定弄虚作假的,属于招标投标法第四条规定的规避招标。

第十条 招标投标法第十二条第二款规定的招标人具有编制招标文件和组织评标能力,是指招标人具有与招标项目规模和复杂程度相适应的技术、经济等方面的专业人员。

第十一条 招标代理机构的资格依照法律和国务院的规定由有关部门认定。

国务院住房城乡建设、商务、发展改革、工业和信息化等部门,按照规定的职责分工对招标代理机构依法实施监督管理。

第十二条 招标代理机构应当拥有一定数量的具备编制招标文件、组织评标等相应能力的专业人员。

第十三条 招标代理机构在其资格许可和招标人委托的范围内开展招标代理业务,任何单位和个人不得非法干涉。

招标代理机构代理招标业务,应当遵守招标投标法和本条例关于招标人的规定。招标代理机构不得在所代理的招标项目中投标或者代理投标,也不得为所代理的招标项目的投标人提供咨询。

招标代理机构不得涂改、出租、出借、转让资格证书。

第十四条 招标人应当与被委托的招标代理机构签订书面委托合同,合同约定的收费标准应当符合国家有关规定。

第十五条 公开招标的项目,应当依照招标投标法和本条例的规定发布招标公告、编制招标文件。

招标人采用资格预审办法对潜在投标人进行资格审查的,应当发布资格预审公告、编制资格预审文件。

依法必须进行招标的项目的资格预审公告和招标公告,应当在国务院发展改革部门依法指定的媒介发布。在不同媒介发布的同一招标项目的资格预审公告或者招标公告的内容应当一致。指定媒介发布依法必须进行招标的项目的境内资格预审公告、招标公告,不得收取费用。

编制依法必须进行招标的项目的资格预审文件和招标文件，应当使用国务院发展改革部门会同有关行政监督部门制定的标准文本。

第十六条　招标人应当按照资格预审公告、招标公告或者投标邀请书规定的时间、地点发售资格预审文件或者招标文件。资格预审文件或者招标文件的发售期不得少于5日。

招标人发售资格预审文件、招标文件收取的费用应当限于补偿印刷、邮寄的成本支出，不得以营利为目的。

第十七条　招标人应当合理确定提交资格预审申请文件的时间。依法必须进行招标的项目提交资格预审申请文件的时间，自资格预审文件停止发售之日起不得少于5日。

第十八条　资格预审应当按照资格预审文件载明的标准和方法进行。

国有资金占控股或者主导地位的依法必须进行招标的项目，招标人应当组建资格审查委员会审查资格预审申请文件。资格审查委员会及其成员应当遵守招标投标法和本条例有关评标委员会及其成员的规定。

第十九条　资格预审结束后，招标人应当及时向资格预审申请人发出资格预审结果通知书。未通过资格预审的申请人不具有投标资格。

通过资格预审的申请人少于3个的，应当重新招标。

第二十条　招标人采用资格后审办法对投标人进行资格审查的，应当在开标后由评标委员会按照招标文件规定的标准和方法对投标人的资格进行审查。

第二十一条　招标人可以对已发出的资格预审文件或者招标文件进行必要的澄清或者修改。澄清或者修改的内容可能影响资格预审申请文件或者投标文件编制的，招标人应当在提交资格预审申请文件截止时间至少3日前，或者投标截止时间至少15日前，以书面形式通知所有获取资格预审文件或者招标文件的潜在投标人；不足3日或者15日的，招标人应当顺延提交资格预审申请文件或者投标文件的截止时间。

第二十二条　潜在投标人或者其他利害关系人对资格预审文件有异议的，应当在提交资格预审申请文件截止时间2日前提出；对招标文件有异议的，应当在投标截止时间10日前提出。招标人应当自收到异议之日起3日内作出答复；作出答复前，应当暂停招标投标活动。

第二十三条　招标人编制的资格预审文件、招标文件的内容违反法律、行政法规的强制性规定，违反公开、公平、公正和诚实信用原则，影响资格预审结果或者潜在投标人投标的，依法必须进行招标的项目的招标人应当在修改资格预审文件或者招标文件后重新招标。

第二十四条　招标人对招标项目划分标段的，应当遵守招标投标法的有关规定，不得利用划分标段限制或者排斥潜在投标人。依法必须进行招标的项目的招标人不得利用划分标段规避招标。

第二十五条　招标人应当在招标文件中载明投标有效期。投标有效期从提交投标文件的截止之日起算。

第二十六条　招标人在招标文件中要求投标人提交投标保证金的，投标保证金不得超过招标项目估算价的2%。投标保证金有效期应当与投标有效期一致。

依法必须进行招标的项目的境内投标单位，以现金或者支票形式提交的投标保证金应当从其基本账户转出。

招标人不得挪用投标保证金。

第二十七条　招标人可以自行决定是否编制标底。一个招标项目只能有一个标底。标底必须保密。

接受委托编制标底的中介机构不得参加受托编制标底项目的投标，也不得为该项目的投标人编制投标文件或者提供咨询。

招标人设有最高投标限价的，应当在招标文件中明确最高投标限价或者最高投标限价的计算方法。招标人不得规定最低投标限价。

第二十八条　招标人不得组织单个或者部分潜在投标人踏勘项目现场。

第二十九条　招标人可以依法对工程以及与工程建设有关的货物、服务全部或者部分实行总承包招标。以暂估价形式包括在总承包范围内的工程、货物、服务属于依法必须进行招标的项目范围且达到国家规定规模标准的，应当依法进行招标。

前款所称暂估价，是指总承包招标时不能确定价格而由招标人在招标文件中暂时估定的工程、货物、服务的金额。

第三十条　对技术复杂或者无法精确拟定技术规格的项目，招标人可以分两阶段进行招标。

第一阶段，投标人按照招标公告或者投标邀请书的要求提交不带报价的技术建议，招标人根据投标人提交的技术建议确定技术标准和要求，编制招标文件。

第二阶段，招标人向在第一阶段提交技术建议的投标人提供招标文件，投标人按照招标文件的要求提交包括最终技术方案和投标报价的投标文件。

招标人要求投标人提交投标保证金的，应当在第二阶段提出。

第三十一条　招标人终止招标的，应当及时发布公告，或者以书面形式通知被邀请的或者已经获取资格预审文件、招标文件的潜在投标人。已经发售资格预审文件、招标文件或者已经收取投标保证金的，招标人应当及时退还所收取的资格预审文件、招标文件的费用，以及所收取的投标保证金及银行同期存款利息。

第三十二条　招标人不得以不合理的条件限制、排斥潜在投标人或者投标人。

招标人有下列行为之一的，属于以不合理条件限制、排斥潜在投标人或者投标人：

（一）就同一招标项目向潜在投标人或者投标人提供有差别的项目信息；

（二）设定的资格、技术、商务条件与招标项目的具体特点和实际需要不相适应或者与合同履行无关；

（三）依法必须进行招标的项目以特定行政区域或者特定行业的业绩、奖项作为加分条件或者中标条件；

（四）对潜在投标人或者投标人采取不同的资格审查或者评标标准；

（五）限定或者指定特定的专利、商标、品牌、原产地或者供应商；

（六）依法必须进行招标的项目非法限定潜在投标人或者投标人的所有制形式或者组织形式；

（七）以其他不合理条件限制、排斥潜在投标人或者投标人。

第三章 投 标

第三十三条 投标人参加依法必须进行招标的项目的投标，不受地区或者部门的限制，任何单位和个人不得非法干涉。

第三十四条 与招标人存在利害关系可能影响招标公正性的法人、其他组织或者个人，不得参加投标。

单位负责人为同一人或者存在控股、管理关系的不同单位，不得参加同一标段投标或者未划分标段的同一招标项目投标。

违反前两款规定的，相关投标均无效。

第三十五条 投标人撤回已提交的投标文件，应当在投标截止时间前书面通知招标人。招标人已收取投标保证金的，应当自收到投标人书面撤回通知之日起5日内退还。

投标截止后投标人撤销投标文件的，招标人可以不退还投标保证金。

第三十六条 未通过资格预审的申请人提交的投标文件，以及逾期送达或者不按照招标文件要求密封的投标文件，招标人应当拒收。

招标人应当如实记载投标文件的送达时间和密封情况，并存档备查。

第三十七条 招标人应当在资格预审公告、招标公告或者投标邀请书中载明是否接受联合体投标。

招标人接受联合体投标并进行资格预审的，联合体应当在提交资格预审申请文件前组成。资格预审后联合体增减、更换成员的，其投标无效。

联合体各方在同一招标项目中以自己名义单独投标或者参加其他联合体投标的，相关投标均无效。

第三十八条 投标人发生合并、分立、破产等重大变化的，应当及时书面告知招标人。投标人不再具备资格预审文件、招标文件规定的资格条件或者其投标影响招标公正性的，其投标无效。

第三十九条 禁止投标人相互串通投标。

有下列情形之一的，属于投标人相互串通投标：

（一）投标人之间协商投标报价等投标文件的实质性内容；

（二）投标人之间约定中标人；

（三）投标人之间约定部分投标人放弃投标或者中标；

（四）属于同一集团、协会、商会等组织成员的投标人按照该组织要求协同投标；

（五）投标人之间为谋取中标或者排斥特定投标人而采取的其他联合行动。

第四十条 有下列情形之一的，视为投标人相互串通投标：

（一）不同投标人的投标文件由同一单位或者个人编制；

（二）不同投标人委托同一单位或者个人办理投标事宜；

（三）不同投标人的投标文件载明的项目管理成员为同一人；

（四）不同投标人的投标文件异常一致或者投标报价呈规律性差异；

（五）不同投标人的投标文件相互混装；

（六）不同投标人的投标保证金从同一单位或者个人的账户转出。

第四十一条 禁止招标人与投标人串通投标。

有下列情形之一的，属于招标人与投标人串通投标：

（一）招标人在开标前开启投标文件并将有关信息泄露给其他投标人；

（二）招标人直接或者间接向投标人泄露标底、评标委员会成员等信息；

（三）招标人明示或者暗示投标人压低或者抬高投标报价；

（四）招标人授意投标人撤换、修改投标文件；

（五）招标人明示或者暗示投标人为特定投标人中标提供方便；

（六）招标人与投标人为谋求特定投标人中标而采取的其他串通行为。

第四十二条 使用通过受让或者租借等方式获取的资格、资质证书投标的，属于招标投标法第三十三条规定的以他人名义投标。

投标人有下列情形之一的，属于招标投标法第三十三条规定的以其他方式弄虚作假的行为：

（一）使用伪造、变造的许可证件；

（二）提供虚假的财务状况或者业绩；

（三）提供虚假的项目负责人或者主要技术人员简历、劳动关系证明；

（四）提供虚假的信用状况；

（五）其他弄虚作假的行为。

第四十三条 提交资格预审申请文件的申请人应当遵守招标投标法和本条例有关投标人的规定。

第四章 开标、评标和中标

第四十四条 招标人应当按照招标文件规定的时间、地点开标。

投标人少于3个的，不得开标；招标人应当重新招标。

投标人对开标有异议的，应当在开标现场提出，招标人应当当场作出答复，并制作记录。

第四十五条 国家实行统一的评标专家专业分类标准和管理办法。具体标准和办法由国务院发展改革部门会同国务院有关部门制定。

省级人民政府和国务院有关部门应当组建综合评标专家库。

第四十六条 除招标投标法第三十七条第三款规定的特殊招标项目外，依法必须进行招标的项目，其评标委员会的专家成员应当从评标专家库内相关专业的专家名单中以随机抽取方式确定。任何单位和个人不得以明示、暗示等任何方式指定或者变相指定参加评标委员会的专家成员。

依法必须进行招标的项目的招标人非因招标投标法和本条例规定的事由，不得更换依法确定的评标委员会成员。更换评标委员会的专家成员应当依照前款规定进行。

评标委员会成员与投标人有利害关系的，应当主动回避。

有关行政监督部门应当按照规定的职责分工，对评标委员会成员的确定方式、评标专家的抽取和评标活动进行监督。行政监督部门的工作人员不得担任本部门负责监督项目的评标委员会成员。

第四十七条　招标投标法第三十七条第三款所称特殊招标项目，是指技术复杂、专业性强或者国家有特殊要求，采取随机抽取方式确定的专家难以保证胜任评标工作的项目。

第四十八条　招标人应当向评标委员会提供评标所必需的信息，但不得明示或者暗示其倾向或者排斥特定投标人。

招标人应当根据项目规模和技术复杂程度等因素合理确定评标时间。超过三分之一的评标委员会成员认为评标时间不够的，招标人应当适当延长。

评标过程中，评标委员会成员有回避事由、擅离职守或者因健康等原因不能继续评标的，应当及时更换。被更换的评标委员会成员作出的评审结论无效，由更换后的评标委员会成员重新进行评审。

第四十九条　评标委员会成员应当依照招标投标法和本条例的规定，按照招标文件规定的评标标准和方法，客观、公正地对投标文件提出评审意见。招标文件没有规定的评标标准和方法不得作为评标的依据。

评标委员会成员不得私下接触投标人，不得收受投标人给予的财物或者其他好处，不得向招标人征询确定中标人的意向，不得接受任何单位或者个人明示或者暗示提出的倾向或者排斥特定投标人的要求，不得有其他不客观、不公正履行职务的行为。

第五十条　招标项目设有标底的，招标人应当在开标时公布。标底只能作为评标的参考，不得以投标报价是否接近标底作为中标条件，也不得以投标报价超过标底上下浮动范围作为否决投标的条件。

第五十一条　有下列情形之一的，评标委员会应当否决其投标：

（一）投标文件未经投标单位盖章和单位负责人签字；

（二）投标联合体没有提交共同投标协议；

（三）投标人不符合国家或者招标文件规定的资格条件；

（四）同一投标人提交两个以上不同的投标文件或者投标报价，但招标文件要求提交备选投标的除外；

（五）投标报价低于成本或者高于招标文件设定的最高投标限价；

（六）投标文件没有对招标文件的实质性要求和条件作出响应；

（七）投标人有串通投标、弄虚作假、行贿等违法行为。

第五十二条　投标文件中有含义不明确的内容、明显文字或者计算错误，评标委员会认为需要投标人作出必要澄清、说明的，应当书面通知该投标人。投标人的澄清、说明应当采用书面形式，并不得超出投标文件的范围或者改变投标文件的实质性内容。

评标委员会不得暗示或者诱导投标人作出澄清、说明，不得接受投标人主动提出的澄清、说明。

第五十三条　评标完成后，评标委员会应当向招标人提交书面评标报告和中标候选人名单。中标候选人应当不超过3个，并标明排序。

评标报告应当由评标委员会全体成员签字。对评标结果有不同意见的评标委员会成员应当以书面形式说明其不同意见和理由，评标报告应当注明该不同意见。评标委员会成员拒绝在评标报告上签字又不书面说明其不同意见和理由的，视为同意评标结果。

第五十四条　依法必须进行招标的项目，招标人应当自收到评标报告之日起3日内公示中标候选人，公示期不得少于3日。

投标人或者其他利害关系人对依法必须进行招标的项目的评标结果有异议的，应当在中标候选人公示期间提出。招标人应当自收到异议之日起 3 日内作出答复；作出答复前，应当暂停招标投标活动。

第五十五条 国有资金占控股或者主导地位的依法必须进行招标的项目，招标人应当确定排名第一的中标候选人为中标人。排名第一的中标候选人放弃中标、因不可抗力不能履行合同、不按照招标文件要求提交履约保证金，或者被查实存在影响中标结果的违法行为等情形，不符合中标条件的，招标人可以按照评标委员会提出的中标候选人名单排序依次确定其他中标候选人为中标人，也可以重新招标。

第五十六条 中标候选人的经营、财务状况发生较大变化或者存在违法行为，招标人认为可能影响其履约能力的，应当在发出中标通知书前由原评标委员会按照招标文件规定的标准和方法审查确认。

第五十七条 招标人和中标人应当依照招标投标法和本条例的规定签订书面合同，合同的标的、价款、质量、履行期限等主要条款应当与招标文件和中标人的投标文件的内容一致。招标人和中标人不得再行订立背离合同实质性内容的其他协议。

招标人最迟应当在书面合同签订后 5 日内向中标人和未中标的投标人退还投标保证金及银行同期存款利息。

第五十八条 招标文件要求中标人提交履约保证金的，中标人应当按照招标文件的要求提交。履约保证金不得超过中标合同金额的 10％。

第五十九条 中标人应当按照合同约定履行义务，完成中标项目。中标人不得向他人转让中标项目，也不得将中标项目肢解后分别向他人转让。

中标人按照合同约定或者经招标人同意，可以将中标项目的部分非主体、非关键性工作分包给他人完成。接受分包的人应当具备相应的资格条件，并不得再次分包。

中标人应当就分包项目向招标人负责，接受分包的人就分包项目承担连带责任。

第五章 投诉与处理

第六十条 投标人或者其他利害关系人认为招标投标活动不符合法律、行政法规规定的，可以自知道或者应当知道之日起 10 日内向有关行政监督部门投诉。投诉应当有明确的请求和必要的证明材料。

就本条例第二十二条、第四十四条、第五十四条规定事项投诉的，应当先向招标人提出异议，异议答复期间不计算在前款规定的期限内。

第六十一条 投诉人就同一事项向两个以上有权受理的行政监督部门投诉的，由最先收到投诉的行政监督部门负责处理。

行政监督部门应当自收到投诉之日起 3 个工作日内决定是否受理投诉，并自受理投诉之日起 30 个工作日内作出书面处理决定；需要检验、检测、鉴定、专家评审的，所需时间不计算在内。

投诉人捏造事实、伪造材料或者以非法手段取得证明材料进行投诉的，行政监督部门应当予以驳回。

第六十二条 行政监督部门处理投诉，有权查阅、复制有关文件、资料，调查有关情况，相关单位和人员应当予以配合。必要时，行政监督部门可以责令暂停招标投标活动。

行政监督部门的工作人员对监督检查过程中知悉的国家秘密、商业秘密，应当依法予以保密。

第六章 法 律 责 任

第六十三条 招标人有下列限制或者排斥潜在投标人行为之一的，由有关行政监督部门依照招标投标法第五十一条的规定处罚：

（一）依法应当公开招标的项目不按照规定在指定媒介发布资格预审公告或者招标公告；

（二）在不同媒介发布的同一招标项目的资格预审公告或者招标公告的内容不一致，影响潜在投标人申请资格预审或者投标。

依法必须进行招标的项目的招标人不按照规定发布资格预审公告或者招标公告，构成规避招标的，依照招标投标法第四十九条的规定处罚。

第六十四条 招标人有下列情形之一的，由有关行政监督部门责令改正，可以处10万元以下的罚款：

（一）依法应当公开招标而采用邀请招标；

（二）招标文件、资格预审文件的发售、澄清、修改的时限，或者确定的提交资格预审申请文件、投标文件的时限不符合招标投标法和本条例规定；

（三）接受未通过资格预审的单位或者个人参加投标；

（四）接受应当拒收的投标文件。

招标人有前款第一项、第三项、第四项所列行为之一的，对单位直接负责的主管人员和其他直接责任人员依法给予处分。

第六十五条 招标代理机构在所代理的招标项目中投标、代理投标或者向该项目投标人提供咨询的，接受委托编制标底的中介机构参加受托编制标底项目的投标或者为该项目的投标人编制投标文件、提供咨询的，依照招标投标法第五十条的规定追究法律责任。

第六十六条 招标人超过本条例规定的比例收取投标保证金、履约保证金或者不按照规定退还投标保证金及银行同期存款利息的，由有关行政监督部门责令改正，可以处5万元以下的罚款；给他人造成损失的，依法承担赔偿责任。

第六十七条 投标人相互串通投标或者与招标人串通投标的，投标人向招标人或者评标委员会成员行贿谋取中标的，中标无效；构成犯罪的，依法追究刑事责任；尚不构成犯罪的，依照招标投标法第五十三条的规定处罚。投标人未中标的，对单位的罚款金额按照招标项目合同金额依照招标投标法规定的比例计算。

投标人有下列行为之一的，属于招标投标法第五十三条规定的情节严重行为，由有关行政监督部门取消其1年至2年内参加依法必须进行招标的项目的投标资格：

（一）以行贿谋取中标；

（二）3年内2次以上串通投标；

（三）串通投标行为损害招标人、其他投标人或者国家、集体、公民的合法利益，造成直接经济损失30万元以上；

（四）其他串通投标情节严重的行为。

投标人自本条第二款规定的处罚执行期限届满之日起3年内又有该款所列违法行为之一的，或者串通投标、以行贿谋取中标情节特别严重的，由工商行政管理机关吊销营业执照。

法律、行政法规对串通投标报价行为的处罚另有规定的，从其规定。

第六十八条　投标人以他人名义投标或者以其他方式弄虚作假骗取中标的，中标无效；构成犯罪的，依法追究刑事责任；尚不构成犯罪的，依照招标投标法第五十四条的规定处罚。依法必须进行招标的项目的投标人未中标的，对单位的罚款金额按照招标项目合同金额依照招标投标法规定的比例计算。

投标人有下列行为之一的，属于招标投标法第五十四条规定的情节严重行为，由有关行政监督部门取消其1年至3年内参加依法必须进行招标的项目的投标资格：

（一）伪造、变造资格、资质证书或者其他许可证件骗取中标；

（二）3年内2次以上使用他人名义投标；

（三）弄虚作假骗取中标给招标人造成直接经济损失30万元以上；

（四）其他弄虚作假骗取中标情节严重的行为。

投标人自本条第二款规定的处罚执行期限届满之日起3年内又有该款所列违法行为之一的，或者弄虚作假骗取中标情节特别严重的，由工商行政管理机关吊销营业执照。

第六十九条　出让或者出租资格、资质证书供他人投标的，依照法律、行政法规的规定给予行政处罚；构成犯罪的，依法追究刑事责任。

第七十条　依法必须进行招标的项目的招标人不按照规定组建评标委员会，或者确定、更换评标委员会成员违反招标投标法和本条例规定的，由有关行政监督部门责令改正，可以处10万元以下的罚款，对单位直接负责的主管人员和其他直接责任人员依法给予处分；违法确定或者更换的评标委员会成员作出的评审结论无效，依法重新进行评审。

国家工作人员以任何方式非法干涉选取评标委员会成员的，依照本条例第八十一条的规定追究法律责任。

第七十一条　评标委员会成员有下列行为之一的，由有关行政监督部门责令改正；情节严重的，禁止其在一定期限内参加依法必须进行招标的项目的评标；情节特别严重的，取消其担任评标委员会成员的资格：

（一）应当回避而不回避；

（二）擅离职守；

（三）不按照招标文件规定的评标标准和方法评标；

（四）私下接触投标人；

（五）向招标人征询确定中标人的意向或者接受任何单位或者个人明示或者暗示提出的倾向或者排斥特定投标人的要求；

（六）对依法应当否决的投标不提出否决意见；

（七）暗示或者诱导投标人作出澄清、说明或者接受投标人主动提出的澄清、说明；

（八）其他不客观、不公正履行职务的行为。

第七十二条　评标委员会成员收受投标人的财物或者其他好处的，没收收受的财物，处3000元以上5万元以下的罚款，取消担任评标委员会成员的资格，不得再参加依法必须进行招标的项目的评标；构成犯罪的，依法追究刑事责任。

第七十三条　依法必须进行招标的项目的招标人有下列情形之一的，由有关行政监督部门责令改正，可以处中标项目金额10‰以下的罚款；给他人造成损失的，依法承担赔偿责任；对单位直接负责的主管人员和其他直接责任人员依法给予处分：

（一）无正当理由不发出中标通知书；

（二）不按照规定确定中标人；

（三）中标通知书发出后无正当理由改变中标结果；

（四）无正当理由不与中标人订立合同；

（五）在订立合同时向中标人提出附加条件。

第七十四条　中标人无正当理由不与招标人订立合同，在签订合同时向招标人提出附加条件，或者不按照招标文件要求提交履约保证金的，取消其中标资格，投标保证金不予退还。对依法必须进行招标的项目的中标人，由有关行政监督部门责令改正，可以处中标项目金额10‰以下的罚款。

第七十五条　招标人和中标人不按照招标文件和中标人的投标文件订立合同，合同的主要条款与招标文件、中标人的投标文件的内容不一致，或者招标人、中标人订立背离合同实质性内容的协议的，由有关行政监督部门责令改正，可以处中标项目金额5‰以上10‰以下的罚款。

第七十六条　中标人将中标项目转让给他人的，将中标项目肢解后分别转让给他人的，违反招标投标法和本条例规定将中标项目的部分主体、关键性工作分包给他人的，或者分包人再次分包的，转让、分包无效，处转让、分包项目金额5‰以上10‰以下的罚款；有违法所得的，并处没收违法所得；可以责令停业整顿；情节严重的，由工商行政管理机关吊销营业执照。

第七十七条　投标人或者其他利害关系人捏造事实、伪造材料或者以非法手段取得证明材料进行投诉，给他人造成损失的，依法承担赔偿责任。

招标人不按照规定对异议作出答复，继续进行招标投标活动的，由有关行政监督部门责令改正，拒不改正或者不能改正并影响中标结果的，依照本条例第八十二条的规定处理。

第七十八条　国家建立招标投标信用制度。有关行政监督部门应当依法公告对招标人、招标代理机构、投标人、评标委员会成员等当事人违法行为的行政处理决定。

第七十九条　项目审批、核准部门不依法审批、核准项目招标范围、招标方式、招标组织形式的，对单位直接负责的主管人员和其他直接责任人员依法给予处分。

有关行政监督部门不依法履行职责，对违反招标投标法和本条例规定的行为不依法查处，或者不按照规定处理投诉、不依法公告对招标投标当事人违法行为的行政处理决定的，对直接负责的主管人员和其他直接责任人员依法给予处分。

项目审批、核准部门和有关行政监督部门的工作人员徇私舞弊、滥用职权、玩忽职守，构成犯罪的，依法追究刑事责任。

第八十条　国家工作人员利用职务便利，以直接或者间接、明示或者暗示等任何方式非法干涉招标投标活动，有下列情形之一的，依法给予记过或者记大过处分；情节严重的，依法给予降级或者撤职处分；情节特别严重的，依法给予开除处分；构成犯罪的，依法追究刑事责任：

（一）要求对依法必须进行招标的项目不招标，或者要求对依法应当公开招标的项目不公开招标；

（二）要求评标委员会成员或者招标人以其指定的投标人作为中标候选人或者中标人，或者以其他方式非法干涉评标活动，影响中标结果；

（三）以其他方式非法干涉招标投标活动。

第八十一条　依法必须进行招标的项目的招标投标活动违反招标投标法和本条例的规定，对中标结果造成实质性影响，且不能采取补救措施予以纠正的，招标、投标、中标无效，应当依法重新招标或者评标。

第七章　附　　则

第八十二条　招标投标协会按照依法制定的章程开展活动，加强行业自律和服务。

第八十三条　政府采购的法律、行政法规对政府采购货物、服务的招标投标另有规定的，从其规定。

第八十四条　本条例自 2012 年 2 月 1 日起施行。

参 考 文 献

[1] 沈杰. 工程造价管理 [M]. 南京：东南大学出版社，2006.
[2] 沈杰. 工程估价 [M]. 南京：东南大学出版社，2005.
[3] 成虎. 建筑工程合同管理与索赔 [M]. 南京：东南大学出版社，2000.
[4] 成虎. 工程合同管理 [M]. 北京：中国建筑工业出版社，2005.
[5] 中国建设监理协会. 建设工程合同管理 [M]. 北京：知识产权出版社，2009.
[6] 全国招标师职业水平考试辅导教材指导委员会. 招标采购案例分析 [M]. 北京：中国计划出版社，2009.
[7] 杨庆丰. 建筑工程招投标与合同管理 [M]. 北京：机械工业出版社，2009.
[8] 陈正，杨庆丰. 建筑工程招投标与合同管理务实 [M]. 北京：电子工业出版社，2008.
[9] 金国辉. 建设法规概论与案例 [M]. 北京：北京交通大学出版社，2006.
[10] 何红锋. 建设工程合同签订与风险控制 [M]. 北京：人民法院出版社，2007.
[11] 宋宗宇. 建筑工程合同管理 [M]. 上海：同济大学出版社，2007.
[12] 全国一级建造执业资格考试辅导编委会. 房屋建筑工程管理与实务复习题集 [M]. 北京：中国建筑工业出版社，2004.
[13] 杨志中. 建筑工程招投标与合同管理 [M]. 北京：机械工业出版社，2008.
[14] 刘伊生. 建筑工程招投标与合同管理 [M]. 北京：机械工业出版社，2007.
[15] 夏清东，刘钦. 工程造价管理 [M]. 北京：科学出版社，2007.
[16] 全国招标师职业水平考试辅导教材指导委员会. 招标采购专业实务 [M]. 北京：中国计划出版社，2009.
[17]《标准文件》编制组. 中华人民共和国标准施工招标文件（2007年版）[M]. 北京：中国计划出版社，2007.
[18]《标准文件》编制组. 中华人民共和国2007年版标准施工招标文件使用指南 [M]. 北京：中国计划出版社，2008.
[19]《标准文件》编制组. 中华人民共和国标准施工招标资格预审文件（2007年版）[M]. 北京：中国计划出版社，2007.
[20]《标准文件》编制组. 中华人民共和国2007年版标准施工招标资格预审文件使用指南 [M]. 北京：中国计划出版社，2008.
[21]《房屋建筑和市政工程标准施工招标文件》编制组. 中华人民共和国房屋建筑和市政工程标准施工招标文件（2010年版）[M]. 北京：中国建筑工业出版社，2010.
[22]《房屋建筑和市政工程标准施工招标文件》编制组. 中华人民共和国房屋建筑和市政工程标准施工招标资格预审文件（2010年版）[M]. 北京：中国建筑工业出版社，2010.
[23] 杜鹰，安建. 中华人民共和国招标投标法实施条例释义 [M]. 北京：中国计划出版社，2012.